高职高专"十二五"规划教材

工学结合、校企合作一体化教材

车工技术与技能

主　编　张升国
副主编　庞　兴　郑剑明
主　审　蔡幼君

中国水利水电出版社
www.waterpub.com.cn

内 容 提 要

　　本书内容主要有普通车床的工作原理及构造、加工方法、常用刀具、切削知识、量具使用、测量方法、表面粗糙度、车工常用计算以及典型的工件加工等，其中在重要的几个章节后面附有相应的常见问题与处理方法。

　　本书适用于机电、机械制造等相关专业的学生训练、实习车工技能时使用，也适合对车工技术与技能有兴趣的人士学习。同时着重针对中、高级车工考题，参编整理考题及答案参考资料。本书每章均附有小结、思考题和习题，除供学生巩固已学知识外，更能拓展视野。

图书在版编目（ＣＩＰ）数据

车工技术与技能 / 张升国主编. -- 北京 ： 中国水利水电出版社，2015.6（2020.1重印）
高职高专"十二五"规划教材　工学结合、校企合作一体化教材
ISBN 978-7-5170-3274-8

Ⅰ. ①车… Ⅱ. ①张… Ⅲ. ①车削－高等职业教育－教材 Ⅳ. ①TG51

中国版本图书馆CIP数据核字(2015)第134623号

书　　名	高职高专"十二五"规划教材 工学结合、校企合作一体化教材 **车工技术与技能**
作　　者	主编　张升国　副主编　庞兴　郑剑明　主审　蔡幼君
出版发行	中国水利水电出版社 （北京市海淀区玉渊潭南路1号D座　100038） 网址：www.waterpub.com.cn E-mail：sales@waterpub.com.cn 电话：（010）68367658（营销中心）
经　　售	北京科水图书销售中心（零售） 电话：（010）88383994、63202643、68545874 全国各地新华书店和相关出版物销售网点
排　　版	中国水利水电出版社微机排版中心
印　　刷	天津嘉恒印务有限公司
规　　格	184mm×260mm　16开本　14.75印张　350千字
版　　次	2015年6月第1版　2020年1月第3次印刷
印　　数	6001—9000册
定　　价	**42.00元**

前言 PREFACE

　　《国务院关于大力推进职业教育改革与发展的决定》中明确指出，要严格实施就业准入制度，加强职业教育与劳动就业的理念。与此同时，职业资格证书已逐步成为职业院校学生的"通行证"。根据此决定的精神与社会发展形势的需要，我们进行了相关的教材修订与编写工作。

　　本书包括中级和高级的技能资料。为展现理论与技能训练的一体化教学改革，教材中的理论知识与实践知识融为一体。同时，还根据学生的技能素质和对技能认知程度的不同，增强了教材的通用性。为使技能培养与素质教育相结合，本书打破传统教材编写规则，开创了新的理念。另外，教材的内容通俗易懂，由浅入深，更利于学生进行理解和学习，还能拓展学生的专业知识视野。

　　本书的编写是以普通车工专业知识为中心，目的是为数控技术奠定坚实的基础。由于国情等条件的限制，即便是简单的工件制造，在相当长的一个时期内也不可能由数控车床完全取代制造地位。因而，在学习该教材传统车工技能的过程中，亦将与数控技能知识相结合，从而达到相得益彰的效果。

　　本着以教育改革的宗旨，本书将专业理论知识与相关实践知识相结合，使学生在学习技能的过程中更熟悉基本理论，将传统学习与实践应用相结合，最终达到掌握本专业知识和技能的目的。

　　本书的编写得到广州铁路职业技术学院领导、社会有关人士及相关专业教师的大力支持，对此，我们表示衷心的感谢。限于编者的水平，书中难免存在错误或不足，恳请广大读者批评指正，同时欢迎读者在学习本书之余能提出宝贵的意见和相关的建议，以便我们进一步完善。谢谢！

编者

2014 年 12 月

目　录
CONTENTS

前言

第一章　车工基础知识和车床附件 ………………………………… 1
　第一节　车工安全文明生产知识 ……………………………… 1
　第二节　车床的润滑与保养 …………………………………… 1
　第三节　车削加工简介 ………………………………………… 2
　第四节　车削设备及工具 ……………………………………… 3
　小结 …………………………………………………………… 12
　思考题 ………………………………………………………… 12
　习题 …………………………………………………………… 12

第二章　车刀 …………………………………………………… 14
　第一节　车刀基本知识 ………………………………………… 14
　第二节　车刀的刃磨方法 ……………………………………… 23
　第三节　加工不同材料时的车刀参数变化 …………………… 26
　小结 …………………………………………………………… 34
　思考题 ………………………………………………………… 34
　习题 …………………………………………………………… 34

第三章　切削加工基础知识 …………………………………… 36
　第一节　切削加工概述 ………………………………………… 36
　第二节　切削运动与切削用量 ………………………………… 36
　第三节　切削刀具 ……………………………………………… 38
　第四节　切削过程中的物理现象 ……………………………… 42
　小结 …………………………………………………………… 45
　思考题 ………………………………………………………… 45
　习题 …………………………………………………………… 46

第四章　精密量具与测量 ……………………………………… 50
　第一节　常用量具 ……………………………………………… 50
　第二节　车工常用测量仪器和表面粗糙度的测量 …………… 56
　第三节　实例分析与讨论 ……………………………………… 64
　小结 …………………………………………………………… 65
　思考题 ………………………………………………………… 65
　习题 …………………………………………………………… 65

第五章　车外圆柱面 ·· 67

　第一节　车外圆、端面和阶台 ·························· 67

　第二节　车槽和切断 ······································ 71

　小结 ·· 79

　思考题 ·· 79

　习题 ·· 79

第六章　车内圆柱面 ·· 80

　第一节　钻孔和扩孔 ······································ 80

　第二节　车孔 ·· 89

　第三节　车内沟槽和端面沟槽 ························ 94

　第四节　套类零件的加工 ······························ 100

　第五节　套类工件的测量 ······························ 101

　第六节　套类零件车削工艺分析及综合训练 ·· 104

　小结 ·· 107

　思考题 ·· 108

　习题 ·· 108

第七章　车圆锥 ·· 109

　小结 ·· 118

　思考题 ·· 118

　习题 ·· 118

第八章　成形面的加工和表面修饰 ····················· 120

　第一节　车成形面 ·· 120

　第二节　工件表面修饰加工 ···························· 128

　小结 ·· 134

　思考题 ·· 135

　习题 ·· 135

第九章　车螺纹 ·· 137

　第一节　螺纹的种类和各部分名称及代号 ······ 137

　第二节　螺纹车刀 ·· 141

　第三节　车削外三角螺纹 ······························ 143

　第四节　车梯形螺纹 ······································ 149

　第五节　车蜗杆 ··· 153

　第六节　车多线螺纹和多线蜗杆 ···················· 161

　小结 ·· 168

　思考题 ·· 169

　习题 ·· 171

第十章　较复杂零件的车削 ·· 173

第一节　在花盘和角铁上车削工件 ·· 173

第二节　在四爪单动卡盘上车削较复杂工件 ······························· 182

第三节　偏心工件的加工 ··· 190

第四节　测量和检查偏心距的方法 ·· 194

第五节　细长轴的车削 ··· 195

第六节　车薄壁工件 ·· 206

第七节　深孔加工简介 ··· 208

小结 ··· 210

思考题 ·· 210

习题 ··· 214

附录一　六点定位原理 ··· 217

附录二　应知应会相关知识习题 ·· 219

附录三　习题参考答案 ··· 222

参考文献 ··· 227

第一章　车工基础知识和车床附件

第一节　车工安全文明生产知识

使用车床进行生产和实训，除了对车床进行定期润滑和维护保养以外，还必须做到安全生产、文明生产。具体要求如下：

（1）工作前，穿好紧身工作服，戴上工作帽，并且将长头发压入帽子里面，禁止穿裙子、短裤和凉鞋等不符合安全要求的服装操作车床；当加工零件的切屑为崩碎状时，必须戴上防护眼镜；严禁戴手套操作车床。

（2）一台车床只能一人操作，非操作人员不能站在铁屑飞出的地方。

（3）开动机床前，认真检查各手柄的位置是否正确；图纸、量具、材料和成品安放是否有序合理；车床导轨面上不得摆放物品；工件和车刀应装夹牢固，夹紧工件后，必须及时从卡盘上取下卡盘扳手。

（4）机床设备未经许可，不得擅自动手操作；机床在使用过程中出现异常响声或其他故障，应立即停机，并及时申报，由专业人员检修。

（5）不得用手触摸正在旋转的工件，特别是加工螺纹时，严禁用手抚摸螺纹面，严禁用棉纱、抹布擦抹转动的工件。

（6）凡变换主轴转速、装卸工件、更换车刀及测量工件尺寸时，必须先停车。

（7）停车时，不准用手去刹住还在旋转的卡盘；清理铁屑应使用专用铁钩，禁止用手直接清除。

（8）装卸卡盘或较重的工件时，床面上应垫木板，用以保护导轨和床身。

（9）不要随意拆装电气设备，以免发生触电事故。

（10）工作结束后，应及时关闭电源；清扫切屑，擦净车床，在相应部位加注润滑油进行润滑，整理工作场地和清扫周围卫生。

（11）工作完毕后要将大拖板摇到车床尾部，以免拖板自重受压、床身变形。

第二节　车床的润滑与保养

车床上有许多运动副，其配合精度通常要求较高，在使用过程中会产生摩擦热和磨损，从而影响到车床的几何精度和使用寿命。根据车床操作规程，要求在每班开车前和停机后，都要对车床相应部位进行适当的加油润滑和清洁保养。

1. **车床的润滑**

车床均采用 30 号机械油进行润滑。主轴箱正面有指示窗，储油箱有油面指示窗。加油量加至油箱油面指示窗的一半处即可。在开车状态下应能看到主轴箱指示窗内有油流动；否则说明加油量不足或润滑油泵出现故障。

进给箱轴承采用油绳滴油润滑。进给箱齿轮和溜板箱齿轮均采用油浴润滑，应经常注意油标的油位。光杠、丝杠、操纵杆和尾座采用油绳润滑。床身导轨、溜板导轨、丝杠开合螺母及挂轮等采用手工浇油润滑。

2. 车床的一级保养

（1）保养目的。车床使用到一定期限，会产生油污、锈蚀、运动件磨损、连接件和紧固件松动等现象，这些都会直接影响到车床的精度、车床的寿命、零件加工质量和劳动生产率等。车工除了能熟练操作车床外，还必须学会对车床进行合理的维护和保养。车床的保养工作应以日常为主，阶段为辅。保养工作以操作工人为主，维修工人配合进行。

（2）保养内容和要求。车床运转 500h 后，需要进行一级保养。保养内容主要是清洁、润滑和进行必要的调整。

1）外表保养。保持车床外表及各罩壳清洁，擦拭导轨面、丝杠、光杠、操纵杆和操纵手柄等，做到无锈蚀、无油污、无切屑和无灰尘等。

2）主轴箱。清理滤油器和油池，使其无杂物；检查主轴上的螺母有无松动以及紧固螺钉是否锁紧；调整摩擦离合片的间隙和制动带的松紧。

3）挂轮箱。清洗齿轮、轴套，并注入新油脂；调整齿轮啮合间隙；检查轴套有无晃动现象。

4）拖板及刀架。清理中、小拖板和丝杠上的切屑及灰尘等杂物；调整中、小拖板燕尾导轨镶条的间隙。

5）尾座。摇出尾座套筒，擦拭干净并涂上润滑油，保持内外清洁。

6）冷却润滑系统。清洗冷却泵、滤油器、盛油盘；保证油路畅通，油孔、油绳、油毡清洁无切屑；检查油质，保持油杯齐全、油窗明亮清晰。

7）电器。清扫电动机、电器箱上的尘屑；保持电器装置干净整洁，密封良好。

第三节 车削加工简介

切削用量是指切削速度、进给量和切削深度三要素的总称。切削用量选择得当与否，将直接关系到产品的质量、成本和生产率。

车削加工就是在车床上利用刀具对工件做相对运动，从工件毛坯料上切除多余材料的加工方法。它是最基本、最常用的机械加工方法。

（1）切削速度 v_c。单位时间内，工件和刀具沿主运动方向相对移动的距离（m/s）即为切削速度。

（2）进给量 f。车削时，工件每转一转，车刀沿进给运动方向移动的距离（mm/r）。

（3）切削深度 a_p。工件上待加工表面和已加工表面间的垂直距离（mm）。

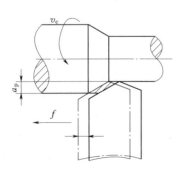

图 1-1 切削用量

在车削过程中，工件旋转运动为主运动，刀具的纵向和横向直线移动为进给运动，通常用切削用量来衡量切削运动的大小。切削用量包括切削速度 v_c、进给量 f 和切削深度 a_p（也称背吃刀量），如图 1-1 所示。

车削加工主要用于回转体零件的加工。普通车床加工的零件精度一般可达到 IT16～IT11，表面粗糙度可达 $1.6～12.5\mu m$。普通车床的工作范围如图 1-2 所示。

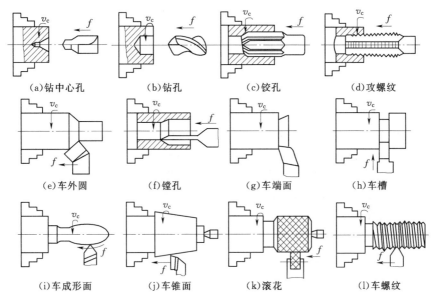

（a）钻中心孔　　　（b）钻孔　　　　（c）铰孔　　　　（d）攻螺纹

（e）车外圆　　　（f）镗孔　　　　（g）车端面　　　　（h）车槽

（i）车成形面　　　（j）车锥面　　　　（k）滚花　　　　（l）车螺纹

图 1-2　普通车床的工作范围

第四节　车削设备及工具

1. 机床型号

机床型号是机床产品的代号，用以简明地表示机床的类别、结构特性等。我国目前实行的机床型号，是根据《金属切削机床型号编制方法》（GB/T 15375—94）编制而成。机床型号由基本部分和辅助部分组成，中间用"/"隔开，读做"之"。前者须统一管理，后者纳入型号与否由企业自定。

例如，现以 CA6140 型车床为例，具体说明如下：

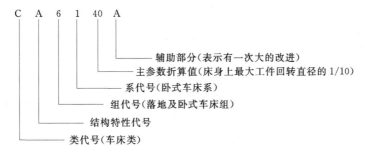

2．机床类代号

机床按其工作原理划分为车床、钻床、镗床、磨床、齿轮加工机床等，用大写的汉语拼音字母表示。机床的类和分类代号见表 1-1。

表 1-1　　　　　　　　　　　机床的类和分类代号

类别	车床	钻床	镗床	磨床			齿轮加工机床	螺纹加工机床	铣床	刨插床	拉床	锯床	其他机床
读音	车	钻	镗	磨	二磨	三磨	牙	丝	铣	刨	拉	割	其
代号	C	Z	T	M	2M	3M	Y	S	X	B	L	G	Q

3．普通卧式车床

车床是完成车削加工的机械设备，种类较多。按结构与用途的不同，通常分为卧式车床、立式车床、六角车床、转塔车床、自动和半自动车床、仪表车床、数控车床等。其中卧式车床是车床中应用最广泛的一种，它主要由主轴箱、交换齿轮箱、进给箱、溜板箱、床鞍和拖板、拖板架、尾座、床身、床脚及冷却、照明装置等部分组成，图 1-3 所示为 CA6140 型车床的外形结构。

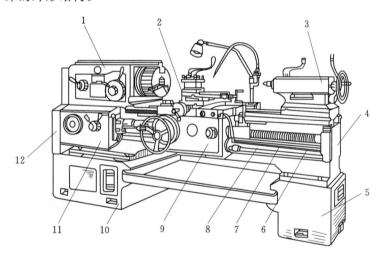

图 1-3　CA6140 型卧式车床

1—主轴箱；2—拖板架；3—尾座；4—床身；5，10—床脚；6—丝杠；7—光杠；
8—操纵杆；9—溜板箱；11—进给箱；12—交换齿轮箱

（1）主轴箱（又称床头箱）。主轴箱支撑主轴并带动工件做旋转主运动。主轴箱内装有齿轮、轴等零件，组成变速传动机构。通过变换箱体外部的手柄位置，可使主轴获得多种不同的转速（共 36 种转速。其中，正转 24 级，反转 12 级）。

（2）交换齿轮箱（又称挂轮箱）。交换齿轮箱把主轴箱的转动传给进给箱。通过更换箱内齿轮，配合进给箱内的变速机构，可以得到车削各种螺距螺纹（或蜗杆）的进给运动，满足车削时对不同纵、横向进给量的需求。

（3）进给箱（又称走刀箱）。进给箱内装有变速齿轮，可以把主轴的旋转运动传给光杠或丝杠。变换箱体外的手柄或手轮的位置，可以使光杠或丝杠得到各种不同的转速。

（4）光杠和丝杠。光杠和丝杠可将进给箱运动传给溜板箱。自动走刀时使用光杠转动，车削螺纹时使用丝杠传动。

（5）溜板箱。溜板箱接受光杠和丝杠传递的运动，再通过机械传动副驱动刀架做纵向或横向直线进给运动。它的上面还安装有一些手柄和按钮，用以方便地操纵刀架做机动、手动、车螺纹或快速移动等运动。

（6）拖板架。拖板架由大拖板、中拖板、转盘、小拖板和方刀架等组成，如图1-4所示。

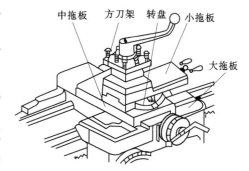

1）大拖板。与溜板箱相连，可带动车刀沿床身导轨做纵向移动。

2）中拖板。可带动车刀沿大拖板上的导轨做横向移动。

3）转盘。面上有刻度，用螺栓固定在中拖板上。松开螺母，转盘可带动小拖板和方刀架在水平面内回转任意角度。

图1-4 拖板架的组成

4）小拖板。可沿转盘上的导轨做短距离移动，当将转盘扳转某一角度后，小拖板即可带动车刀做相应的斜向运动，车出圆锥面。

5）方刀架。用来安装车刀，可同时装夹4把车刀，松开顶部的锁紧手柄即可转位用所需的车刀进行加工。

（7）尾座。尾座安装在床身的导轨上，可沿导轨纵向移动，以调整其工作位置：要用于安装顶尖，用以支承较长的工件；也可以用来安装钻头、铰刀等进行孔的加工。

（8）床身。床身是车床精度要求很高的带有导轨（V形导轨和平导轨）的大型基础部件，用于支撑和连接车床的各个部件，并确保各个部件之间有正确的相对位置。

（9）床脚。前后两个床脚分别与床身前后两端下部连为一体，用于支撑安装在床身上的各个部件。通过地脚螺栓和调整垫块使整台车床与地基固定连接。

4. 车床常用附件

车床常备有一些常用的附件，用来满足各种车削加工的需要。普通车床常用的附件主要有以下几种：

（1）三爪卡盘（又称三爪自定心卡盘）。三爪卡盘在夹紧工件时能自动定心，定位与夹紧能同时完成。它固定在主轴前端部，有正爪和反爪各一副，适宜夹持棒状或圆盘形状的中小型零件，其结构如图1-5所示。

（a）卡盘外形　　　　（b）卡盘结构

图1-5 三爪卡盘

当使用卡盘扳手转动小锥齿轮时，将推动人锥齿轮转动，大锥齿轮背面的平面螺纹就会使 3 个卡爪同时向中心或向外移动，并将工件夹紧或松开。

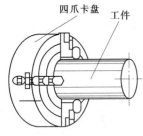

图 1-6 四爪卡盘

三爪卡盘装夹工件时，通常使用正爪，夹持部位一般不短于 30mm。工件悬出部分的长度与直径之比应小于 4 倍，以保证其刚性。对于直径较大的盘状工件，可使用反爪装夹。用已精加工过的表面作为装夹表面时，应包上一层薄铜片，以保护表面不被夹伤。

（2）四爪卡盘（又称四爪单动卡盘）。四爪卡盘如图 1-6 所示。它有 4 个可以单独向内或向外移动的卡爪，既可以装夹圆形工件，也可以装夹外形不规则的工件，且夹紧力较大，但是装夹工件时必须进行找正，即校正工件回转轴线与主轴轴线重合或工件端面与主轴线垂直。

最常用的找正方法是划针盘找正法，如图 1-7 所示。首先找正端面，使划针靠近工件端面的边缘处，用手转动卡盘观察工件端面与画针之间的间隙大小，可用铜棒轻轻敲击间隙小处，直至使各处的间隙均等为止。

对已加工过的零件进行再装夹找正时，可用百分表进行精确找正，如图 1-8 所示。

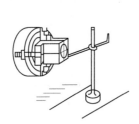 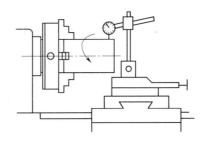

图 1-7 用划针盘找正　　　　　　图 1-8 用百分表找正

使用四爪卡盘时应注意以下几点：

1）工件夹持部分不宜过长，通常为 10～20mm，以便于找正。

2）装夹已加工表面时应包上一层薄铜片，防止夹伤已加工表面。

3）找正时应在床面上垫一块木板，防止工件掉下砸伤导轨。

4）找正时主轴应拨至空挡位置，以便卡盘转动自如。

5）找正后，4 个卡爪的夹紧力要一致，以防在加工过程中工件产生移动。

6）装夹较重、较大或较长的工件时，应增加后顶尖辅助支承，而且切削量不宜过大。

（3）花盘。花盘面上有多条放射状沟槽，以便于安装工件，如图 1-9 所示。花盘适宜装夹外形不规则的工件，装夹时需使用螺栓和压板进行压紧，如图 1-9（a）所示。若某些工件采用弯板或模具配合装夹，或者工件装夹后有严重偏心时，还需要配置平衡块，使工件旋转平衡。用花盘装夹工件也需要进行找正，比较费时。因此，大批量生产时应使用夹具安装工件，如图 1-9（b）所示，可减少对每个工件的找正时间，提高生产效率。

（4）顶尖。顶尖有固定顶尖（也称呆顶尖）和回转顶尖（也称活顶尖）两种，如图 1-10 所示。顶尖的作用是支承工件，确定中心、承受工件的重力和切削力。固定顶尖的特点是刚度高、定心准确。但是，它与工件中心孔之间为滑动摩擦，易产生过多热量而将中

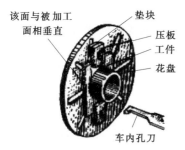

该面与被加工面相垂直　垫块　压板　工件　花盘　车内孔刀

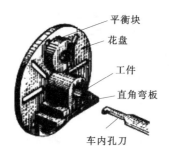

平衡块　花盘　工件　直角弯板　车内孔刀

(a)用螺栓、压板在花盘上安装工件　　　　(b)用弯板、平衡块配合在花盘上安装工作

图 1-9　花盘

心孔或顶尖"烧坏"，故它只适用于低速加工和精度要求较高的工件。回转顶尖可使顶尖与工件中心孔之间的滑动摩擦变成顶尖内部轴承的滚动摩擦，能在很高的转速下正常工作，克服了固定顶尖的缺点，故应用非常广泛。但因回转顶尖存在一定的装配积累误差，且滚动轴承磨损后会使顶尖产生径向圆跳动，从而使定心精度降低。

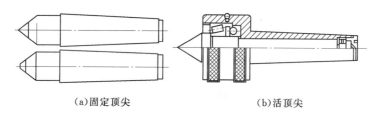

(a)固定顶尖　　　　　　　　　　　(b)活顶尖

图 1-10　顶尖

顶尖的应用如下：

1) 两顶尖配合拨盘装夹工件。对于长度较长的工件，可先车平两端面，用中心钻钻出中心孔，然后将前顶尖和拨盘安装在主轴上，后顶尖安装在尾座上，再将工件的一端装上卡箍。把工件安装于前后顶针之间，用拨盘和卡箍来带动工件旋转，如图 1-11 所示。

2) 单顶尖配合三爪卡盘装夹工件（简称一顶一夹）。将工件的一端装夹在卡盘内，另一后顶尖顶住中心孔。注意三爪卡盘夹持部分不宜超过 20mm。为了防止工件轴向移动，必须在卡盘内加装限位支承或利用工件的台阶作限位，如图 1-12 所示。

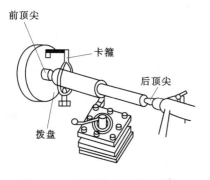

前顶尖　卡箍　后顶尖　拨盘

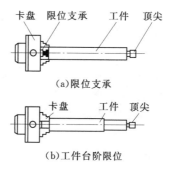

卡盘　限位支承　工件　顶尖

(a)限位支承

卡盘　工件　顶尖

(b)工件台阶限位

图 1-11　两顶尖配合拨盘装夹　　　　图 1-12　单顶尖配合卡盘装夹

（5）心轴。对于精度要求较高的盘套类零件，先将内孔精加工，再装到心轴上进行外圆或端面的精加工，可保证外圆对内孔轴线或端面对内孔轴线的跳动公差要求。

心轴的种类较多，常用的有以下几种：

1）锥度心轴。如图1-13所示，其锥度为1：1000～1：5000。工件套入心轴后，依靠摩擦力来紧固。锥度心轴对中准确，装卸方便，但传递力矩不大，适用于精加工的装夹。

2）圆柱心轴。如图1-14所示，工件套入心轴后需要在两端添加垫片，依靠螺母锁紧，可传递较大的力矩。但心轴与工件内孔的配合难免会存在间隙，所以对中性较差，宜用于粗加工的装夹。

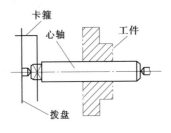

图1-13 锥度心轴

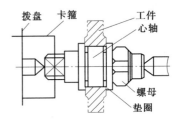

图1-14 圆柱心轴

3）可胀心轴。如图1-15所示，工件安装在可胀锥套上，旋紧右边的螺母，可胀锥套向左边移动并胀大，从而胀紧工件。可胀心轴具有装卸方便、对中性好、传递力矩大的特点，故应用广泛。

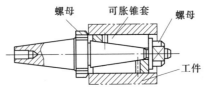

图1-15 可胀心轴

（6）中心架和跟刀架。车削细长轴时，为了防止工件受切削力的作用而产生弯曲变形，可使用中心架或跟刀架作为辅助支承。

1）中心架。使用时安装在床身导轨上，其3个爪支承于工件预先加工出的外圆表面处，如图1-16所示。

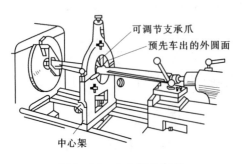

图1-16 中心架的应用

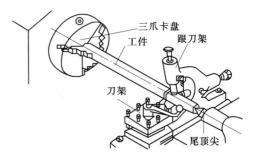

图1-17 跟刀架的应用

2）跟刀架。使用时安装在大拖板上，能跟随大拖板做纵向移动，其两个爪支承于已加工表面，能平衡切削力，增强工件的刚性，以减轻工件的弯曲变形和振动，如图 1-17 所示。

5. 操作要点

工件毛坯都有一定的加工余量。对于批量生产且精度要求较高的零件，为了提高生产效率，获得较高的产品质量，通常将工件加工分为粗车加工和精车加工两个步骤进行。

（1）粗车。粗车就是尽快地从毛坯上切去大部分的加工余量，使工件接近零件的形状和尺寸。为了提高工作效率，可选用较大的切削深度和进给量，再按刀具耐用度的要求，选择合适的切削速度；使用硬质合金车刀粗车中碳钢工件时，可选择 $a_p = 2 \sim 5\text{mm}$、$f = 0.15 \sim 0.4\text{mm/r}$、$v_c = 0.5 \sim 1\text{m/min}$，对于功率较大的车床，切削深度和进给量取较大值；车削硬钢和铸铁工件时选用较低的切削速度。切削速度的计算式为

$$v_c = \frac{n\pi d}{1000}$$

式中　v_c——切削速度，m/min；

$\quad\quad n$——主轴速度，r/min；

$\quad\quad d$——工件待加工表面的直径，mm。

（2）精车。工件经过粗车后，留下的加工余量较少，粗车产生的切削热也随着时间的间隔退去，此时进行精车，可保证加工精度和表面粗糙度达到图纸要求。为了提高生产率，精车时一般采用较高的切削速度，再根据加工精度的要求选择合适的切削深度和进给量。例如，使用硬质合金车刀精车中碳钢工件时，可选用 $v_c = 40 \sim 50\text{m/min}$、$a_p = 0.1 \sim 0.5\text{mm}$、$f = 0.8 \sim 0.2\text{mm/r}$。

使用高速钢车刀进行粗车和精车时，由于其耐热性和耐磨性较硬质合金车刀低，所以应选取较小的切削用量。

选择夹具安装工件时，应根据工件形状、尺寸和图纸要求选用，其中三爪卡盘应用最广泛。

装夹工件时应注意以下几点：

1）装夹工件要准确、牢固、可靠。

2）用卡盘装夹工件后，千万别忘记取下扳手，以免造成事故。

3）材料伸出长度不能太长，一般以零件的实际尺寸加长 10~15mm 便可，这可减少加工时产生振动。

（3）刻度盘的使用。在普通卧式车床上有 3 个刻度盘，分别用来调控大拖板、中拖板和小刀架的进给量。每个刻度盘都有一定的刻度值，用以控制车刀的切削深度和走刀行程。

加工外圆时，通常车刀向工件中心或向左切进称为进刀，车刀逐渐离开工件中心或向右的空移动称为退刀。进刀量与退刀量的大小可以从中拖板的刻度盘上读出。下面以中拖板的刻度盘为例说明刻度盘的使用方法。

图 1-18 所示为 CA6140 型车床中拖板的刻度盘，当手柄转过一周，即带动丝杠转过

一圈，刻度盘也随之转过一圈，同时，固定在中拖板上的螺母就带动中拖板及车刀横向移动一个导程。由此可知，刻度盘的刻度值计算式为

$$S=\frac{p_{丝}}{n_{格}}$$

式中　S——刻度盘每转一格中拖板移动的距离，mm；

　　　$p_{丝}$——手柄丝杠的导程（螺距）；

　　　$n_{格}$——刻度盘一周格数。

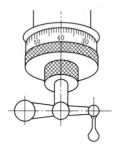　　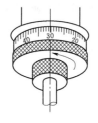　　

(a)要求手柄转至30,但转过头呈40　　(b)错误:直接退至30　　(c)正确:反转约一周后,再转至所需位置30

图 1-18　中拖板的刻度盘

如中拖板手柄丝杠的导程为 $p_{丝}=5$mm，刻度盘格数为 $n_{格}$，则刻度盘每转一格，中拖板的移动量 $S=5$mm$÷100=0.05$mm。

利用刻度盘上的刻度值控制进刀或退刀时，要记住手柄转动方向和转动圈数。进刀时如果将手柄摇过了刻度，不能直接退到所需要的刻度位置，而是将手柄反转半周以上后再正转至所需的刻度位置，以消除手柄丝杠与螺母之间的间隙影响。

（4）试切操作。试切可以避免由于切削用量选择不当或刀具刃磨，安装不正确造成的失误。所以，不管是在实训操作过程中还是在实际生产过程中，都要进行试切。

试切步骤如下：

1）全面了解车床各部位的结构、作用以及相互之间的联动关系，并在停车状态下练习纵向和横向手动进给操作。

2）检查车床各部件及防护设施是否完好，并准备好需要使用的工具和量具。然后进行主轴转速和进给量手柄变换练习，熟练掌握变速机构换挡方法。应特别强调的是，变换主轴转速必须在停车状态下进行。

3）在光杠传动情况下，空车练习纵向和横向机动进给操作。

4）将零件毛坯装夹在三爪卡盘上，再将所需车刀安装在刀架上，紧固后及时取下扳手，然后低速开车空转 1～2min，一切正常后即可开始试切。

5）试切端面。选择较低的切削速度开动车床，选择端面车刀移动大拖板靠近工件，操纵小刀架，使车刀缓慢地切进工件表层，并控制好适当的吃刀量，然后锁紧大拖板，摇动中拖板手柄使车刀做横向进刀，车刀从工件外圆向中心切削或从工件中心向外周切削。

6）试切外圆面。首先在停车状态下测量毛坯的直径，计算出工件的加工余量。选择好主轴转速和进给量，启动车床，手动横向进刀，让刀尖轻轻接触工件外圆表面，然后纵向退刀，调整切削深度，用手动或机动向左纵向走刀2～3mm，将刀退出并停车测量，调整吃刀量后再进行车削。

试切的具体操作如下：选择加工余量，车削一般工件可分粗、精车两步进行，粗车后留0.5～1mm余量，短小工件可留0.3～0.5mm为精车余量。

操作要点如下：

1）为保证车削质量，采用试切方法如图1-19所示。

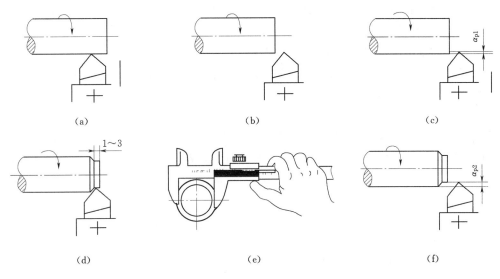

图1-19　试切方法

a. 开车对刀，使刀尖与工件表面轻微接触。

b. 向右退出车刀。

c. 横向进给 a_{p1}。

d. 试切2～3mm长度。

e. 向右退刀，停车，测量。

f. 调整切削深至 a_{p2} 后，自动进给，车出外圆一小阶梯。

2）调整切削深度 a_p 时应注意横溜板丝杠上的刻度值。一般横向进给刻度盘每小格0.05mm。

机械零件的车削过程，就是通过试切-测量-调整-切削-再试切的过程，反复进行，直到被加工尺寸达到要求为止。特别是精车的最后一次走刀，试切更为重要。

6.切削液的使用

切削液又称冷却润滑液，它在切削过程中主要起冷却、润滑、清洗和防锈等作用。根据工件材料、刀具材料和工艺过程不同，对切削液的要求也不同。目前常用的有乳化液和切削油两大类。

（1）乳化液。乳化液是用乳化油加15～20倍的水稀释而成，主要起冷却作用。其特点是黏度小、流动性好、比热容大、冷却性能较好，能吸收大量的切削热，可有效地冷却工件和刀具，但润滑、防锈性能较差。常用于碳钢、合金钢、铜合金和铝合金的粗车、钻孔等的冷却。

若在普通乳化液中加入一定的油、极压添加剂或防锈添加剂后，配制成极压乳化液，可用于各种钢材车削时的冷却。

（2）切削油。切削油的主要成分是矿物油。其特点是比热容小、黏度较大、散热效果较差、流动性差，主要起润滑作用。常用的切削油是黏度较低的矿物油，如 10 号、20 号机油和柴油、煤油等。因矿物油的润滑效果不太理想，故通常在其中加入一定量的添加剂和防锈剂，使用切削液的注意事项如下：

1）开始切削时就应供给切削液，并连续使用。

2）加注切削液的流量要充分，平均流量为 $10 \sim 20 L/min$。

3）切削液应浇注在过渡表面、切屑和前刀面接触的区域，原因是此处产生的热量最多，最需要冷却与润滑。

小　结

本章主要介绍了安全生产的重要性，车削加工内容，设备的润滑与保养，车床的操作要点，在什么情况下需用冷却方法，确保车削质量，以及在普通车床上的工作范围等。

学习之后，要熟悉：①操作方法；②认识加工过程中在什么时候使用冷却润滑液，使用冷却液有何作用；③怎样扩大车床的使用范围；④结合生活和实习中的感性认识，了解机床的组成部分，在保养过程中加深对设备的实际认识。

思　考　题

1. 车床由哪些主要部分组成？各部分有何功能？

2. 车床上的主运动和进给运动是如何实现的？

3. CA6140 型车床的润滑有哪些具体要求？

4. 车床的日常维护、保养有哪些具体要求？

5. 3 个刻度盘的关系有什么不同？请正确使用中滑板的刻度盘原理。

6. 切削液有何作用？如何正确选择切削液？如何正确、有效地使用切削液？

习　题

一、填空题

1. CA6140 车床，床身上最大工件回转直径为_____ mm。

2. CA6140 主轴前轴承按要求调整后仍不能达到回转精度时，方需调整_____。

3. 当机床型号中有通用特性代号时_____，代号应排在通用特性代号_____。

4. C6132 车床开合螺母的功用是接通或_____从丝杆传来的运动。

5. 影响位置精度的因素中，主要是工件在机床上的_____位置。

6. CA6140 车床，主参数折算系数为_____。

二、选择题

1. 机床的类别代号中，螺纹加工机床的代表符号可用（　　）表示。

A. R　　　　　　　B. A　　　　　　　C. S　　　　　　　D. H

2. 使工件在加工过程中保持定位位置不变的是（　　）。

A. 定位装置　　　B. 夹紧装置　　　C. 夹具体　　　　D. 定位和夹紧装置

3. 机床的类别代号中 Z 表示（　　）床。

A. 车　　　　　　　B. 钻　　　　　　　C. 拉　　　　　　　D. 铣

4. 卧式车床主轴的轴向窜动量应该在（　　）范围内。

A. 0.01mm　　　B. 0.02mm　　　C. 0.03mm　　　D. 0.05mm

5. 火灾报警电话是（　　）。

A. 114　　　　　B. 160　　　　　C. 119　　　　　D. 128

6. 由水和油再加乳化剂混合而成的切削液是（　　）。

A. 水溶液　　　B. 矿物油　　　C. 植物油　　　D. 乳化液

7. 机床的类别代号中，X 表示（　　）床。

A. 车　　　　　　　B. 钻　　　　　　　C. 拉　　　　　　　D. 铣

8. 将电动机的旋转运动传到主轴的传动称为（　　）。

A. 主运动传动　　B. 进给传动　　　C. 快速行程传动

三、判断题

（　　）由于试切法的加工精度较高，所以主要用于大量生产。

四、简答题

1. 用 YG - 6 硬质合金车刀，车削铸铁带轮，带轮直径 $D = 200$mm，选定切削速度 $v = 10$m/min，求车床主轴转速 n 是多少？

2. 用高速钢车刀车削直径为 75mm 的不锈钢轴，选定切削速度为 12m/min 时求工件的转速。

第二章 车 刀

第一节 车 刀 基 本 知 识

生产实践证明，合理地选用和正确地刃磨车刀，对保证加工质量、提高生产效率有极大的影响。因此，研究车刀的主要角度，正确地刃磨车刀，合理地选择、使用车刀是车工必须掌握的关键技术之一。在此先作初步介绍。

一、常用车刀的种类和用途

1. 车刀种类

按不同的用途可将车刀分为外圆车刀、端面车刀、切断刀、内孔车刀、成形车刀和螺纹车刀等（图2-1）。

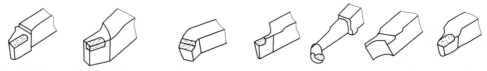

(a)90°外圆车刀　(b)75°外圆车刀　(c)45°外圆、端面车刀　(d)切断刀　(e)车孔刀　(f)成形刀　(g)螺纹车刀

图2-1　车刀的种类

2. 刀的用途

常用车刀的基本用途如图2-2所示。

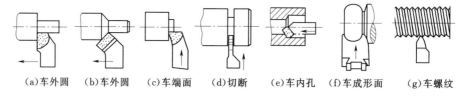

(a)车外圆　(b)车外圆　(c)车端面　(d)切断　(e)车内孔　(f)车成形面　(g)车螺纹

图2-2　车刀的用途

（1）90°车刀（外圆车刀）又叫偏刀，主要用于车削外圆、阶台和端面［图2-2（a）、(c)］。

（2）45°车刀（弯头车刀）主要用来车削外圆、端面和倒角［图2-2（b）］。

（3）切断刀用于切断或车槽［图2-2（d）］。

（4）内孔车刀用于车削内孔［图2-2（e）］。

（5）成形车刀用于车削成形面［图2-2（f）］。

（6）螺纹车刀用于车削螺纹［图2-2（g）］。

3. 硬质合金可转位车刀（图2-3）

用机械夹紧的方式将用硬质合金制成的各种形状的刀片固定在相应标准的刀杆上，组合成加工各种表面的车刀。

当刀片上的一个切削刃磨钝后，只需将刀片转过适当角度，不需刃磨即可用新的切削刃继续切削。其刀片的装拆和转位都很方便、快捷，从而大大节省了换刀和磨刀的时间，并提高了刀杆的利用率。

4. 可转位车刀刀片的夹持结构、车刀刀片的定位方式

车刀刀片的定位方式的选择，应力求使刀片转位后刀尖位置的变动尽可能小。常用的定位方式有4种，见表2-1。

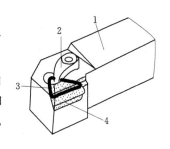

图2-3 硬质合金可转位车刀
1—刀杆；2—夹紧装置；
3—刀片；4—刀垫

表2-1　　　　　　　　可转位车刀刀片的定位方式

方式	定位简图	特点
A	销式夹紧 上压式夹紧	用刀片的底面及两邻侧面定位，刀尖位置精度仅与刀片本身的外形尺寸精度有关，故定位精度较高。 销式或上压式夹紧的刀片通常用这种方式定位
B	活动中心销	用刀片底面、中心孔及一个与活动中心销配合的孔定位刀尖的位置精度与刀片的外形尺寸精度、刀片的中心孔精度、活动中心销的尺寸精度及运动精度有关，优点是结构较简单、刀片槽的加工方便。 用偏心销夹紧的刀片常用这种方式定位

方式	定 位 简 图	特 点
C		用刀片底面、中心孔及一个与夹紧元件相贴合的侧面定位。 刀尖的位置精度与刀片的外形尺寸精度、内孔的尺寸位置精度及固定中心销的尺寸精度有关。 用楔式夹紧的刀片常用这种方式定位
D		用刀片的底面、中心孔及一个侧面定位。 刀尖的定位精度与 C 式相似，但受力情况较好，需要的夹紧力小。应注意侧面定位点的布置不能损伤刀片的待用刀尖

注 W—夹紧力；F_C、F_f、F_p、F_D—切削分力；F—总切削力。

车刀刀片的几种夹紧方法见表 2-2。

表 2-2　　　　　　　　可转位车刀刀片的几种夹紧方法

夹紧方法	结 构 示 图	说 明
偏心销式		这种结构是利用偏心的原理，当旋动偏心销时，其头部就夹紧刀片且能自锁。优点是结构简单紧凑，元件小，制造容易，刀片转动方便迅速；缺点是若设计不当，易造成刀片夹紧时并不十分可靠，一般仅适用于中、小型车刀
杠销式		这种结构是利用杠杆原理，在杠销的下端施以一个垂直其轴线的作用力后，杠销就会绕自身中部的台阶球面与刀杆孔壁的接触点摆动，将刀片压紧在刀片槽的侧面。它的优点是夹紧方向较稳定，可保证刀片槽的两个侧面，定位精度较高，且结构也不太复杂。但杠销的刚性较差，夹紧行程较小，主要适用于中、小型机床用刀具

续表

夹紧方法	结构示图	说　明
L形杠杆式	刀片　压紧螺钉 刀垫 弹簧套 杠杆 刀体	这也是利用杠杆原理的结构。当L形杠杆的横臂端部受力摆动时，就可将刀片松开或夹紧，夹紧稳定可靠，定位精度较高，夹紧行程也较大，刀片转位方便、迅速；缺点是结构复杂，制造困难，适于专业化工具厂生产
上压式	爪形压板　双头螺钉 刀片 刀垫 刀体 刀垫 固定螺钉	这种结构是利用压板向下的压力将刀片压紧在刀片槽中，结构简单，夹紧力大，刀片可采用A式定位，适用中、重型及断续切削的情况。但若设计不当，会阻碍切屑的流动，且刀头体积大，影响操作
楔销式	刀片　定位销　楔块　双头螺钉 刀垫 刀体	楔销式夹紧只要旋紧螺钉，刀片就会在斜楔的作用下压向固定中心销。其特点是结构简单，夹紧力大，使用方便，制造容易。缺点是刀片易变形，为了保证中心销与刀片槽底垂直，刀片槽与销孔最好在一次安装中加工
复合式	刀片　特殊楔块 刀垫 定位销 刀体　双头螺钉	这是采用两种夹紧方式同时夹紧刀片的复杂结构，夹紧可靠，能承受较大的切削负荷及冲击，适用重负荷切削

二、车刀切削部分的材料

1. 车刀的材料要求

在车削过程中，车刀的切削部分是在较大的切削抗力、较高的切削温度和剧烈的摩擦条件下进行工作的。车刀寿命的长短和切削效率的高低，首先决定于车刀切削部分的材料是否具备优良的切削性能。具体应满足以下要求：

（1）应具有高硬度，其硬度要高于工件材料的1.3～1.5倍。

（2）应具有高的耐磨性。

（3）应具有高的耐热性，即在高温下能保持高硬度的性能。

（4）应具有足够的抗弯强度和冲击韧性，防止车刀脆性断裂或崩刃。

（5）应具有良好的工艺性，即好的可磨削加工性、较好的热处理工艺性、较好的焊接工艺性。

2. 车刀切削部分的常用材料

（1）高速钢（又称锋钢、白钢）。这是一种含钨、铬、钒、钼等元素较多的高合金工具钢。常用的牌号有 W18Cr4V、W9Cr4V2 等。这种材料强度高，韧性好，能承受较大的冲击力，工艺性好，易磨削成形，刃口锋利，常用于一般切削速度下的精车。但因其耐热性较差，故不适于高速切削。

目前，还有一类通过改变高速钢的化学成分而发展起来的高性能高速钢，如 95W18Cr4V、W12Cr4V4Mo、W6MoSCr4V2Al 等。这类高速钢的硬度、耐磨性和耐热性等主要切削性能都优于普通高速钢。

（2）硬质合金。由硬度和熔点均很高的碳化钨、碳化钛和胶结金属钴（Co）用粉末冶金方法制成。其硬度、耐磨性均很好，红硬性也很高，故其切削速度比高速钢高出几倍甚至十几倍，能加工高速钢无法加工的难切削材料。但其抗弯强度和抗冲击韧性比高速钢差很多。制造形状复杂的刀具时，工艺上要比高速钢困难。硬质合金是目前应用最为广泛的一种车刀材料，尤其适合高速切削（最高切削速度可达 220m/min）。

（3）陶瓷。用氧化铝（Al_2O_3）微粉在高温下烧结而成的陶瓷材料刀片，其硬度、耐磨性和耐热性均比硬质合金高。因此可采用比硬质合金高几倍的切削速度，并能使工件获得较高的表面粗糙度和较好的尺寸稳定性。但陶瓷材料刀片最大的缺点是性脆、抗弯强度低、易崩刃。陶瓷材料刀片主要用于连续表面的车削场合。此外，还有一些高性能的刀具材料得到应用，如聚晶人造金刚石、立方碳化硼和热压氧化硅陶瓷等。

三、车刀的几何形状

1. 车刀的组成

车刀由刀柄和刀体组成。刀柄是刀具的夹持部分，刀体是刀具上夹持或焊接刀片的部分或由它形成切削刃的部分（图 2-4）。

　　(a)可转位车刀　　　　　　(b)焊接式军刀　　　　　　(c)整体式车刀

图 2-4　车刀的组成
1—刀柄；2—刀体

刀体是车刀的切削部分，它又由"三面两刃一尖"（即前刀面、主后刀面、副后刀面、主切削刃、副切削刃、刀尖）组成，如图 2-5 所示。

刀尖是主切削刃与副切削刃连接处的那一小部分切削刃。为了增加刀尖处强度，改善散热条件，在刀尖处磨有圆弧过渡刃。

圆弧过渡刃又称刀尖圆弧。一般硬质合金车刀的刀尖圆弧半径 $r=0.5\sim1mm$。通常把副切削刃前段接近刀尖处的一段平直刃称为修光刃（图 2-6）。装刀时必须使修光刃与进给方向平行，且修光刃长度要大于进给量才能起到修光的作用，如图 2-5（e）、（f）所示。

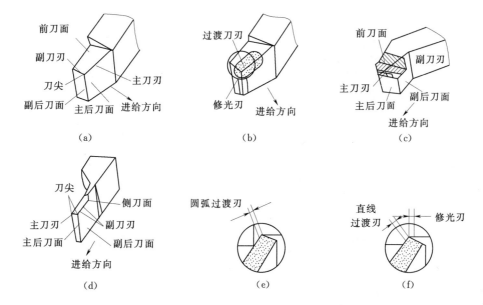

图 2-5 刀体的组成部分

任何车刀都有上述几个组成部分，但数量不完全一样。图 2-5 （a）、（b）所示的外圆车刀是由 3 个刀面、两条刀刃和一个刀尖组成；而 45°偏刀和切断刀 [图 2-5 （c）、（d）] 则由 4 个刀面（两个副后刀面）、3 条刀刃和两个刀尖组成。此外，有的刀刃是直线，有的刀刃则为曲线，如圆头成形刀的刀刃就为曲线，其后刀面为曲面。

2. 确定车刀角度的辅助平面

为了确定和测量车刀的几何角度，通常假设 3 个辅助平面作为基准，即切削平面、基面和截面，如图 2-7 所示。

（1）切削平面。切削平面是通过车刀主切削刃上的某一选定点，并与工件的过渡表面相切的平面 [图 2-7 （a）]。

（2）基面。基面是过车刀主切削刃上某一选定点，并与该点切削速度方向垂直的平面 [图 2-7 （a）]。

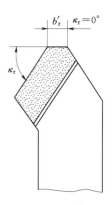

图 2-6 修光刃

由于过主切削刃上某一选定点的切削速度和方向与过该点并与工件上的过渡表面相切的平面的方向是一致的，所以基面与切削平面相互垂直。

（3）截面。截面有主截面和副截面之分。

过车刀主切削刃上某一选定点，同时垂直于该点的切削平面和基面的平面叫主截面 [图 2-7 （b）]。

过车刀副切削刃上某一选定点，同时垂直于该点的切削平面和基面的平面叫副截面 [图 2-7 （b）]。

需指出的是：上述定义是假设切削时只有主运动，不考虑进给运动，刀柄的中心线垂直于进给方向，且规定刀尖对准工件中心，此时基面与刀柄底平面平行，切削平面与刀柄底平面垂直。这种假设状态称为刀具的"静止状态"。静止状态的辅助平面是车刀刃磨、

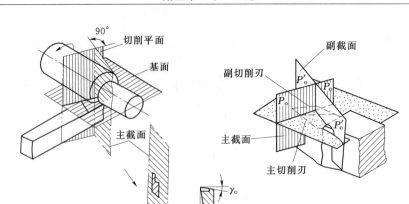

(a)切削平面和基面　　　　　　　　　(b)主截面和副截面

图 2-7　车刀几何角度的辅助平面

测量和标注角度的基准。

3. 车刀几何角度

车刀几何角度的标注如图 2-8 所示。

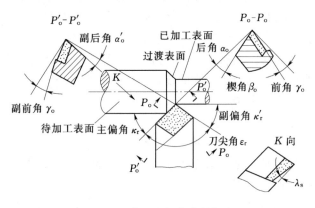

图 2-8　车刀几何角度的标注

在主截面内测量的角度有以下几种：

（1）前角（γ_o）。前角是前刀面与基面之间的夹角。

（2）后角（α_o）。后角是后刀面与切削平面之间的夹角。在主截面（见图 2-8 中的 P_o—P_o 平面）内测量的是主后角（α_o）；在副截面（见图 2-8 中的 P_o'—P_o' 平面）内测量的是副后角（α_o'）。

（3）楔角（β_o）。楔角是在主截面内前刀面与后刀面之间的夹角。它的大小与前角和后角的大小有关，通常可由下式来计算，即

$$\beta_o = 90° - (\gamma_o + \alpha_o)$$

在基面内测量的角度有以下几个：

（1）主偏角（κ_r）。主偏角是主切削刃在基面上的投影与进给运动方向间的夹角。

（2）副偏角（κ_r'）。副偏角是副切削刃在基面上的投影与背离进给运动方向间的夹角。

（3）刀尖角（ε_r）。刀尖角是主切削刃和副切削刃在基面上的投影之间的夹角。它影响刀尖的强度和散热性能。其值按下式来计算，即

$$\varepsilon_r = 180° - (\kappa_r + \kappa_r')$$

在切削平面内测量的角度有：

刃倾角（λ_s）。刃倾角是主切削刃与基面之间的夹角。

4. 车刀主要几何角度的初步选择

（1）前角的选择。

1）前角的作用。

a. 前角的主要作用是影响切削刃口锋利程度、切削力的大小与切屑变形的大小。前角增大，可使切削刃口锋利、切削力减小、降低加工表面粗糙度值，同时还会使切削变形小、排屑容易。

b. 前角还会影响车刀强度、受力情况和散热条件。增大前角，会使楔角减小，从而削弱了刀体强度。前角增大还会使散热体积缩小，而散热条件变差，导致切削区域温度升高。

2）前角正、负的确定。在主截面中，当前刀面与切削平面之间的夹角小于90°时，前角为正。大于90°时前角为负，如图2-9所示。

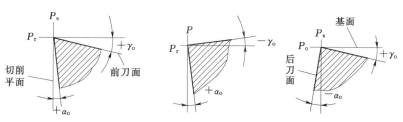

图2-9 前、后角正、负的规定

3）前角的初步选择。只要刀体强度允许，尽量选较大的前角。具体选择时还需综合考虑工件材料、刀具材料、加工性质等因素。

a. 车削塑性材料或硬度较低的材料，可选择较大的前角；车削脆性材料或硬度较高的材料，则应选择较小的前角。

b. 粗加工时应选择较小的前角，精加工时应选择较大的前角。

c. 车刀材料的强度、韧性较差，前角应取小值；反之取大值。

（2）后角的选择。

1）后角的作用。

a. 后角的主要作用是减少后刀面与工件上过渡表面之间的摩擦，以提高工件的表面质量，延长刀具的使用寿命。

b. 增大后角可使车刀刃口变锋利。但后角过大，又会使楔角减小，不仅会削弱车刀的强度，而且还会使散热条件变差。

2）后角正、负的确定。当后刀面与基面的夹角小于90°时后角为正，大于90°时后角为负，如图2-9所示。

3）后角的初步选择。

a. 粗车时，由于切削深度和走刀量选得均较大，所以要求车刀有足够的强度，故应选较小的后角。

b. 精车时，为减小后刀面和工件过渡表面间摩擦，保持刃口锋利，应选择较大的后角。

c. 工件材料较硬，后角选小些；工件材料较软，则选较大后角。

副后角一般磨成与主后角相等。但在切断等特殊情况下，为了保证车刀强度，副后角应选较小的数值。

（3）主偏角与副偏角的选择。

1）主偏角的作用。主偏角主要影响车刀的散热条件、切削分力的大小和方向的变化及影响切屑厚薄的变化。

2）主偏角的选择。选择主偏角时，应重点考虑工件的形状和刚性。工件刚性差（如车细长轴是为了减小径向分力），应选较大的主偏角，如图 2-10 所示。

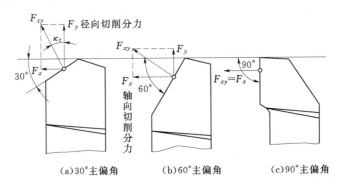

图 2-10 主偏角对切削分力的影响

加工阶台轴类的工件，主偏角 $\kappa_r > 90°$。

车削硬度较高的工件，为增加刀具强度应选较小的主偏角。

3）副偏角的作用。副偏角主要减少副刀刃与工件已加工表面的摩擦，影响工件的表面加工质量及车刀的强度。

4）副偏角的选择。粗车时副偏角选稍大些，精车时副偏角选稍小些。

（4）刃倾角的选择。

1）刃倾角的作用。刃倾角的主要作用是控制排屑方向。当刃倾角为负值时，可增加刀头的强度，并在车刀受冲击时保护刀尖。刃倾角还会影响前角及刀刃的锋利程度。增大刃倾角能使切削刃锋利，并可切下很薄的金属层。

2）刃倾角有正、负值和零度之分。当主切削刃和基面平行时，刃倾角为零度（$\lambda_s = 0°$），切削时，切屑基本上朝垂直于主切削刃方向排出 ［图 2-11（a）］。

当刀尖位于主切削刃最高点时，刃倾角为正值（$\lambda_s > 0°$）。切削时，切屑朝工件待加工面方向排出 ［图 2-11（b）］。切屑不易擦伤已加工表面，工件表面粗糙度较高，但刀尖强度较差。尤其是车削不连续的工件表面时，由于冲击力较大，刀尖易损坏。

当刀尖位于主切削刃最低点时，刃倾角为负值（$\lambda_s < 0°$）。切削时，切屑朝工件已加工面方向排出，容易擦伤已加工表面。但刀尖强度好。在车削有较大冲击力的工件时，最

先承受冲击的着力点在远离刀尖的切削刃处，从而保护了刀尖［图 2-11 (d)］。

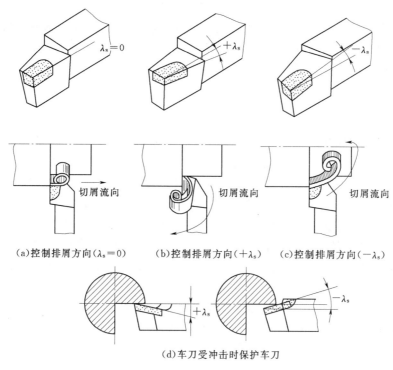

(a)控制排屑方向($\lambda_s=0$)　　(b)控制排屑方向($+\lambda_s$)　　(c)控制排屑方向($-\lambda_s$)

(d)车刀受冲击时保护车刀

图 2-11　刃倾角及其作用

3）刃倾角的初步选择。选择刃倾角时通常主要要考虑工件材料、刀具材料和加工性质。

粗加工和断续切削时，所受冲击力较大，为了提高刀尖强度，应选负值刃倾角；车削一般工件则取零度刃倾角；精车时，为了避免切屑将已加工表面拉毛，刃倾角应取正值。微量进给精车外圆或内孔时可取较大刃倾角。

第二节　车刀的刃磨方法

在车床上主要依靠工件的旋转主运动和刀具的进给运动来完成切削工作。因此，车刀角度的选择是否合理，车刀刃磨的角度是否正确，都会直接影响工件的加工质量和切削效率。在切削过程中，由于车刀的前刀面和后刀面处于剧烈的摩擦和高切削热的作用中，会使车刀切削刃口变钝而失去切削能力，只有通过刃磨才能恢复切削刃口的锋利和正确的车刀角度。因此，车工不仅要懂得切削原理和如何合理地选择车刀角度的有关知识，还必须熟练掌握车刀的刃磨技能。

车刀的刃磨分机械刃磨和手工刃磨两种。机械刃磨效率高、质量好、操作方便。但目前中小型工厂仍普遍采用手工刃磨。因此，车工必须熟练掌握手工刃磨车刀的技术。

一、砂轮的选用

目前常用的砂轮有氧化铝和碳化硅两类，刃磨时必须根据刀具材料来选定。

(1) 氧化铝砂轮。氧化铝砂轮多呈白色，其砂粒韧性好，比较锋利，但硬度稍低（指磨粒容易从砂轮上脱落），适于刃磨高速钢车刀和硬质合金的刀柄部分。氧化铝砂轮也称钢玉砂轮。

（2）碳化硅砂轮。碳化硅砂轮多呈绿色，其砂粒硬度高、切削性能好，但较脆，适于刃磨硬质合金车刀。砂轮的粗细以粒度表示。《磨料粒度及其组成》（GB 2477—83）规定了 41 个粒度号。粗磨时用粗粒度（基本粒尺寸大），精磨时用细粒度（基本粒尺寸小）。

二、车刀刃磨的方法和步骤

现以 90°硬质合金（YT15）外圆车刀为例，介绍手工刃磨车刀的方法。

（1）先磨去车刀前面、后面上的焊渣，并将车刀底面磨平。可选用粒度号为 24～36 号的氧化铝砂轮。

（2）粗磨主后面和副后面的刀柄部分（以形成后隙角）。刃磨时，在略高于砂轮中心的水平位置处将车刀翘起一个比刀体上的后角大 2°～3°的角度，以便再刃磨刀体上的主后角和副后角（图 2-12）可选粒度号为 24～36 号，硬度为中软（ ZR1、ZR2）的氧化铝砂轮。

（3）粗磨刀体上的主后面。磨主后面时，刀柄应与砂轮轴线保持平行，同时刀体底平面向砂轮方向倾斜一个比主后角大 2°的角度。刃磨时，先把车刀已磨好的后隙面靠在砂轮的外圆上，以接近砂轮中心的水平位置为刃磨的起始位置，然后使刃磨位置继续向砂轮靠近，并做左右缓慢移动。当砂轮磨至刀刃处即可结束［图 2-12（a）］。这样可同时磨出 $\kappa_r = 90°$ 的主偏角和主后角。可选用粒度号为 36～60 号的碳化硅砂轮。

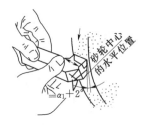
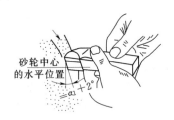

（a）磨主后面上的后隙角　　　　（b）磨副后面上的后隙角

图 2-12　粗磨刀柄上的主后面、副后面（磨后隙角）

（4）粗磨刀体上的副后面。磨副后面时，刀柄尾部应向右转过一个副偏角——κ_r' 的角度，同时车刀底平面向砂轮方向倾斜一个比副后角大 2°的角度［图 2-12（b）］。具体刃磨方法与粗磨刀体上主后面大体相同。不同的是粗磨副后面时砂轮应磨到刀尖处。如此，也可同时磨出副偏角和副后角。

（5）粗磨前面。以砂轮的端面粗磨出车刀的前面，并在磨前面的同时磨出前角。

（6）磨断屑槽。解决好断屑是车削塑性金属的一个突出问题。若切屑连绵不断，呈带状缠绕在工件或车刀上，不仅会影响正常车削，而且会拉毛已加工表面，甚至会发生事故。在刀体上磨出断屑槽的目的就是当切屑经过断屑槽时，使切屑产生内应力而强迫它变形并折断。断屑槽常见的有圆弧形和直线形两种（图 2-13）。圆弧形断屑槽的前角一般较大，适于切削较软的材料；直线形断屑槽前角较小，适于切削较硬的材料（表 2-3）。

手工刃磨的断屑槽一般为圆弧形。刃磨时，须先将砂轮的外圆和端面的交角处用修砂轮的整形刀或金刚石笔（可用硬砂条）修磨成相应的圆弧。若刃磨直线型断屑槽，则砂轮的交角须修磨得很尖锐。刃磨时刀尖可向下磨或向上磨。但选择刃磨断屑槽的部位时，应考虑留出刀头倒棱的宽度（即留出相当于走刀量大小的距离）。

刃磨断屑槽难度较大，需注意以下要点：

1）砂轮的交角处应经常保持尖锐或具有一定的圆弧状，当砂轮棱边磨损出较大圆角时应及时修整。

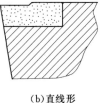

(a)圆弧形　　(b)直线形

图 2-13　断屑槽的两种型式

2）刃磨时的起点位置应该与刀尖、主切削刃离开一定距离，不能一开始就直接刃磨到主切削刃和刀尖上，而使主切削刃和刀尖磨坍。一般起始位置与刀尖的距离等于断屑槽长度的 1/2 左右；与主切削刃的距离等于断屑槽宽度的 1/2 再加上倒棱的宽度。

3）刃磨时不能用力过大，车刀应沿刀柄方向做上下缓慢移动。要特别注意刀尖，切勿把断屑槽的前端口磨崩塌。

4）刃磨过程中应反复检查断屑槽的形状、位置及前角的大小，对于尺寸较大的断屑槽可分粗磨和精磨两个阶段；尺寸较小的则可一次磨成形。

（7）精磨主后面和副后面。精磨前要修整好砂轮，保持砂轮平稳旋转。刃磨时将车刀底平面靠在调整好角度的托架上，并使切削刃轻轻地靠在砂轮的外圆上，并沿砂轮轴向缓慢地左右移动，使砂轮磨损均匀，车刀刃口平直。可选用绿色碳化硅砂轮（粒度号为 180～200 号）或金刚石砂轮。

表 2-3　　　　　　　　　　硬质合金车刀断屑槽参考尺寸　　　　　　　　　　单位：mm

	切削深度 a_p	进给量 f				
		0.3	0.4	0.5～0.6	0.7～0.8	0.9～1.2
		γ_{Bn}				
圆弧形 C_{Bn} 为 5～1.3mm（由所取的前角值决定），γ_{Bn} 在 L_{Bn} 的宽度和 C_{Bn} 的深度下成一自然圆弧	2～4	3	3	4	5	6
	5～7	4	5	6	8	9
	7～12	5	8	10	12	14

（8）磨负倒棱。刀具主切削刃担负着绝大部分的切削工作。为了提高主切削刃的强度，改善其受力和散热条件，通常在车刀的主切削刃上磨出负倒棱（图 2-14）。

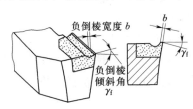
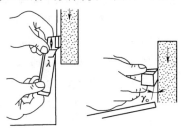

负倒棱宽度 b
负倒棱倾斜角 γ_f

图 2-14　磨负倒棱

（9）磨过渡刃。过渡刃有直线型和圆弧型两种。其刃磨方法与精磨后刀面时基本相同，刃磨车削较硬材料车刀时，也可以在过渡刃上磨出负倒棱。

（10）车刀的手工研磨。在砂轮上刃磨的车刀，其切削刃有时不够平滑光洁。若用放大镜观察，可以发现其刃口上呈凸凹不平状态。使用这样的车刀车削时，不仅会直接影响工件表面粗糙度，而且也会降低车刀的使用寿命。若是硬质合金车刀，在切削过程中还会产生崩刃现象。所以手工刃磨的车刀还应用细油石研磨其刃刃。研磨时，手持油石在刀刃上来回移动。要求动作平稳、用力均匀，如图 2 - 15 所示。

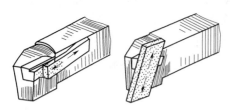

图 2 - 15　用油石研磨车刀

研磨后的车刀，应消除在砂轮上刃磨后的残留痕迹，刀面表面粗糙度值应达到 $R_a 0.4\sim 0.2\mu m$。

第三节　加工不同材料时的车刀参数变化

根据刀具角度变化规律的认识，选用在不同材料，刃磨不同角度的刀具。

金属切削过程是一个很复杂的运动过程，刀具角度的变化受很多因素的影响，工件材料不同，刀具的角度不同；同样的工件材料，加工情况不同，刀具的角度也不同（如粗加工和精加工）。为了掌握刀具角度的变化规律，确定合理的刀具几何参数，必须认真分析影响刀具角度变化的各种因素。在一般情况下，工件材料是影响刀具角度变化的主要因素。

一、刀具角度变化与工件材料的关系

1. 加工灰口铸铁材料时刀具角度的选择

有利于切削加工的条件是硬度低（一般为 HBS 在 163～229 范围内）、抗拉强度低、塑性小，因此切屑变形和切削抗力小。

不利于切削加工的条件是：铸件表面有氧化层和带型砂的硬皮，局部的白口铁，铸造过程中砂眼气孔、缩孔等缺陷，这些对刀具的耐用度是很有害的。根据铸件表面的缺陷，必须增加刀具切削部分的强度，前角需选得小些（前角选择范围在 10°～0°之间）。

又因为灰口铸铁切削时呈碎状切屑，切削抗力全集中在切削刃上，刀尖区域内散热性差，为了增加散热面积，应选择较小的主偏角（选择范围在 75°～45°之间）。在不影响刀具强度的条件下，应适当加大后角（选择范围在 8°～12°之间），以减少后面的磨损。

2. 加工不锈钢（1Cr18Ni9Ti）材料时刀具角度的选择

由于不锈钢材料又黏又硬，切削时不利因素较多，困难较大。根据不锈钢黏、硬的特点，首先选择合理的刀具材料，即 YG8、YW1 或 YW2。由于不锈钢材料的塑性大，因此切屑变形大，切削力也大，为了便于加工，应选择较大的前角（选择范围为 15°～30°）。为了增加刀具强度，可加前角负倒棱。为了减少切削后面与工件间的摩擦，又不影响刀具强度，后角应选在 8°～10°范围内。

不锈钢冷硬性强，塑性变形大，故应选择较大的主偏角（选择范围在 90°～75°之间），可根据加工余量选择,加工余量大时主偏角小些,加工余量小时主偏角大些。

不锈钢材料粘接磨损比较严重,应减少刀头部分的表面粗糙度。选用合适的润滑冷却液,防止刀瘤的产生,减少刀具磨损,延长其使用寿命。

例 2-1 刀具举例——不锈钢(1Cr18Ni9Ti)外圆粗车刀(图 2-16)。

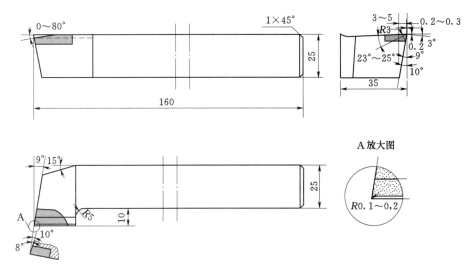

图 2-16　刀具尺寸

(1) 刀具特点。

1) 由卷屑槽形成的前角 γ_o = 20°~25°,因前角较大,功率消耗较少。

2) 刀刃带有 2°~3°、宽为 0.2~0.3mm 的棱边,增强了刀刃,适用于大余量加工。

3) 刀刃低于刀面 0.15~0.25mm,使切屑向前卷曲时碰在主后面上,自动断屑。

4) 由于卷屑槽较大,故不太耐冲击,所以仅适用于加工余量较均匀的不锈钢。

5) 加工表面粗糙度可达 R_a3.2μm。

(2) 使用条件。

1) 适用于 C620、C630 等车床。

2) 切削用量:切削速度 v_c=50~100m/min

　　　　　　切削深度 a_p=2~10mm

　　　　　　进给量 f=0.2~0.3mm/r

3) 加工直径 φ50~120mm。

(3) 注意事项。

1) 卷屑槽宽度 3~5mm,随切削深度的大小选定,随 a_p 增大而增大。

2) λ_s=0°~8°加工零件余量不匀时,λ_s 宜采用大值,余量均匀时选用小值。

3) 只有刀刃比刀前面低时,方能断屑。

4) 由于不锈钢切削力较大,故刀具不能离刀架太长,否则会发颤。

5) 为增加刀具寿命,减少粘刀现象,最好刃磨后进行研磨。

3. 加工铸造黄铜材料时刀具角度的选择

黄铜材料加工特点是:强度、硬度低,塑性小,切削抗力很小,看似有利于加工,但

27

是如果疏忽，也会引出坏的结果。由于黄铜材料强度低、硬度低、塑性小、材料表面硬而光滑，加上内部组织粗松，在切削过程中，当选用较大的前角，切削刃锋利时，容易产生"扎刀"现象。因此，刀具前角应选得小些（选择范围在 $10°\sim3°$ 之间）。

黄铜材料的导热性较好，热量大部分由切屑和工件传递出去，所以刀具主偏角可选择大些（选择范围在 $60°\sim90°$ 之间）。

4. 加工铝合金材料时刀具角度的选择

加工铝合金材料时，有利的条件比较多：①它的强度、硬度低，因此切削力很小，又因其塑性小、延伸率低，因此可以选择较大的前角（选择范围为 $20°\sim30°$）；②导热性能好，可降低切削温度。主偏角可选择较大些（选择范围为 $60°\sim90°$）。虽然加工铝合金材料有利的条件比较多，但绝不能忽略它的不利条件。

下面就来分析铝合金加工的不利条件及刀具角度变化。

（1）在切削刃处有局部高压高温区域，又加上铝合金熔点低，约 659℃，因此容易产生刀瘤，使表面粗糙度增加。为了防止刀瘤产生，应加大刀具的前角。刀具前面、后面的表面粗糙度亦应细些（一般在 $R_a0.8\mu m$ 以下）。在加工时，加适当的润滑冷却液（如肥皂水和柴油）。

（2）铝合金中含有硅（Si），而硅的化合物是硬度很高的质点，会加剧刀具的磨损，为了减少磨损，应选择较大的后角（选择范围在 $8°\sim12°$ 之间）。

5. 加工淬火钠材料时刀具角度的选择（图 2-17）

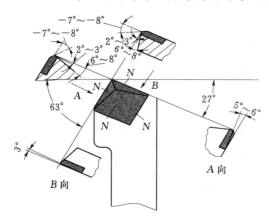

加工淬火钢最突出的特点是：硬度高，脆性较大。

根据淬火钢材料的加工特点，如何合理选择刀具角度进行加工呢？

由于淬火钢硬度很高，切削抗力很大，切削热也大，刀具磨损和崩坏现象比较多。为了改变这种不利状况，应增加刀具的强度。通常采取下列方法：

（1）应选择适合于加工淬火钢的刀具材料：YT30、YW1、YW2。

（2）应选用负前角（选择范围为 $-5°\sim12°$）或正值刃倾角（$5°\sim10°$）。为了增加

图 2-17 加工淬火材料时刀具角度的选择

刀具散热面积，应减小刀具主偏角（选择范围为 $60°\sim20°$）。

例 2-2　刀具举例——淬火钢车刀（图 2-18）。

（1）刀具特点。

1）刀片材料为 YT30 硬质合金。

2）主、副切削刃均采用负前角，主、副前面相交处为一个凸峰，形成较大的刃倾角，刀尖强度比一般刀具大得多。

3）刀尖圆弧半径（$R=1\sim2mm$）比一般刀具大，刀尖散热性好，耐磨，提高了刀具使用寿命。

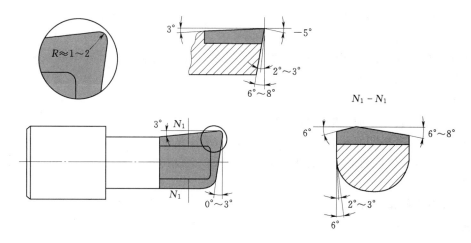

图 2-18　淬火钢车刀

（2）使用条件。

1）粗车外圆：$v_c \approx 30\text{m/min}$

$\qquad\qquad a_p = 0.1 \sim 0.2\text{mm}$

$\qquad\qquad f = 0.7 \sim 1\text{mm/r}$

2）粗车内孔：$v_c \approx 25\text{m/min}$

$\qquad\qquad a_p = 0.1 \sim 0.2\text{mm}$

$\qquad\qquad f = 0.5 \sim 0.8\text{mm/r}$

3）精车外圆：$v_c \approx 27\text{m/min}$

$\qquad\qquad a_p = 0.08 \sim 0.1\text{mm}$

$\qquad\qquad f = 0.03 \sim 0.5\text{mm/r}$

4）精车内孔：$v_c \approx 22\text{m/min}$

$\qquad\qquad a_p = 0.08 \sim 0.1\text{mm}$

$\qquad\qquad f = 0.03 \sim 0.5\text{mm/r}$

（3）应用范围。适用于在普通车床上加工硬度为 62HRC 后淬火钢工件。

（4）使用效果。外圆加工表面粗糙度可达 $R_a 3.2 \sim 1.6\mu\text{m}$，内孔加工表面粗糙度可达 $R_a 3.2\mu\text{m}$。

注意事项：

（1）要求工件淬火后各处硬度均匀；否则工件表面凹凸不平。

（2）加工时可能产生尖叫声，尤其在加工内孔时可能出现这种情况。主要是由于加工震动引起的高频噪声。

二、刀具角度的变化与加工情况的关系

通过以上分析可以看出，根据工件材料，合理选择刀具角度是很重要的。但是在加工过程中，加工情况是千变万化的，如粗加工、精加工、加工细长零件、孔的精加工（包括薄壁孔和深孔）等，这些也都会影响刀具角度的变化。下面分别就几种加工情况来研究刀具角度变化的规律。

1. **工件粗加工时刀具角度的选择**

工件粗加工时，毛坯加工余量大，表面粗糙，有氧化层，当工件几何形状不规则时，断续切削，冲击性很大，切屑变形也大，刀尖区域内温度很高，而且变化大，使刀具加剧磨损，降低刀具的使用寿命。

为了适应粗加工特点：

（1）选择适合于粗加工的刀具材料：YG8、YT5。

（2）增加刀具切削部分的强度，可采用以下两种方法之一：

1）加大前角加负倒棱，取正值刃倾角（选择范围在前角 15°～25°之间，加负倒棱，刃倾在 3°～8°之间）。

2）减小前角和后角（选择范围为 10°～0°，后角 8°～0°，后角 8°～6°）。

例 2-3 粗加工刀具举例——大型 75°综合车刀（图 2-19）。

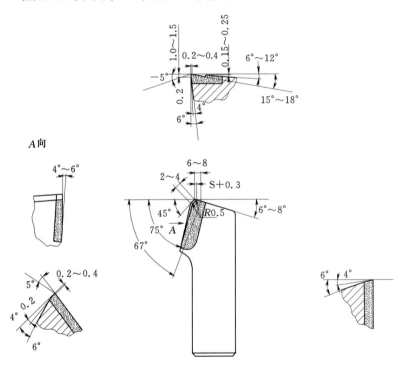

图 2-19 大型 75°综合车刀

（1）刀具特点。

1）刀片材料为 YT5 硬质合金，刀杆为 45 钢。

2）采用 75°主偏角，轴类加工时可减小径向力，避免振动；并且加宽主切削刃，从而减小切削刃单位长度上的负荷，刀尖角大，散热快，可提高刀具的使用寿命。

3）前角为 15°～18°，可减小负荷。

4）采用正刃倾角，弥补了法向前角大而引起的刀刃强度差的缺陷。根据经验，前角增加 2°后，将刃倾角同时增加 3°，刀刃强度不会降低。刃倾角的大小视工件表面情况而定，一般为 5°～10°。

5）采用直线形过渡刀刃（一般在 4mm 以下），并在过渡刀刃与主切削刃、修光刀刃连接处研磨成小圆角，以延长刀具寿命。

45°过渡刀刃与圆弧过渡刀刃比较，平均主偏角大，切削变形均匀，径向力与动力消耗较少，刀具寿命提高。

6）修光刀刃 $f = a_p + (0.3 \sim 0.5)$mm，保证了工件粗糙度，使振动降至最低限度。

7）断屑槽较浅，刀片磨损小，强度高；断屑槽采用 65°斜角，使断屑规则且有方向；弧面 $R30 \sim 40$mm，向刀架与尾座 45°夹角的方向排屑。

（2）使用条件。

1）刃口倒棱随走刀量增加，一般以不大于 0.5mm 为宜。

2）后角较小，刀头强度较高。

（3）应用范围。适合于强力切削或大走刀切削加工大型中碳钢铸件及锻件。

（4）使用效果。提高切削效率 5 倍以上。

（5）注意事项。

1）装刀要牢固，刀具不宜伸得太长，一般伸出长度为刀杆高度的 1.5 倍，但也不宜过短，否则会影响排屑。

2）对刀时刀尖应高于工件中心，高出量以等于被加工直径的 1/100 为宜，但不得超过 4mm。

3）机床动力要大。如发现机床负荷小，则在退刀时应先停止走刀，然后再退刀，以保护刀尖。发现有"闷车"现象，应先关闭电源，防止车头倒转，抽刀时应先松后压螺钉，然后再松刀杆前压螺钉，将刀具轻轻抽出。

4）工件顶尖孔尽量大些，而且须与顶尖接触良好。

2. 工件精加工时刀具角度的选择

工件精加工的特点：要得到较高的精度和较细的表面粗糙度，加工余量小。针对精加工的不同特点，刀具材料和刀具角度应作以下选择：

（1）选择适合于精加工的刀具材料：YG3、YA6、YT5、YT30。

（2）由于精加工余量小，因而切屑变形和切削抗力小，所以刀具磨损很小，又因选取较小的走刀量，所以：可选择较大的前角和后角，或增大刀尖圆弧半径或增加修光刀刃。

例 2 - 4 精加工刀具举例——高速精车刀（图 2 - 20）。

（1）刀具特点。

1）在一般 90°外圆车刀上，开出刃倾斜 45°、宽 4 ~ 5mm 的斜槽，切削轻快而且刃磨简单。

2）斜槽与基面夹角在 12°左右；后角为 6° ~ 8°；副后角为双重角度，分别为 5°、8°；副偏角为 8°。

3）刀片选用 YT30。

（2）使用条件。

1）车床：C620、C618、C616、C615 等机床。

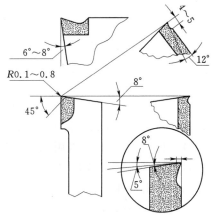

图 2 - 20 高速精车刀

2）切削用量：$v_c = 110 \sim 120 \text{m/min}$

$$a_p = 0.08 \sim 0.10 \text{mm}$$

$$f = 0.05 \sim 0.10 \text{mm/r}$$

（3）使用效果。面表粗糙度可达 $R_a 3.2 \sim 1.6 \mu\text{m}$。

（4）注意事项。刀尖高于中心 1mm 或根据工件直径增减。

3. 加工细长零件时刀具角度的选择

在加工细长零件（一般来讲，$\dfrac{d}{j} \leqslant \dfrac{1}{25}$ 时称为细长轴，其中 d 为直径、j 为长度）时，由于工件细长，刚性差，要求切削径向力越小越好，这是一个主要矛盾。刀具的前角主偏角是影响切削径向力的主要因素，为了减少切削时的径向力，应在不影响刀具强度的情况下，尽量加大刀具的主偏角和前角。

选择范围为主偏角 $75° \sim 90°$、前角 $10° \sim 30°$。

例 2-5　刀具举例——高速车细长杆银白屑车刀（图 2-21）。

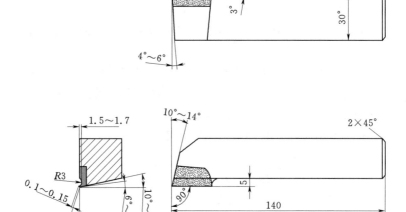

图 2-21　高速车细长杆银白屑车刀

（1）刀具特点。

1）采用 $90°$ 主偏角，径向抗力小。

2）前面磨有 $4 \sim 5$mm 的卷屑槽，排屑卷屑好，切削阻力和摩擦阻力均较小，散热性能好，主切屑呈银白色。

3）主切削刃上磨有 $0.1 \sim 0.15$mm 后倒棱。强度较高。在 $\lambda_s = -3°$ 时的倒棱面会产生线状蓝色副切屑（即刀瘤屑），位于主切屑中间，消除了刀瘤对已加工表面的黏附。

4）主切削刃刃倾角采用 $\lambda_s = -3°$。排屑方便，切屑不会损伤已加工表面。

5）刀片材料为 YT15 硬质合金，刀杆为 45 钢。

（2）使用条件。

1）粗车时 $v_c \approx 100 \sim 120 \text{m/min}$，$a_p = 0.3 \sim 0.6$mm，$f = 1.5 \sim 2$mm/r。

2）精车时 $v_c \approx 100 \sim 120 \text{m/min}$，$a_p = 0.08 \sim 0.12$mm，$f = 0.5 \sim 1$mm/r。

3）采用肥皂水做冷却液。

（3）应用范围。加工粗糙度可达 $R_a 3.2\mu m$，生产效率比一般外圆偏刀提高 2 倍以上。

（4）注意事项。根据不同工件材料、尺寸和形状，可改变刀具几何形状，改变是否合适的标志是：切屑中间是否出现副切屑；主切屑是否呈银白色。

4. 薄壁孔和深孔精加工时刀具角度的选择

（1）薄壁孔精加工时的不利条件是：孔壁薄，刚性差，加工时容易产生较大的振动和变形，影响孔的精度和表面粗糙度。

（2）深孔（一般来讲，$\dfrac{d}{t} \leqslant \dfrac{1}{5}$ 时称为深孔，其中 d 为直径、t 为孔深）加工的不利条件是：因孔深，要求的精度和表面粗糙度难以保证，孔的几何形状误差较大，深孔排屑困难。

面对薄壁孔和深孔精度加工存在的问题，如何去解决？

精加工深孔和薄孔达不到精度和表面粗糙度要求，并会出现几何形状误差的因素是很多的，如机床精度、工件刚性、装夹方法、刀杆刚性等，单从切削刀具上考虑，应尽可能合理选用刀具几何角度，增加刀杆刚性和刀头强度来减小切削力，减少振动。主要方法是加大刀具主偏角和前角（选择范围：前角 $10°\sim15°$；主偏角 $45°\sim90°$）。深孔精加工，多采用浮动镗刀进行，它可以减小几何形状误差，保证深孔的加工精度。

5. 加工不规则零件时刀具角度的选择（图 2-22）。

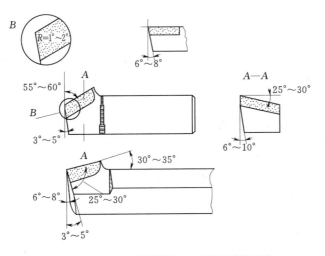

图 2-22 加工不规则零件时刀具角度的选择

工件不规则粗加工时（如车轴端盖类工件有几个长耳等），毛坯加工余量大，表面粗糙、断续切削、有氧化层，即工件几何形状不规则，冲击性很大。因此，切削力大，切屑变形也大，使刀尖区域内温度很高且变化大，使刀具加剧磨损及崩碎，降低刀具的使用寿命。

（1）选择适合于粗加工的刀具材料：YT5、YG8。

（2）增加刀具切削部分的强度，可采用以下方法。

1）加大前角加负倒棱，取负值刃倾角（选择范围：前面在 $25°\sim30°$ 之间，刃倾角在

—23°~30°之间）。

2）刀头制作成左偏刀 55°~65°之间。

3）在过渡刀刃与主切削刀、修光刀刃过接处磨成小弧，可延长刀具寿命。

4）大斜刃切削可使振动降至最低。

5）没有断屑槽，刀片磨损小，强度高，铁屑可直接排出，铁屑可在大拖板的左方车头箱的右方夹角排出。

6）刃口倒棱是指车刀走刀量的增大而适当增加，一般以不大于 $0.4a_p$ 为宜，在砂轮机磨好后，再用油石将车刀的主后面和前面、刀尖磨滑，提高车刀的耐用度。

（3）使用条件。转速 $v_c \approx 20\text{m/min}$，$f = 0.4 \sim 0.6\text{mm/r}$。

适合于加工不规则的工件，如间断车削球墨铸铁、锻造件、中碳类等材料的粗加工。

（4）使用效果。提高切削效率 7 倍以上。

（5）注意事项。

1）装刀要牢固，刀具不宜伸出过长，一般伸出长度小于刀杆高度的 1.5 倍，小拖板不要凸出于它的底座，应与其平齐。

2）对刀时刀尖应高于中心，高出量以等于被加工工件中心线 0.5~1mm 为宜。

3）机床可选用 C620、C630 等车床。如发现机床负荷小，则在退刀时先退刀后停车，以保护刀尖。发现"闷车"现象，应先关闭电源，防止车头倒转，退刀时应先松开刀杆尾部的压紧螺丝，然后再松开刀杆前面的螺丝，将刀具轻轻抽出。

小 结

本章主要介绍车刀的理论知识，常用车刀用途，车刀切削部分及车刀刀杆的材料区别，车刀的几何形状，砂轮的选用等相关知识。学习之后应做到：①作为一个车工，必须熟识怎样选择刀具，在加工材料时选用合适的刀具；②掌握好车刀的几何形状、加工不同的形状工件选择刀具的角度和磨刀选用砂轮；③结合日常的生活，了解周边所使用的金属用具等，以加深对金属材料的认识。

思 考 题

1. 金属切削过程的实质是什么？

2. 刀具磨损有哪几种形式？各产生在什么切削条件下？

3. 常用的前刀面形状有哪几种？主要特点是什么？

4. 过渡刃的作用是什么？为什么过渡刃一般不宜磨得太大？

习 题

一、填空题

1. 车刀副切削刃是前刀面与_____的相交部位。

2. 磨削后工件表面的尺寸精度一般为_____。

3. 砂轮是由磨料和_____粘接成的多孔物体。

4. 粗加工时应选较_____的前角。

5. 刀具材料的强度和韧性较差，前角应取_____值。

6. 刃倾角由正值向负值变化，使切向抗力 F_y _____。

7. 磨削时，因砂轮转速快、温度高，必须使用_____。

8. 磨软材料时采用粗粒度的硬砂轮，是为了防止_____。

9. 刃倾角为正值时，切削流向工件_____加工表面方向。

10. 磨粒磨损实际上是工件或切屑上的_____将刀具表面上刻划出深浅不一的沟痕而造成的磨损。

11. 砂轮的硬度是指砂轮表面的磨料在外力作用下_____。

12. 可转位车刀刀片的夹紧形式可分杠杆式、楔块式、上压式、螺纹偏心式和_____式。

13. 磨料的粒度是指磨料颗粒的_____。

14. 高速钢常用牌号有_____等。

15. 刀具正常磨损的形式可分为后刀面磨损、前刀面磨损和_____刀面同时磨损。

16. 精加工时，应选较_____的前角。

二、选择题

1. 砂轮的硬度是指磨粒的（　　）。
A. 粗细程度　　　　　　　　B. 硬度
C. 综合力学性能　　　　　　D. 脱落的难易程度

2. 采取适当措施阻止空气流入燃烧区域，使燃烧物得不到足够的氧气而熄灭的方法是（　　）。
A. 冷却法　　　B. 隔离法　　　C. 窒息法　　　D. 抑制法

3. 刀尖处参数可在（　　）上标注。
A. 局部放大图　　B. 主视图　　C. 主剖面图　　D. 主截面

4. 修整砂轮一般用（　　）。
A. 油石　　　　B. 金刚石　　　C. 硬质合金车刀　D. 高速钢

5. 刀尖圆弧半径增大，使切向抗力（　　）。
A. 毫无变化　　B. 有所增加　　C. 增加较多　　D. 增加很多

6. 砂轮的硬度是指磨粒的（　　）。
A. 粗细程度　　B. 硬度　　　　C. 综合力学性能　D. 脱落的难易程度

三、判断题

（　　）加工硬化对下道工序的加工没有影响。

四、简答题

1. 机夹刀具使用时的注意事项是什么？
2. 硬质合金可转位车刀的优点是什么？
3. 叙述车刀各主要角度的定义。
4. 车刀的辅助平面有哪几个？并写出它们的定义。

第三章 切削加工基础知识

第一节 切削加工概述

一、切削加工的实质和分类

切削加工是指使用切削工具从工件上切除多余材料，以获得几何形状、尺寸精度和表面质量等都符合要求的零件或半成品的加工方法。切削加工是在材料的常温状态下进行的，它包括机械加工和钳工加工两种，其主要形式有车削、钻削、刨削、铣削、磨削、齿轮加工及锉削、錾削、锯割等。习惯上常说的切削加工主要是指机械加工。

二、切削加工在工业生产中的地位及特点

在国民经济领域中，使用着大量的机器和设备，组成这些机器和设备的不可拆分的最小单元就是机械零件。由于现代机器和设备的精度及性能要求较高，所以对组成机器和设备的大部分机械零件的加工质量也提出了较高的要求，不仅有尺寸和形状的要求，而且还有表面粗糙度的要求。为了满足这些要求，除了较少的一部分零件是采用精密铸造或精密锻造等其他方法直接获得外，绝大部分零件都要经过切削加工的方法获得。在机械制造行业，切削加工所担负的加工量占机器制造总工作量的 40%～60%。由此可以看出，切削加工在机械制造过程中具有举足轻重的地位。切削加工之所以能够得到广泛的应用，是因为与其他一些加工方法相比较，它具有以下突出的优点：

（1）切削加工可获得相当高的尺寸精度和较小的表面粗糙度参数值。磨削外圆精度可达 IT6～IT5，表面粗糙度 $R_a0.8～0.1\mu m$；镜面磨削的表面粗糙度 R_a 甚至可达 $0.060\mu m$；最精密的压力铸造只能达到 IT10～IT9，$R_a3.2～1.6\mu m$。

（2）切削加工几乎不受零件的材料、尺寸和质量的限制。目前尚未发现不能切削加工的金属材料。就连橡胶、塑料、木材等非金属材料也都可以进行切削加工。其加工尺寸小至不到 0.1 mm，大至数十米，重量可达数百吨。目前世界上最大的立式车床可加工直径 26m 的工件，并且可获得相当高的尺寸精度和较小的表面粗糙度值。

第二节 切削运动与切削用量

机床的运动和切削用量是切削加工中常遇到的两个最基本的问题，初学者必须牢牢掌握。

一、切削运动

在切削过程中，加工刀具与工件间的相对运动就是切削运动。它是直接形成工件表面轮廓的运动，如图 3-1 所示。切削运动包括主运动和进给运动两个基本运动。

1. 主运动

主运动是由机床或人力提供的主要运动，它促使刀具和工件之间产生相对运动，从而使刀具前面接近工件。主运动是直接切除切屑所需要的基本运动，在切削运动中形成机床切削速度，消耗主要动力。图3-1中车床上工件的旋转运动即为主运动，机床主运动的速度可达每分钟数百米甚至数千米。

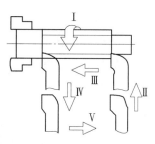

图3-1　车床的运动

主运动可以是旋转运动，也可以是直线运动。多数机床的主运动为旋转运动，如车削、铣削、钻削、磨削中的主运动均为旋转运动。

2. 进给运动

进给运动是由机床或人力提供的运动，它使刀具与工件之间产生附加的相对运动，加上主运动，即可不断地或连续地切削，并获得具有所需几何特性的已加工表面。图3-1中车刀的轴向移动即为进给运动。进给运动的速度一般都小于主运动速度，而且消耗的功率也较少。进给运动有直线、圆周及曲线进给之分。直线进给又有纵向、横向、斜向3种。

任何切削过程中必须有一个，也只有一个主运动。进给运动则可能有一个或几个。主运动和进给运动可以由刀具、工件分别来完成，也可以都由刀具单独完成。

二、切削用量三要素及选择原则（表3-1）

切削用量是切削加工过程中切削速度、进给量和背吃刀量（切削深度）的总称。它表示主运动及进给运动量，用于调整机床的工艺参数。

表3-1 　　　　　　　　　　　　　切削用量三要素的选择原则

切削用量要素	选 择 原 则
切削深度 a_p	切削深度是根据工件的加工余量来决定的，应考虑以下几点： （1）在留下精加工及半精加工的余量后，粗加工应尽可能将剩下的余量一次车削完成，以减少走刀次数。 （2）如果工件余量过大，或机床动力不足而不能将粗车余量一次切除，也应将第一次走刀的切削深度尽可能取大些。 （3）当冲击负荷较大或工艺系统刚性差时，应适当减小切削深度。 （4）一般精切时，可取 a_p 为 0.05～0.8mm；半精切时，可取为 a_p 为 1.0～3.0mm
进给量 f	通常限制进给量的主要因素是切削力及加工表面粗糙度，选择时应考虑以下两点： （1）粗车时，加工表面粗糙度要求不高，进给量主要受刀杆、刀片、工件及机床的强度和刚度所能承受的切削力的限制。 （2）半精车及精车时，进给量主要受表面粗糙度要求的限制，刀具的副偏角越小，刀尖圆弧半径越大，切削速度越高，则进给量可越大
切削速度 v_c	切削速度的选择，主要考虑切削加工的经济性，必须保证刀具经济寿命，同时切削负荷不应超过机床的额定功率。原则如下： （1）刀具材料的耐热性好，切削速度可高些；工件材料强度、硬度高，或塑性太大或太小，车削速度均应取低些。 （2）加工带外皮的工件时应适当降低切削速度。 （3）断续车削时，应取较低的切削速度。 （4）工艺系统刚性较差时，切削速度应适当减小。 （5）要求得到较小的表面粗糙度时，车削速度应避开积屑瘤的生成速度范围。 （6）对硬质合金刀具，可取较高的车削速度；对高速钢刀具，宜用低速车削

1. 切削速度 v_c

切削刃选定点相对工件主运动的瞬时速度 v_c，单位为 m/s（m/min）。

车削时切削速度计算式为

$$v_c = \frac{\pi d n}{1000} = \frac{dn}{318}$$

式中　n——工件或刀具的转速，r/min；

　　　d——工件或刀具选定点的旋转直径，mm。

2. 进给量 f

刀具在进给运动方向上相对工件的位移量，可用工件每转（行程）的位移量可来度量，单位为 mm/r。

3. 背吃刀量（切削深度）a_p

垂直于进给速度方向测量的切削层最大尺寸称为背吃刀量。由图 3-2 可知，车外圆时，有

$$a_p = \frac{d_w - d_m}{2}$$

式中　a_p——背吃刀量，mm；

　　　d_w——待加工表面直径，mm；

　　　d_m——已加工表面直径，mm。

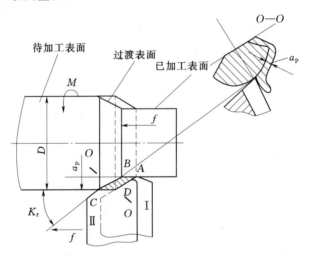

图 3-2　切削要素

第三节　切　削　刀　具

在切削加工过程中，切削刀具（简称刀具）是必不可少的物质条件之一，它直接承担切削工件的重任。要保证工件加工质量，提高切削效率，降低切削加工费用，正确选择刀具几何与正确选择机床同等重要。对于刀具来说，刀具材料与刀具的几何角度是两个最重要的因素。本节将对这两个问题加以详细讨论。

一、刀具材料

切削刀具种类很多,无论哪种刀具,一般都是由刀柄与刀体两部分组成的。刀柄是刀具的夹持部分,刀体则是指刀条或刀片等直接参与切削工作的部分,所以其又称为切削部分。机械加工用的刀具由于切削速度高,切削力大,因而必须用特殊材料制成。刀柄一般只要求具有足够的强度和刚度,普通材料即可满足这些要求。在这种情况下,常将刀条或刀片用焊接(钎焊)或用机械夹固的方法固定在刀柄上,以降低刀具的制造成本。但也有因工艺上的原因用同一种材料制成整体式的。通常所说的刀具材料实际上仅指切削部分的材料。

1. 刀具材料应具备的基本性能

切削加工过程中刀具的切削部分受到高温、高压和强烈摩擦作用,因此,刀具材料必须具备下列基本性能:

(1) 高的硬度。刀具材料的硬度必须大于被切削的工件材料的硬度,常温下一般要求60~65HRC。

(2) 高的热硬性。指刀具在高温下保持其高硬度和高耐磨性的能力。

(3) 较好的化学稳定性。指刀具在切削过程中不发生黏结磨损及高温下扩散磨损的能力。

(4) 足够的强度和韧性。指刀具材料在承受冲击和振动时不被破坏的能力。

除上述基本性能外,刀具材料还应该具备良好的热塑性、焊接性、热处理工艺性等,以便于制造。

2. 常用刀具材料的种类及选用

目前用于生产上的刀具材料有碳素工具钢、合金工具钢、高速钢、硬质合金、陶瓷、金刚石、立方氮化硼等。

(1) 碳素工具钢。这种材料淬火后有较高的硬度(59~64HRC),容易磨得锋利,价格低。但它的热硬性差,在200~250℃时硬度就明显下降,所以它允许的切削速度较低($v_c < 10\text{m/min}$)。碳素工具钢主要用于手工用刀具及低速简单刀具,如手工用铰刀、丝锥、板牙等。因其淬透性较差,热处理时变形大,不宜用来制造形状复杂的刀具。

(2) 合金工具钢。合金工具钢比碳素工具钢有较高的热硬性和韧性,其热硬性温度为300~350℃,故允许的切削速度比碳素工具钢高10%~14%。合金工具钢淬透性较好,热处理变形小,多用来制造形状比较复杂、要求淬火后变形小的刀具,如铰刀、拉刀等。

3. 高速钢

高速钢最突出的优点是硬度较高,韧性好,易于加工和成形,刃口可磨得十分锋利,但热硬性温度为550~650℃,所以适用于制作切削速度不高的精加工刀具和各种形状复杂的刀具,如铰刀、宽刃精刨刀、钻头、车刀、齿轮刀具等。使用最普遍的高速钢牌号是W18Cr4V 和 W6M05Cr4V2。

4. 硬质合金

硬质合金与高速钢相比,具有很高的硬度(86~93HRA),其热硬性温度高达800~1000℃,因而允许的切削速度为高速钢的4~10倍。但硬质合金的韧性较差,怕振动和冲击,成形困难。主要用于高速切削、要求耐磨性很高的刀具,如车刀、铣刀等。

由于刀具材料对提高切削速度,解决难加工材料的切削问题起着决定性的作用,对提高加工精度也是十分关键的因素，所以世界各国都对新刀具材料进行研究与开发，对切削工艺进行不断改进，从而使各种刀具材料使用的局限性越来越小。

二、刀具角度

要顺利地进行切削，刀具切削部分必须具有适宜的几何形状，即组成刀具切削部分的各表面之间都应有正确的相对位置，这些位置是靠刀具角度来保证的。刀具的种类繁多，尺寸大小和几何形状的差别也较大，但刀具角度却有很多共同之处，其中以普通外圆车刀最具有代表性，它是最简单、最常用的切削刀具，其他刀具都可看作是这种车刀的演变和组合。因此认识了车刀，也就初步了解了其他切削刀具的共性。

1. 车刀切削部分的组成

如图 3-3 所示，最常用的外圆车刀切削部分由 3 个刀面、两个切削刃和一个刀尖组成，简称三面、两刃、一尖。

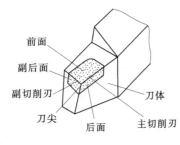

图 3-3 车刀的组成

（1）前面。刀具上切屑流过的表面。可为平面，也可为曲面，以使切屑顺利流出。

（2）后面。与工件上切削中产生的表面相对的表面，又称后刀面。它倾斜一定角度以减小与工件的摩擦。

（3）副后面。刀具上同前面相交形成副切削刃的后面。它倾斜一定角度以免擦伤已加工表面。

（4）主切削刃。刀具前面上拟作切削用的刃，即前面与后面的交线，担负主要切削任务。

（5）副切削刃。切削刃上除主切削刃外的刀刃，即前面与副后面的交线，仅担负少量切削任务。

（6）刀尖。主切削刃与副切削刃的连接处相当少的一部分切削刃。它并非绝对尖锐，一般都呈圆弧状，以保证刀尖有足够的强度和耐磨性。

2. 切削的几何平面

为了确定车刀各刀面及切削刃的空间位置，必须选定一些坐标平面作为参考系。

（1）基面。过切削刃选定点的平面，它平行或垂直于刀具在制造、刃磨及测量时适合于安装或定位的一个平面或轴线。一般来说，其方位要垂直于假定的主运动方向。

（2）主切削平面。通过主切削刃选定点与主切削刃相切并垂直于基面的平面，称为主切削平面。

过切削刃上任一点的切削平面与基面都互相垂直，如图 3-4 所示。

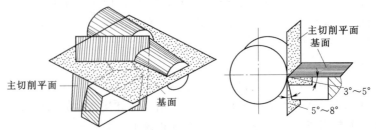

图 3-4 基面与主切削平面的空间位置

（3）正交平面。正交平面是指通过切削刃选定点并同时垂直于基面和切削平面的平面。刀具的正交平面包括主切削刃正交平面（简称正交平面）和副切削刃正交平面，如图 3-5 所示。

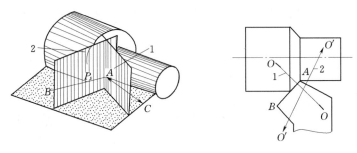

图 3-5 正交平面

1—副切削刃正交平面；2—切削刃正交平面

车刀的基面、切削平面、正交平面在空间互相垂直，如图 3-6 所示。

（4）假定工作平面。这是通过切削刃选定点并垂直于基面，它平行或垂直于刀具在制造、刃磨及测量时适合于安装或定位的一个平面或轴线。一般来说，其方位要平行于假定的进给运动方向。

（5）副切削平面。通过副切削刃选定点与副切削刃相切并垂直于基面的平面。

3. 刀具角度的基本定义

普通外圆车刀一般有 10 个角度，如图 3-7 所示。

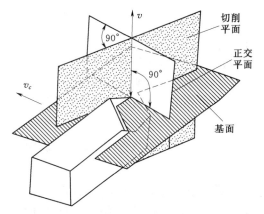

图 3-6 基面、切削平面和正交平面的空间关系

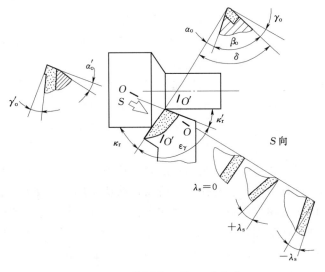

图 3-7 外圆车刀的 10 个角度

（1）前角 r_o。正交平面中测量的由前面与基面构成的夹角。表示前面的倾斜程度。

（2）后角 α_o。在正交平面中测量的由后面与切削平面构成的夹角。表示主后面的倾斜程度。

（3）副后角 α_o'。在副切削刃正交平面中测量的由副后面与副切削平面之间构成的夹角。表示副后面的倾斜程度。

以上 3 个角度表示车刀 3 个刀面的空间位置，都是两平面之间的夹角。

（4）主偏角 κ_r。主切削平面与假定工作平面间的夹角。表示主切削刃在基面上的方位，在基面中测量。

（5）副偏角 κ_r'。副切削平面与假定工作平面间的夹角。表示副切削刃在基面上的方位，在基面中测量。

（6）刃倾角 λ_s。在主切削平面内测量时由主切削刃与基面之间的夹角。规定主切削刃上刀尖为最低时，λ_s 为负值；主切削刃与基面平行时，λ_s 为零；主切削刃上刀尖为最高点时，λ_s 为正值。

上述 3 个角度表示车刀两个切削刃在空间的位置，分别在基面和主切削平面内测量。

以上为车刀的 6 个独立的角度，此外，还有 4 个派生角度，即楔角 β_o、切削角 δ_o、刀尖角 ε_r、副前角 γ_o'。它们的大小完全取决于前 6 个角度。其中 $\gamma_o + \alpha_o + \beta_o = 90°$；$\kappa_r + \kappa_r' + \varepsilon_r = 180°$。

第四节　切削过程中的物理现象

金属切削过程是指从工件表面切除一层多余的金属，从而形成已加工表面的过程。在这个过程中，常伴随着一系列物理现象的产生，如滞流层与积屑瘤、切屑、切削热、刀具磨损等。研究产生这一系列物理现象的基本规律，对于切削加工技术的发展和进步，保证加工质量，提高刀具使用寿命，降低生产成本，提高生产率，都有着十分重要的意义。

一、切屑种类

切屑和已加工表面的形成过程，实质上是工件受到刀具切削刃和前面挤压以后，发生滑移变形，从而使切削层与母体分离的过程。

切屑有崩碎切屑、带状切屑和节状切屑 3 种，如图 3-8 所示。形成何种切屑主要取决于工件材料的塑性、刀具前角和切削用量。切削脆性材料时易形成崩碎切屑；切削塑性材料或切削速度高、刀具前角大时易形成带状切屑；采用较低的切削速度和较大的进给量切削中等硬度的材料时，容易形成节状切屑。

一般情况下，形成带状切屑时产生的切削力和切削热都较小，而且切削过程平稳，表面粗糙度参数值小，刀具刃口不容易损坏，所以带状切屑是一种较为理想的切屑。但必须采取断屑措施，否则切屑连绵不断，会缠绕在工件和刀具上，严重地影响工作，甚至会造成人身事故。形成崩碎切屑时，切削力波动大，对工件表面粗糙度和提高刃口强度均不利。加工脆性材料如铸铁、黄铜等会形成崩碎切屑；形成节状切屑时，切屑情况介于形成带状切屑和崩碎切屑之间。

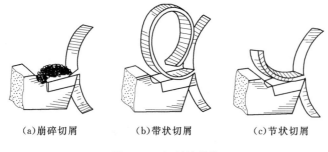

(a)崩碎切屑　　　　　　(b)带状切屑　　　　　　(c)节状切屑

图 3-8　切削的种类

二、滞流层与积屑瘤

在一定的切削速度范围内切削塑性材料时，经常发现在刀尖附近的前面上牢牢地黏附着一小块很硬的金属，这就是积屑瘤，又称刀瘤，如图 3-9 所示。积屑瘤的产生过程是：切屑与母体分离后，沿前面排出，这时切屑与前面之间产生高温高压作用，切削刃附近的底层金属与刀具前面产生很大的摩擦阻力，使得该层金属流动速度很低，此层称为滞流层。当滞流层金属与刀具前面的外摩擦阻力超过切屑本身的分子结合力时，有一部分金属发生剧烈变形而脱离切屑，停留在刀具前面形成积屑瘤，随后切屑底层金属在开始形成的积屑瘤上逐层积累，积屑瘤也就随之长大。研究表明，刀具前面的温度在 $200\sim600$℃ 范围内才会产生积屑瘤，而且积屑

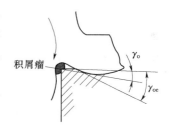

图 3-9　积屑瘤

瘤的高度、大小也是变动的。积屑瘤经过强烈的塑性变形，有明显的加工硬化现象，硬度比工件硬度提高 $1.5\sim2.5$ 倍。积屑瘤与前面粘接在一起，具有相对的稳定性。因此可代替主切削刃进行切削，起到了保护切削刃、减少刀具磨损的作用。同时从图 3-9 可以看出，积屑瘤又能使刀具的实际前角 r_{oe} 增大，因而可使切削力降低。但积屑瘤又是时有时无、时大时小的，这样将使背吃刀量时深时浅，加上积屑瘤脱落时将有一部分镶嵌在已加工表面上形成许多毛刺，所以积屑瘤又会使工件已加工表面粗糙度参数值增大。总之，粗加工时可利用积屑瘤降低切削力，保护切削刃；精加工时为了提高工件的表面质量，则必须避免积屑瘤的产生。

采用高速切削（$v_c>100$m/min，使前面温度超过 600℃）或低速切削（$v_c<5$m/min，使前面温度低于 200℃）、增大刀具的前角、研磨刀具的前面、使用冷却润滑液等措施，均可以避免刀具产生积屑瘤。

三、切削力

刀具在切削工件时必须克服材料的变形抗力，克服刀具与工件及刀具与切屑之间的摩擦力，才能切下切屑。刀具总切削力是刀具上所有参与切削的各切削部分所产生的各切削力的合力。在研究时可以根据需要，或者选择作用于刀具上的力，或者选择作用于工件上的力。

1. 总切削力 F

为了便于测量和研究，一般都不直接讨论总切削力 F，而是将它分解成 3 个相互垂直

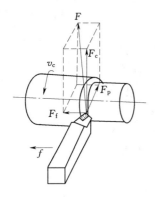

图 3-10　车削时总
切削力的分解

的分力，即 F_c、F_f、F_p，如图 3-10 所示。

$$F = \sqrt{F_f^2 + F_p^2 + F_c^2}$$

（1）主切削力 F_c。它是总切削力在主运动方向上的正投影，是 3 个分力中最大者，占总切削力的 80%～90%，消耗机床功率最多。它作用在刀具上，使刀体受压，刀柄受弯曲，因此在实际应用中 F_c 最重要，是计算机床功率、机床刚度、刀柄和刀体强度的主要依据，也是选择切削用量时考虑的主要因素。

（2）进给力 F_f。它是总切削力在进给运动方向上的正投影。由于进给方向速度很小，因此，进给力做的功也很小，只占总功率的 1%～5%，它是校验机床走刀机构强度的依据。

（3）背向力 F_p。它是总切削力在垂直于工作平面并与背吃刀量方向平行的分力，作用在工件的半径方向。车内外圆或磨内外圆时都不做功，但会引起工件轴线产生纵向弯曲变形，使轴与孔在长度方向上切除的余量不均匀，使轴与孔各处直径不相同而变成腰鼓形，如图 3-11 所示。另外，背向力还容易引起工件振动。增大主偏角可以减小背向力。

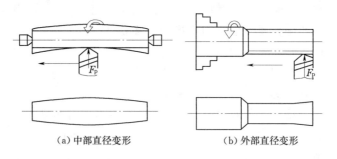

(a)中部直径变形　　　　　　　(b)外部直径变形

图 3-11　背向力引起工件变形

2. 影响切削力的因素与减小切削力的措施

（1）工件材料。材料的强度、硬度越高，即变形抗力越大，切削力就越大。强度、硬度相近的材料，塑性、韧性较大时，由于切削变形增大，冷变形强化强烈，而且摩擦因数增大，因此造成切削力增大。

（2）切削用量。背吃刀量 a_p 和进给量 f 决定了切削面积的大小，当两者加大时，切削力就明显增大。但背吃刀量的影响比进给量大，背吃刀量增大一倍，切削力也增大一倍；进给量增大一倍，切削力只增加 70%～80%。由此看来，减小背吃刀量可有效地降低切削力。但减小背吃刀量会使生产率降低，所以单纯地靠减小背吃刀量来减小切削力并不是十分理想的措施。从减小切削力而又不降低生产率考虑，取大的进给量和小的背吃刀量是合理的。切削速度 v_c 对切削力的影响较小。

（3）刀具几何角度。增大前角可有效地减小切削力（γ_o 每增加 1°，F_c 约降低 1%，F_f 与 F_p 则降低更多）；改变主偏角 κ_r 的大小，可改变 F_f 与 F_p 的比值。

（4）冷却润滑条件。充分的冷却润滑，可使切削力减小 5%～20%。同时还有利于减少刀具与工件的切削热。

四、切削热

切削时所消耗的功几乎全部转化为热能，所以切削热的大小反映了切削时所消耗的功的大小。

切削热的直接来源有两个：

(1) 内摩擦热。由切削层金属的弹性、塑性变形产生的热。

(2) 外摩擦热。由切屑与刀具前面、过渡表面与刀具后面、已加工表面与刀具副后面之间的摩擦产生的热。

切削热对加工过程的影响如下：

(1) 使刀具的硬度降低和磨损加快。

(2) 温度过高时可改变工件材料的金相组织，严重影响零件的使用性能。

(3) 使工件膨胀变形，从而影响测量及加工精度。

由此可见，减小切削热并降低切削温度是十分重要的。一般来说，所有减小切削力的方法都可减少切削热，如合理选择切削用量、合理选择刀具材料和刀具几何角度等。但冷却润滑尤为重要，实验证明，充分的冷却润滑可使切削区的平均温度降低 $100\sim150$℃。

五、刀具的磨损与刀具的耐用度

在切削过程中由于刀具前、后面都处在摩擦和切削热的作用下，致使刀具本身产生磨损。一把新刀具使用几十分钟，最多十几小时就会变钝而不能使用，必须重新刃磨；否则，将影响切削质量与切削效率。把刀具两次刃磨中间的实际切削时间叫做刀具的耐用度（单位为 min）。

影响刀具耐用度的因素很多，如刀具材料、刀具角度、切削用量和冷却润滑情况等，其中以切削速度影响最大，因此生产上常常限定切削速度，以保证刀具的耐用度。

小　　结

本章主要介绍了切削加工过程中的有关切削运动、切削用量、刀具材料与刀具组成，切削过程中的物理现象等内容。在学习之后：①要熟悉切削运动、切削用量等基本概念；②了解刀具各种材料的特性及其选择；③结合生活和实习中的感性认识，了解刀具的组成部分及相关几何角度，加深对切削过程中各种物理现象的理解。

思　考　题

1. 金属切削过程的 3 个变形区有何特点？它们之间有什么关系？

2. 积屑瘤是怎样形成的？它对切削过程有何影响？若要避免产生积屑瘤，应该采取哪些措施？

3. 切削阻力是怎样产生的？

4. 切削热和切削温度有什么区别？

5. 前角对切削加工有何影响？一般选择原则是什么？

6. 后角对切削加工有何影响？一般选择原则是什么？

7. 主偏角对切削加工有何影响？一般选择原则是什么？

8. 副偏角对切削加工有何影响？一般选择原则是什么？

9. 刃倾角对切削加工有何影响？一般选择原则是什么？

10. 什么是合理的切削用量？合理的切削用量应满足哪些基本要求？

11. 切削用量的选择原则是什么？

12. 断屑的原因是什么？影响断屑的因素有哪些？怎样才能得到较理想的断屑效果？

13. 切削加工中常用的减小表面粗糙度值的措施有哪些？你采用过哪些措施？效果如何？

习　　题

一、填空题

1. 切削用量中对断屑影响最大的是_____。

2. 不易产生积屑瘤的切削速度是_____和低速。

3. 刀具材料的硬度越高，耐磨性_____。

4. 当刀尖位于主刀刃的最低点时，切屑排出时流向工件的_____表面。

5. 刀具正常磨损的形式可分为后刀面磨损、前后刀面同时磨损和_____刀面磨损。

6. 刀具正常磨损的形式可分为_____面磨损、前后刀面同时磨损和前刀面磨损。

7. 负前角仅用于硬质合金车刀切削_____很高的钢材。

8. 从切削用量方面考虑，对刀具寿命影响最大的是_____。

9. 切削层的尺寸规定在刀具_____中测量。

10. 粗加工时，以确保刀具强度为主，应取较_____的后角。

11. 切削温度的高低是由_____和传散热两方面综合影响的结果。

12. 从切削用量方面考虑，对刀具寿命影响最大的是_____。

13. 刃倾角为正值时，切屑流向_____表面。

14. 为了减少残留面积的高度，可以从增大_____，减小主偏角、副偏角和减小进给量的方面着手。

15. 刀具磨损的原因是机械磨损、_____和化学磨损。

16. 在切削运动中，工作运动可分主运动和_____运动两种。

17. 切屑收缩系数 E 用_____表示。

18. 积屑瘤会使工件表面形成_____和毛刺，表面粗糙度变大。

19. 刀具正常磨损的形式有前刀面磨损、后刀面磨损和_____3种。

20. 加工材料的强度、硬度越高，刀具耐用度_____。

21. 切削面积是切削层在_____上投影的面积。

22. 当刃倾角为负值时，刀尖位于主刀刃的最低点时，切屑排出时流向_____表面。

二、选择题

1. 硬质合金的耐热温度为（　　）。

A. 300～400℃　　B. 500～600℃　　C. 800～1000℃　　D. 1100～1300℃

2. 切削塑性较大的金属材料时形成（　　）切屑。

A. 带状　　　　　B. 挤裂　　　　　C. 粒状　　　　　D. 崩碎

3. 消耗功率量多，作用在切削速度方向上的分力是（　　　）。

A. 切向抗力　　B. 径向抗力　　C. 轴向抗力　　D. 总切削力

4. 切削用量中对切削温度影响最大的是（　　　）。

A. 切削深度　　B. 进给量　　　C. 切削速度　　D. 影响相同

5. 在切削金属材料时，属于正常磨损中最常见的情况是（　　　）磨损。

A. 前刀面　　　B. 后刀面　　　C. 前、后刀面同时　D. 切削平面

6. 对表面粗糙度影响较少的是（　　　）。

A. 切削速度　　B. 进给量　　　C. 切削深度　　D. 工件材料

7. 当 $\kappa_r =$（　　　）时，$A_c = f$。

A. $45°$　　　　B. $75°$　　　　C. $90°$　　　　D. $80°$

8. 影响刀具寿命的因素中最大的是（　　　）。

A. 切削深度　　B. 进给量　　　C. 切削速度　　D. 车床转速

9. 切屑的内表面光滑，外表面呈毛茸状的是（　　　）。

A. 带状切屑　　B. 挤裂切屑　　C. 单元切屑　　D. 粒状切屑

10. 在高温下能够保持刀具材料切削性能的是（　　　）。

A. 硬度　　　　B. 耐热性　　　C. 耐磨性　　　D. 强度

11. 车刀前角的大小主要根据（　　　）选择。

A. 工件材料　　B. 加工性质　　C. 刀具材料　　D. 切削流向

12. 当切削变形最大时，切屑与刀具的摩擦也最大，对刀具来说，传热不容易的区域是在（　　　），其切削温度也最高。

A. 刀尖附近　　B. 前刀面　　　C. 后刀面　　　D. 副后刀面

13. 形状复杂，精度较高的刀具应选用的材料是（　　　）。

A. 工具钢　　　B. 高速钢　　　C. 硬质合金　　D. 碳素钢

14. 车外圆时，增大主偏角 κ_r 可使切深抗力（　　　）减少。

A. F_x　　　　B. F_n　　　　C. F_z　　　　D. F_y

15. 产生积屑瘤的最大因素是（　　　）。

A. 工件材料　　B. 切削速度　　C. 刀具前角　　D. 后角

16. 主切削刃在基面的投影与进给方向之间的夹角是（　　　）。

A. 前角　　　　B. 后角　　　　C. 主偏角　　　D. 副偏角

17. 一般用硬质合金粗加工碳钢时，磨损量在（　　　）。

A. $0.6 \sim 0.8$mm　B. $0.8 \sim 1.2$mm　C. $0.1 \sim 0.3$mm　D. $0.3 \sim 0.5$mm

18. 当加工表面、刀具和切削用量中的切削速度和走刀量都不变的情况下所连续完成的那部分工艺过程称为（　　　）。

A. 工步　　　　B. 工序　　　　C. 工位　　　　D. 走刀

19. 跟刀架可以跟随车刀移动，抵消（　　　）切削力。

A. 切向　　　　B. 径向　　　　C. 轴向　　　　D. 反方向

20. 造成表面粗糙的主要原因是（　　　）。

A. 残留面积　　B. 积屑瘤　　　C. 鳞刺　　　　D. 振动波纹

21. 工件材料相同，车削时温升基本相等，其热变形伸长量主要取决于（　　）。

A. 工件长度　　　　　　　　B. 材料热膨胀系数

C. 刀具磨损程度　　　　　　D. 进给量

22. 当切屑变形最大时，切屑与刀具的摩擦也最大，对刀具来说，传热不容易的区域是在（　　）其切削温度也提高。

A. 刀尖附近　　B. 前刀面　　　C. 后刀面　　　D. 副后刀面

23. 在高温下能够保持刀具材料切削性能的是（　　）。

A. 硬度　　　　B. 耐热性　　　C. 耐磨性　　　D. 强度

24. 车刀前角的大小主要根据（　　）选择。

A. 工件材料　　B. 加工性质　　C. 刀具材料　　D. 切屑流向

三、判断题

（　　）1. 车削时工件传导热量最多，而切削时热量由切屑传导最多。

（　　）2. 切向抗力是产生振动的主要因素。

（　　）3. 精加工时，不可用硬质合金车刀高速切削。

（　　）4. 精加工时，应选较大的前角。

（　　）5. 磨削与铰削加工余量都很小，故均用作精加工。

（　　）6. 切削用量的大小主要影响生产率的高低。

（　　）7. 切向抗力 F_y 是纵向进给方向的力，又称轴向力。

（　　）8. 刀具材料的强度和韧性较差时，前角应取大些。

（　　）9. 粗加工时，以确保刀具强度为主，应取较小的后角。

（　　）10. 合理选择粗车切削用量，应该首先选择一个尽量大的切削速度。

（　　）11. 切削用量的大小主要影响生产率的高低。

（　　）12. 切向抗力不会影响工件的形状精度。

（　　）13. 在刀具强度许可条件下，尽量选用较大前角。

（　　）14. 切削速度对刀具磨损影响最小。

（　　）15. 当切削条件相同而材料不同时，收缩系数大说明切削变形大。

（　　）16. 粗车时的切削抗力小于精车时的切削抗力。

（　　）17. 精加工时，宜用高速钢车刀低速切削。

（　　）18. 当刀尖位于主切削刃的最低点时，刃倾角为负值。

（　　）19. 为了减少残留面积的高度，可以从增大刀尖圆弧半径、减小主偏角、副偏角和减少进给量方面着手。

（　　）20. 积屑瘤总是不稳定的，它时大时小，时积时消。

（　　）21. 切削铸铁等脆性材料时，切削层首先产生塑性变形，然后产生崩裂的不规则粒状切屑，称崩碎切屑。

（　　）22. 粗加工时，应在功率大、精度低、刚性好的机床上进行。

（　　）23. 从切削用量方面考虑，对刀具寿命影响最大的是切削速度。

（　　）24. 切削温度一般指切削区域的平均温度。

（　　）25. 车削时工件传导热量最多，而切削时热量由切屑传导最多。

四、简答题

1. 已知工件毛坯直径为 65mm，现一次进刀车至直径为 60mm，求切削深度。

2. 车削加工中为什么要考虑断屑问题？

3. 切削加工对刀具材料的切削性能有哪些要求？

4. 进给量对切削温度有什么影响？

第四章　精密量具与测量

第一节　常　用　量　具

在机械产品的生产过程中，为了保证产品质量，制取符合设计图纸要求的零件和机器。经常需要对其进行测量，测量时所用的工具称为量具。

常用的量具有钢尺、卡钳、游标卡尺、百分表、量规和万能量角尺等。

根据零件的不同形状、尺寸、生产批量和技术要求，可选用不同类型的量具。

一、基本知识

1. 钢尺与卡钳

钢尺是直接测量长度的最简单的量具。其他长度有 150mm、300mm、500mm、1000mm 等几种。测量精度为 1mm、长 150mm 的钢尺如图 4-1 所示。钢尺上有间距为 1mm 的刻线，常用来测量毛坯和要求精度不高的零件。

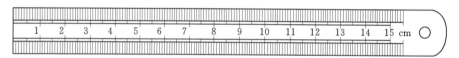

图 4-1　钢尺

卡钳分内、外卡钳两种，如图 4-2 所示。它是一种间接量具，测量时必须与其他量具配合使用才能量得具体数据。

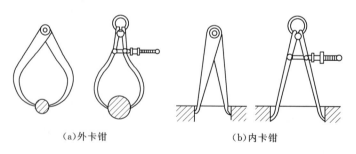

（a）外卡钳　　　　　　　　（b）内卡钳

图 4-2　卡钳

2. 游标卡尺

游标卡尺是一种常用的中等精度的量具，可分为游标卡尺、深度游标卡尺和高度游标卡尺等几种。

游标卡尺应用得最普遍，它可以直接测量工件的内表面、外表面和深度（带深度尺时），如图 4-3 所示。它由主尺和副尺组成。主尺刻线格距为 1mm，其刻线全长称为卡尺的规格，如 125mm、150mm、200mm 和 300mm 等。副尺连同活动卡脚能在主尺上滑动。读数时，由主尺读出整数，借助副尺读出小数。游标卡尺的测量精度（刻度值）有 0.1mm，0.05mm 和 0.02mm 等 3 种。

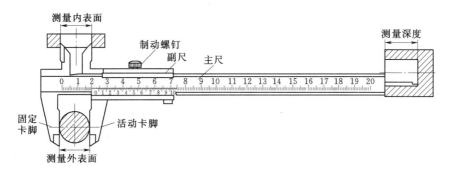

图 4-3 游标卡尺

游标卡尺的刻线原理及读数方法见表 4-1。

表 4-1 游标卡尺的刻线原理及读数方法

刻度值	刻 线 原 理	读数方法及示例
0.1	主尺 1 格＝1mm 副尺 10 格＝主尺 9 格 副尺 1 格＝0.9mm 主副尺每格之差＝1－0.9＝0.1(mm)	读数＝副尺 0 线指示的主尺整数＋副尺上的与主尺重合线数×0.1 示例： 读数＝20＋4×0.1＝20.4(mm)
0.05	主尺 1 格＝1mm 副尺 20 格＝主尺 19 格 副尺 1 格＝0.95mm 主副尺每格之差＝1－0.95＝0.05(mm)	读数＝副尺 0 线指示的主尺整数×副尺上与主尺重合线数×0.05（可直接在副尺上读出） 示例： 读数＝20＋11×0.05＝20.55(mm)
0.02	主尺 1 格＝1mm 副尺 50 格＝主尺 49 格 副尺 1 格＝0.98mm 主副尺每格之差＝1－0.98＝0.02(mm)	读数＝副尺 0 线指示的主尺整数＋副尺上与主尺重合线数×0.02 示例： 读数＝22＋9×0.02＝22.18(mm)

3. 千分尺（百分尺、分厘卡尺或螺旋测微器）

千分尺是一种精密量具，按用途可分为外径、内径、深度、螺纹中径和齿轮公法线长等千分尺。其测量精度一般为 0.01mm。

外径千分尺按其测量范围可分为 0～25mm、25～50mm、50～75mm、…、275～300mm 等。测量大于 300mm 的分段尺寸为 100mm。测量大于 1000mm 的分段尺寸为 500mm。目前国产的最大千分尺为 3000mm。

图 4-4 所示为测量范围为 0～25mm，刻度值为 0.01mm 的外径千分尺。千分尺弓架左端装有砧座，右端的固定套筒表面上沿轴向刻有间距为 0.5mm 的刻线（即主尺）。在活动套筒的圆锥面上，沿圆周刻有 50 格刻度（即副尺）。若捻动棘轮盘，并带动活动套筒和螺杆转动一周，它们就可沿轴向移动 0.5mm，因此，活动套筒每转一格，其轴向移动的距离为 $\frac{0.5}{50}=0.01(\text{mm})$。分厘卡尺的读数原理及示例如图 4-5 所示。

读数＝副尺所指的主尺上整数（为 0.5mm 的整数倍）
＋主尺中线所指副尺的格数×0.01

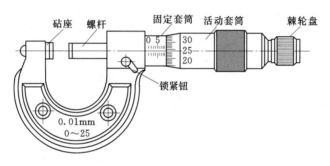

图 4-4　外径千分尺

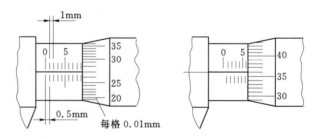

图 4-5　千分尺的读数示例

4. 百分表

百分表是一种精度比较高的量具，主要用来检验工件的形状误差、位置误差和安装工件与刀具时的精密找正，其测量精度为 0.01mm。

百分表的外形如图 4-6 所示。表盘圆周均布 100 格刻线，转数指示盘圆周均布 10 格划线，当测量杆向上移动时，就带动大指针和小指针同时转动，其测量杆移动量与指针转动的关系是：测量杆移动 1mm，即大指针转一周，小指针转一格。

因此，大指针每转一格表示测量杆移动 0.01mm。小指针每转一格表示测量杆移动 1mm。使用百分表时，常将它装在专用表架或磁力表座上。用百分表检验工件径向跳动的情况如图 4-7 所示。检验时，双顶尖与工件之间不准有间隙，测量杆应垂直于被测表面，用手转动工件，同时观察指针的偏移。

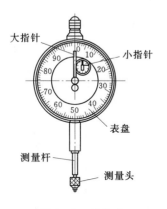

图 4-6 百分表

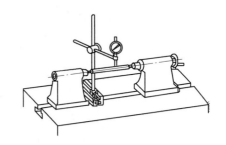

图 4-7 用百分表测量工件的情况

5. 量规

在成批大量生产中，为了提高检验效率，降低生产成本，常采用一些结构简单、检测方便、造价较低的界限量具，称为量规，如光滑轴与孔用量规、圆锥量规、螺纹量规和花键量规等。

检验光滑轴与孔的量规分别称为卡规和塞规，如图 4-8 所示。

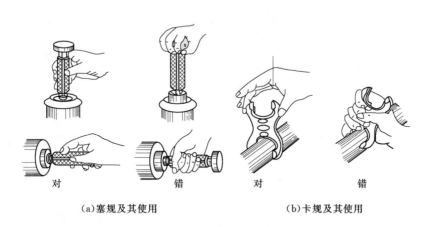

| (a)塞规及其使用 | (b)卡规及其使用 |

对　　　错　　　对　　　错

图 4-8 塞规、卡规及其使用

量规有两个测量面，其尺寸分别按零件的最小极限尺寸和最大极限尺寸制造，并分别为通端和止端。检验时要轻轻塞入或卡入量规，只要通端通过，止端不通过，就表示零件合格。

二、基本操作

卡钳、卡尺的使用方法及要领见表 4-2。

表 4－2　　　　　　　　　　　　　卡钳、卡尺的使用方法及要领

量具名称	操作内容	简 图	使用要领
卡钳	调整钳口距离	（a）张开钳口　　（b）缩小钳口	（1）先用手粗调钳口距离。 （2）往工件或棒料上轻敲卡脚，微调钳口距离
	测量外径	（a）测量　　　（b）读数	（1）放正卡钳，使两个钳脚测量面的连线与工件轴线垂直，靠自重恰好滑过工件表面。 （2）读数
	测量内径	（a）测量　　　（b）读数	（1）卡钳置于工件中心线上，用左手抵住一卡脚为支点，右手摆动另一卡脚，感到松紧适度即可。 （2）读数
游标卡尺	测量外表面尺寸 测量内表面尺寸		（1）擦净卡脚，校对零点，脚主、副尺 0 线重合。 （2）擦净工件，使卡脚与工件轻微接触，用力适度，不准歪斜。 （3）读数时眼睛正对刻度。 （4）不准测量粗糙表面和运动的工件
分厘卡尺	测量外径的步骤	（a）检验校正零点 （b）先转动套筒粗调，后转棘轮盘至打滑为止 （c）直接读数或锁紧后取下读数	（1）擦净卡尺与工件。 （2）切忌用力旋转套筒。 （3）工件轴线（或表面）与螺杆轴线垂直。 （4）只能测量精加工后的静止表面

三、操作示例

图4-9所示为转轴零件图，测量转轴的方法和要领见表4-3。

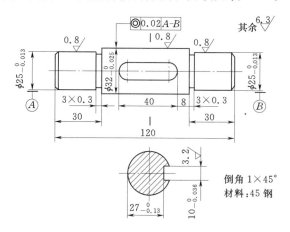

图4-9 转轴

表4-3 测量转轴的方法及要领

序号	测量内容	简 图	量 具	测 量 要 领
1	测长度		钢尺，游标卡尺	(1) 尺身与工件轴线平行。 (2) 读数时眼睛不可斜视
2	测直径		游标卡尺、分厘卡尺	(1) 尺身垂直于工件轴线。 (2) 两端用分厘卡尺测量，其余用游标卡尺
3	测键槽		分厘卡尺、游标卡尺或量块	(1) 测槽深用分厘卡尺。 (2) 测槽宽用游标卡尺或量块
4	测同轴度		百分表	(1) 转轴夹在偏摆检查仪上。 (2) 测量杆垂直于转轴轴线

四、典型零件的测量

在各工种实习时，结合加工的典型零件进行精确测量。

五、量具的选择与保养

由于量具自身精度直接影响到零件测量精度的准确性和可靠性，并对保证产品质量起到重要作用。因此，选择量具时，应本着准确、方便、经济、合理的原则。使用量具时，必须做到正确操作、精心保养，并具体做到以下几点：

(1) 使用量具前、后，必须将其擦净，并校正"0"位。

(2) 量具的测量误差范围应与工件的测量精度相适应，量程要适当，不应选择测量精度和范围过大或过小的量具。

（3）不准用精密量具测量毛坯和温度较高的工件。

（4）不准测量运动着的工件。

（5）使用量具时不能施加过大的测量力。

（6）不准乱扔、乱放量具，更不准当工具用。

（7）不准长时间用手拿精密量具。

（8）不准使用脏油清洗量具或润滑量具。

（9）用完量具要擦净，涂油装入量具盒内，并存放在干燥无腐蚀的地方。

第二节　车工常用测量仪器和表面粗糙度的测量

一、测量仪器的分类

1. 测量器具的分类

在介绍测量仪器分类之前首先要明确测量器具的分类。在机械加工中用来测量工件尺寸的测量器具（或叫计量器具）分为测量工具和测量仪器两大类。一般把没有传动放大系统的测量器具称为量具，如游标卡尺、钢直尺及各种量规等（前面已介绍）；把具有传动放大系统的测量器具称为测量仪器（或称量仪）。

2. 测量仪器的分类

根据传动放大原理不同，测量仪器（简称量仪）。可分为机械、光学、气动、电动等。

（1）机械量仪。其包括杠杆式卡规、杠杆千分尺、钟表式千分尺、杠杆式百分表、杠杆齿轮式测微仪、扭簧测微仪等。

（2）光学量仪。如立式和卧式光学计，立式和万能测长仪，投影仪、双管显微镜、干涉仪等。

（3）气动量仪。如浮标式气动量仪、水柱式气动量仪等。

（4）电动量仪。如电感式比较仪、电接触式量仪、电容式量仪、电动轮廓仪、光电式量仪等。

二、杠杆式卡规和杠杆千分尺

1. 杠杆式卡规

杠杆式卡规（图4-10）是生产中常用的测量仪器，属于机械量仪中的一种，它是利用杠杆和齿轮传动放大原理制成的。刻度值常见的有 0.002mm 和 0.005mm 两种，和量块配合可以对工件进行相对测量，也可以测量工件形状误差。

图4-10（a）是杠杆式卡规外形，测量时，先将套管旋松（套管内壁有与可调测砧上梯形螺纹相配合的内螺纹），并将量块送入活动测砧和可调测砧之间，然后再转动滚花螺母，通过可调测砧上的梯形螺纹移动，将指针对准刻度盘零位。最后，拧紧套管把可调测砧固定。可调测砧上开一直槽，用螺钉防止调整尺寸时可调测砧转动。碟形弹簧用来消除螺母与可调测砧上梯形螺纹的间隙。

调整公差带指示器到所需位置时，可将盖子拿开，用专用扳手进行调整。

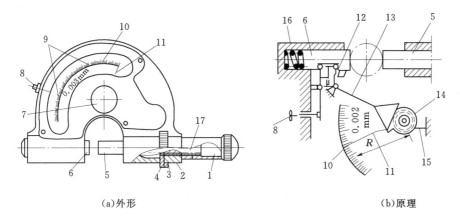

（a）外形　　　　　　　　　　　　　　　（b）原理

图 4-10　杠杆式卡规

1—套管；2—螺钉；3—滚花螺母；4—碟形弹簧；5—可调测砧；6—活动测砧；7—盖子；
8—退让按钮；9—公差带指示器；10—刻度盘；11—指针；12—杠杆；13—扇齿轮；
14—小齿轮；15—游丝；16—弹簧；17—精密梯形丝杆

杠杆式卡规的工作原理。它是利用杠杆和齿轮传动将活动测砧的微小直线位移经放大后，转变为指针的角位移，最后在刻度盘上读出测量值，见图 4-10（b）。当活动测砧移动时，杠杆和扇齿轮先后摆动，带动小齿轮和安装在同轴上的指针转动，这时便可在刻度盘上看到活动测砧的位移量。

游丝用来消除传动链中的间隙，而测量力来源于弹簧。退让按钮是为了测量方便和减少测量面的磨损而装置的。

2. 杠杆千分尺

杠杆千分尺又称指示千分尺，是由杠杆式卡规中的指示机构和千分尺的微分筒部分组合而成的一种精密测量仪器，见图 4-11。

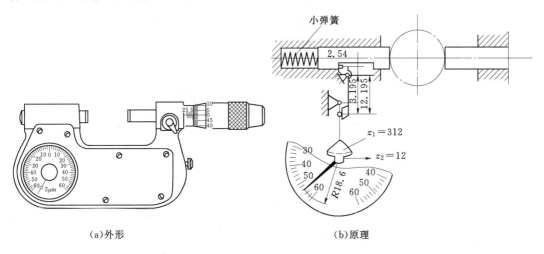

（a）外形　　　　　　　　　　　　　　　（b）原理

图 4-11　杠杆千分尺

杠杆千分尺既可以进行绝对测量，也可以进行相对测量，其刻度值有 0.001mm 和 0.002mm 两种，测量范围有 0～25mm 和 25～50mm，杠杆指示部分的示值范围一般为

±0.06mm。

杠杆千分尺不仅读数精度较高，而且由于弓形架的刚度较大，加之测量力稳定，所以，它的测量精度较高。

杠杆千分尺和杠杆式卡规一样，也是利用杠杆和齿轮传动放大原理制成的，具体地说，它是利用杠杆和齿轮传动将活动测砧的微小直线位移放大后，转变为指针的角位移，最后在刻度盘上读出测量值。其工作原理见图 4-11（b）。

3. 杠杆式卡规和杠杆千分表使用注意事项

（1）在做相对测量时，应根据被测工件的尺寸，先用量块调整指针的零位，再将可调测砧或微分筒固定，然后多次按动退让按钮，在示值稳定后再进行测量。如果检验成批工件时，可根据工件公差范围调整公差带指示器到所需位置。检验工件时，若指针位于公差带指示器范围内，则工件为合格。

（2）为了防止热变形和测量误差以提高测量精度，可将杠杆式卡规（或杠杆千分尺）夹在保持架上进行测量。

（3）为了防止测量磨损和保证测量精度，测量工件时要在多次按动退让按钮后，将工件送入测量位置，不可硬卡。

（4）测量工件直径时，应摆动杠杆式卡规（或杠杆千分尺）或被测工件，以指针的转折点读数为正确测量值。

4. 钟表式千分表

钟表式千分表是一种应用很广泛的指示式测量仪器。它可以测量工件的形状误差（圆度、直线度、平面度等）和位置误差（同轴度、平行度、垂直度、圆跳动等），也可以用相对测量法测量工件的尺寸。

它的测量精度较高，刻度值一般有 0.001mm 和 0.002mm 两种。

钟表式千分表的外形及工作原理见图 4-12，它的传动系统是由齿条齿轮及两对齿轮组成。所以它的工作原理是由齿条和齿轮传动，将测量杆的微小直线位移放大后，转变为指针的角位移，最后可在刻度盘上读出测杆的位移量。测杆上的齿条齿距 $p=0.5$mm，$z_1=40$，$z_2=120$，$z_3=16$，$z_4=160$，$z_5=12$，表面分成 200 格。

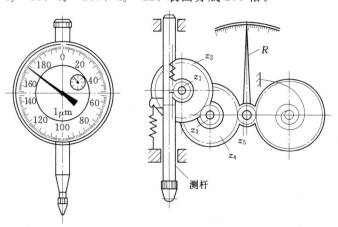

图 4-12 钟表式千分表外形及工作原理

当测杆移动 0.2mm 时，长表针 R 的转数 n 为

$$n = \frac{0.2}{\frac{0.5}{40}} \times \frac{120}{16} \times \frac{160}{12} = 1$$

因为刻度盘一周分成 200 格，所以，每一个刻度所表示的测量值 a 为

$$a = \frac{0.2}{200} = 0.001 \text{(mm)}$$

图 4-12 所示的测量力是由拉簧产生，游丝的作用是消除齿轮转动链啮合间隙所引起的误差。钟表式千分表的使用和注意事项如下：

（1）测量前必须把千分表固定在可靠的表架上，并要夹牢，而且要多次提拉千分表的测杆，放下测杆与工件接触，观察其重复指示值是否相同。

（2）为了保证测量精度，千分表测杆必须与被测工件表面垂直；否则会产生误差。

（3）测量时，可用手轻轻提起测杆的上端后把工件移至测头下，不准把工件强行推入量头下，更不准用工件撞击测头，以免影响测量精度和撞坏千分表。为了保持一定的起始测量力，测头与工件接触时，测杆应有 $0.3\sim0.5$mm 的压缩量。

（4）为了保证千分表的灵敏度，测量杆上不要加油，以免油污进入表内。

三、表面粗糙度测量简介

经过机械加工后的工件表面，总是会出现宏观和微观几何形状误差。把微观几何形状误差即较小的间距和微小峰谷高低不平度称为表面粗糙度。它不考虑加工表面上的其他几何特性，如表面形状误差（即宏观几何形状误差）和表面波度等。

评定表面粗糙度的参数，国家标准 GB 1031—82《表面粗糙度参数及其数值》规定有 3 个，即轮廓算术平均偏差 R_a、微观不平度十点高度 R_z 及轮廓最大高度 R_y。

（1）轮廓算术平均偏差。它是在取样长度 L 内，被测表面轮廓上各点到轮廓中线距离的总和的平均值（图 4-13），该距离 y_1、y_2、y_3、$\cdots$、y_{n-1}、y_n 取绝对值，即

$$R_a = \frac{1}{n} \sum_{i=1}^{n} |yi|$$

即

$$R_a = \frac{1}{n}(|y_1| + |y_2| + |y_3| + \cdots + |y_n|)$$

R_a 越大，表面越粗糙。

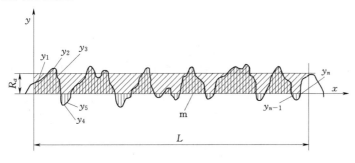

图 4-13　轮廓算术平均偏差

（2）微观不平度十点平均高度 R_z。在取样长度内，5 个最大的轮廓峰高与 5 个最大的轮廓谷深的平均值之和，如图 4 - 14 所示。

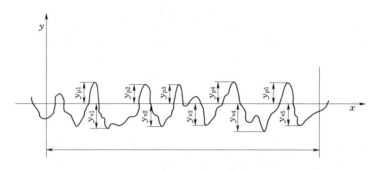

图 4 - 14　微观不平度十点平均高度

R_z 的数学表达式为

$$R_z = \frac{\sum\limits_{i=1}^{5} y_{pi} + \sum\limits_{i=1}^{5} y_{vi}}{5}$$

即

$$R_z = \frac{(y_{p1} + y_{p2} + y_{p3} + y_{p4} + y_{p5}) + (y_{v1} + y_{v2} + y_{v3} + y_{v4} + y_{v5})}{5}$$

数学表达式中 y_{pi}、y_{vi} 分别为第 i 个的峰高、谷深值。

图 4 - 15 所示及上式中 y_{p1}，y_{p2}，…，y_{p5} 为 5 个最大轮廓峰高，y_{v1}，y_{v2}，…，y_{v5} 为 5 个最大轮廓谷深。

R_z 越大，表面越粗糙，由于测点少，很难充分反映表面状况。但是，y_p、y_v 值易于在光学测量仪器上量取，计算又简便，所以应用较多。

（3）轮廓的最大高度值 R_y。在取样长度 L 内，轮廓峰顶线和轮廓谷底线之间距离，称为轮廓最大高度 R_y。

图 4 - 15 中 R_p 为轮廓最大峰高，R_m 为轮廓最大谷深，则轮廓的最大高度为

$$R_y = R_p + R_m$$

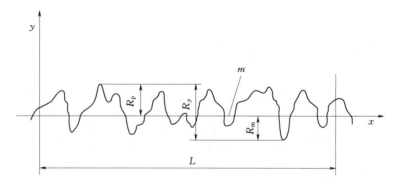

图 4 - 15　轮廓最大高度 R_y 示意图

当被测表面很小，不适宜采用 R_a 或 R_z 评定时，常采用 R_y 参数。

3个参数值 R_a、R_z、R_y 可在表面粗糙度的国家标准（GB 1031—83）参数值表中查出（表 4-4、表 4-5），查表时一般选用表中第一系列。

表 4-4 轮廓算术平均偏差（R_a）的数值（GB 1031—83） 单位：μm

第1系列	第2系列	第1系列	第2系列	第1系列	第2系列	第1系列	第2系列
	0.008						
	0.010						
0.012			0.125		1.25	12.5	
	0.016		0.160	1.6			16.0
	0.020	0.20			2.0		20
0.025			0.25		2.5	25	
	0.032		0.32	3.2			32
	0.040	0.40			4.0		40
0.050			0.50		5.0	50	
	0.063		0.63	6.3			63
	0.080	0.80			8.0		80
0.100			1.00		10.0	100	

表 4-5 微观不平度十点高度（R_a）和轮廓最大高度（R_y）的数值（GB 1031—83） 单位：μm

第1系列	第2系列	第1系列	第2系列	第1系列	第2系列	第1系列	第2系列
			0.25		5.0	100	
			0.32				125
		0.40				200	160
0.025			0.50	8.0			250
	0.032	0.063	0.63	10.0			320
	0.040	0.80		12.5	16.0	400	
0.050			1.00	20			500
	0.063		1.25	25			630
	0.080	1.60			32	800	
0.100			2.0		40		10000
	0.125		2.5	50			1250
	0.160	3.2			63	1600	
	0.20		4.0		80		

表面越粗糙，取样长度应越大，它的推荐值见表 4-6。表中 l 为评定长度，它包含一个或数个长度的总长度。

表 4－6 R_a、R_z、R_y 的取样长度与评定长度的选用值

$R_a/\mu m$	R_z 与 $R_y/\mu m$	l/mm	$ln(ln-5l)/mm$
≥0.008～0.02	≥0.025～0.10	0.08	4.0
>0.02～0.1	>0.10～0.50	0.25	1.25
>0.1～2.0	>0.50～10.0	0.8	4.0
>2.0～10.0	>10.0～50.0	2.5	12.5
>10.0～80.0	>50.0～320	8.0	40.0

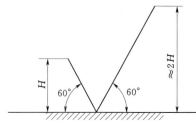

图 4－16 表面粗糙度基本符号

四、表面粗糙度的符号

表面粗糙度符号及标注方法，国家标准都有明文规定。图 4－16 是表面粗糙度的示意图，在图样上用细实线画出。符号及其含义见表 4－7。

表面粗糙度高度参数值标注示例及意义见表 4－8。R_a 只标数值、本身符号不标；R_z、R_y 除标数值外，还需要在数值前标出相应的符号。

五、表面粗糙度的测量

工件表面粗糙度的测量仪器种类很多，下面简介几种常用的测量方法和典型的测量仪器。

表 4－7 表 面 粗 糙 度 符 号

符号	意　义
√	基本符号，单独使用这个符号是没有意义的
∇	表示表面粗糙度是用去除材料的方法获得，如车、铣、钻、磨、剪切、抛光、腐蚀、电火花加工等
○	表示表面粗糙度是用不去除材料的方法获得，如铸、锻、冲压、热轧、冷轧、粉末冶金等或者用在保持原供应状态的表面（包括保持上道工序的状态）

表 4－8 表面粗糙度高度参数值的标注示例及意义

符号	意　义
3.2	用任何方法获得的表面，R_a 的最大允许值为 3.2μm
R_y3.2	用去除材料的方法获得的表面，R_y 的最大允许值为 3.2μm
R_z200	用不去除材料的方法获得的表面，R_z 的最大允许值为 200μm
3.2 / 1.6	用去除材料的方法获得的表面，R_a 的最大允许值为 3.2μm
3.2 R_y12.5	用去除材料的方法获得的表面，R_a 的最大值允许为 3.2μm，R_y 的最大值允许为 12.5μm

1. 比较法

即把被测工件表面与表面粗糙度样板相比较的方法。它是借助于检测人员的肉眼观察和手摸感触进行比较、判断工件表面粗糙度的。方法简便，适宜于车间生产检测。但是，表面粗糙度样板必须是用与被测工件相同的材料、相同的加工方法制成的，否则影响判断的正确性。在成批生产时，也可以从生产的工件中挑选样品，经鉴定后作为表面粗糙度样板。

2. 光切法

即利用"光切原理"来测量被测工件表面粗糙度的方法。图4-17是光切法测量原理的模型，光源发出的光，经过光阑狭缝产生光带投射到被测工件的表面而形成一个光切面，在其反射光的方向有一套显微镜装置，将光切面处的微观几何形状放大，显示在分划板上，左边的目镜视场图即是目镜所视察到的放大图像。

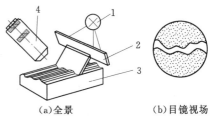

（a）全景　　　　（b）目镜视场

图4-17　光切法测量原理
1—光源；2—光阑（狭线）；
3—被测工件；4—目镜筒

双管显微镜就是利用"光切原理"来测量工件表面粗糙度的。图4-18是双管显微镜的外形。图4-19是双管显微镜光路原理。当一平行光束 A 从45°方向投射到高低不平的工件表面上时，波峰 S_1 和波谷 S_2 及 S_1 与 S_2 间距 h_1 由于光线经物镜放大，在目镜分划板处成像，分别对应为 $S_1'S_2'h_1'$ 经过测量和计算，即可求得被测工件表面峰谷轮廓高度 h。计算方法为

$$h = h_1 \cos45° = \frac{h_1'}{K} \cos45°$$

式中　　K——观察光管物镜放大倍率。

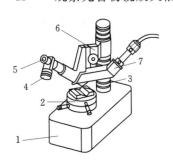

图4-18　双管显微镜外形
1—底座；2—工作台；3—立柱；
4—刻度盘；5—观察光管；
6—支架；7—投射光管

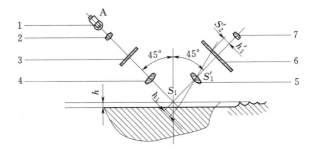

图4-19　双管显微镜光路原理
1—光源；2，7—且镜；3，6—目镜
分划板；4，5—物镜

双管显微镜可测出 $0.8 \sim 63\mu m$ 的微观不平度，即 $R_z = 0.8 \sim 63\mu m$。光切法也可以测量 R_a、R_y。

3. 光波干涉法

它是利用光波干涉原理测量表面的峰谷高度。一般的干涉显微镜测量范围为 $0.03 \sim$

$1\mu m$，也可作 R_z、R_y 参数评定。

按照光波干涉原理，可分为双光束干涉显微镜和多光束干涉显微镜。多光束干涉显微镜的最大优点是测量精度高，其测量精度可达 $0.001\sim0.003\mu m$，但它调整困难，不如双光束显微镜应用广泛。

上海光学仪器厂出产的 6JA 型和 6J 型干涉显微镜都是双光束干涉显微镜。该仪器的测量范围为 $0.03\sim1\mu m$。

4. 感触法（针苗法）

它是利用触针直接在被测工件表面上轻轻划过，从而测定表面粗糙度 R_a 值。因此，又称针苗法。

图 4-20 是感触法测量原理框图。传感器的端部装有非常尖锐的金刚石触针，测量时，将触针与被测工件表面相接触，然后使驱动箱以一定速度拖动传感器，当触针沿被测表面移动时，针尖沿峰谷上下窜动，其窜动量经传感器换成电量的变化量，再经滤波器将表面轮廓上的属于宏观形状误差和波度的成分滤去，留下表面粗糙度的轮廓曲线信号，经放大器计算器直接指示 R_a 值，也可经放大器记录出图形，做 R_z、R_y 等参数的评定。

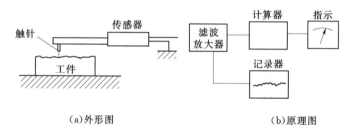

图 4-20　感触法测量原理

电动轮廓仪是利用感触法测量的一种仪器。电动轮廓仪是由工作台、驱动箱、传感器、指示表、记录器等部件组成。这种电动机轮廓仪是用于测量表面粗糙度 R_a 的，测量范围为 $0.04\sim5\mu m$。仪器还配有各种附件，适应平面、内外圆柱面、球面、曲面以及小孔、沟槽等工件的表面测量，使用范围很广泛。另外，又因其测量方法方便迅速，测量精度高，因此，已获得广泛应用。

第三节　实例分析与讨论

1. 选择合适的量具

图 4-21 所示为某夹具中的回转零件。试根据零件图纸选择量具，并说明如何测量。若测量结果中有 $\phi17.04mm$。$\phi40.03mm$ 和 $\phi50.01mm$ 3 个尺寸，试说明读数方法，画出刻线位置图。

2. 错在哪里

有一个图示内径为 $80^{+0.029}_{-0.01}\,mm$，壁厚为 10mm，长为 50mm 的 45 号钢的钢套，车削加工后，操作者立即测量，其内径为 79.99mm，尺寸刚刚合格，4h 后检查员检查时，其内径为 79.985mm，确定为不合格品。试判定谁对谁错，错在哪里？

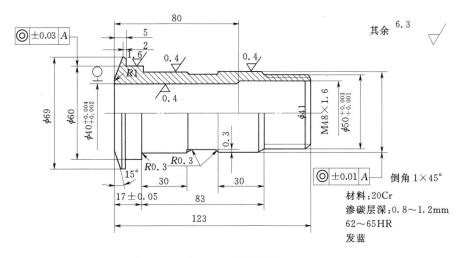

图 4-21　回转零件

小　结

本章主要介绍常用的量具以及其使用方法、保养、测量方法，认识常用测量仪和表面粗糙度的对比及测量仪的使用。学习后：①认识自己平时所用的测量量具的使用与保养；②当自己在加工金属材料时，要明确工件表面粗糙度的标准，加深对表面粗糙度的认识。

思　考　题

1. 试述游标卡尺与分厘卡尺的构造、刻线原理以及读数方法和应用场合。

2. 如何选择与保管量具？

3. 怎样检查量具的"0"位？若有误差，如何调整？

4. 测量下列尺寸应选择何种量具？

(1) 表面粗糙度若用不去除材料的方法获得的 $\phi 25mm$ 轴径。

(2) 表面粗糙度为 $R_a 12.5 \mu m$ 的 $\phi 25mm$ 轴径。

(3) 表面粗糙度为 $R_a 6.3 \mu m$ 的 $\phi 25mm \pm 0.1mm$ 轴径。

(4) 表面粗糙度为 $R_a 0.8 \mu m$ 的 $\phi 25mm \pm 0.02mm$ 轴径。

(5) 表面粗糙度为 $R_a 0.4 \mu m$ 的 $\phi 25mm \pm 0.01mm$ 轴径。

习　题

一、填空题

1. 基准不重合误差是由于定位基准和_____不重合。

2. 钟表式百分表，其表盘表面上一格的刻度值为_____ mm。

二、选择题

1. 水平仪是用斜率做刻度的，如 0.02/1000 的含义是测量面与水平面倾斜为（　　）。

A. 12　　　　　　　B. 3　　　　　　　C. 8　　　　　　　D. 4

2. 杠杆式卡规主要用高精度零件的（　　）。

A. 绝对测量　　　B. 内孔测量　　　C. 相对测量　　　D. 齿形测量

3. 夹紧力方向应尽量与（　　）一致。

A. 工件重力方向　　　　　　　　B. 切削力方向

C. 反作用力方向　　　　　　　　D. 进深抗力方向

4. 钟表式百分表，其表盘表面上一格的刻度值为（　　）。

A. 0.02mm　　　B. 0.01mm　　　C. 0.001mm　　　D. 0.002mm

5. 用测力仪测得 $F_z=360kg$、$F_x=108kg$、$F_y=180kg$，其合力 F_r 为（　　）。

A. 500kg　　　B. 17kg　　　C. 41.7kg　　　D. 41kg

6. 国家对"未注公差尺寸"的公差等级定为（　　）。

A. 1TS～IT9　　　B. 1T10～IT12　　　C. IT11～IT13　　　D. IT12～lT18

7. 对表面粗糙度影响较小的是（　　）。

A. 切削速度　　　B. 进给量　　　C. 切削深度　　　D. 工件材料

8. 水平仪是用斜率做刻度，如 0.02/1000 的含义是测量面与水下面倾斜（　　）。

A. 12°　　　B. 3°　　　C. 8°　　　D. 4°

三、判断题

（　　）1. 常用的百分表可分为杠杆式和钟表式两种。

（　　）2. 水平仪是用斜率做刻度的，如 0.02/1000 的含义是测量面与水平面倾斜 3°。

（　　）3. 塞规通端的基本尺寸等于孔的最小极限尺寸。

第五章 车外圆柱面

外圆柱面是常见的轴类、套类零件最基本的表面。根据使用要求，在外圆柱面上还可能会有端面、台阶及沟槽等表面。本章将分别介绍各表面的加工方法。

第一节 车外圆、端面和台阶

一、外圆车刀

1. 外圆车刀的种类、特征和用途

常用的外圆车刀有 3 种，其主偏角（κ_r）分别为 90°、75°和 45°。

（1）90°外圆车刀，简称偏刀。按车削时进给方向的不同又分为左偏刀和右偏刀两种（图 5-1）。

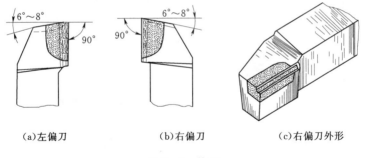

（a）左偏刀　　　　　（b）右偏刀　　　　　（c）右偏刀外形

图 5-1　偏刀

左偏刀的主切削刃在刀体右侧［图 5-1（a）］，由左向右纵向进给（反向进刀），又称反偏刀。

右偏刀的主切削刃在刀体左［图 5-1（b）］，由右向左纵向进给，又称正偏刀。右偏刀一般用来车削工件的外圆、端面和右向台阶（图 5-2）。在车削端面时，因是副切削刃执行切削任务，如果由工件外缘向中心进给，当切削深度（a_p）较大时，切削力（F）会

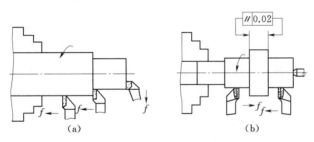

（a）　　　　　　　　　（b）

图 5-2　偏刀的使用

使车刀扎入工件形成凹面［图 5 - 3（a）］；为避免这一现象，可改出轴中心向外缘进给，由主切削刃切削［图 5 - 3（b）］，但切削深度（a_p）应取小值，在特殊情况下可改为图 5 - 3（c）所示的端面车刀车削。左偏刀常用来车削工件的外圆和左向阶台，也适用于车削外径较大而长度较短的工件的端面［图 5 - 3（d）］。

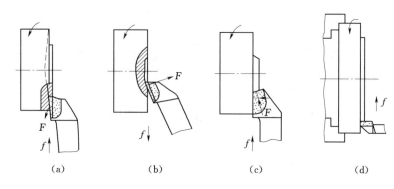

(a)   (b)   (c)   (d)

图 5 - 3 用偏刀车端面

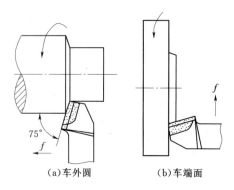

(a) 车外圆   (b) 车端面

图 5 - 4 75°车刀的使用

（2）75°车刀。75°车刀的刀尖角（ε_r）大于 90°，刀头强度好、耐用。因此适用于粗车轴类零件的外圆和强力切削铸件、锻件等余量较大的工件［图 5 - 4（a）］，其左偏刀还用来车削铸件、锻件的大平面［图 5 - 4（b）］。

（3）45°车刀。45°车刀俗称弯头刀。它也分为左、右两种（图 5 - 5），其刀尖角等于 90°（ε_r = 90°），所以刀体强度和散热条件都比 90°车刀好。常用于车削工件的端面和进行 45°倒角，也可用来车削长度较短的外圆（图 5 - 6）。

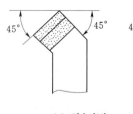 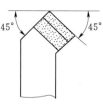  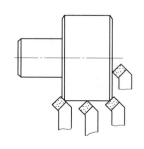

(a)45°右弯头   (b)45°左弯头   (c)45°弯头车刀外形

图 5 - 5 45°弯头车刀   图 5 - 6 弯头车刀的使用

2. 车刀安装

将刃磨好的车刀装夹在方刀架上。车刀安装正确与否，直接影响车削顺利进行和工件的加工质量。所以，在装夹车刀时必须注意下列事项：

（1）车刀装夹在刀架上的伸出部分应尽量短些，以增强其刚性。伸出长度为刀柄厚度的 1～1.5 倍。车刀下面垫片的数量要尽量少（一般为 1～2 片），并与刀架边缘对齐，且至少要有两个螺钉平整压紧，以防振动（图5-7）。

（a）正确　　　　　　（b）不正确　　　　　　（c）不正确

图5-7　车刀的装夹

（2）车刀刀尖应与工件中心等高 ［图5-8（b）］。车刀刀尖高于工件轴线 ［图5-8（a）］，会使车刀的实际后角减小，车刀后面与工件之间的摩擦增大。车刀刀尖低于工件轴线 ［图5-8（c）］，会使车刀的实际前角减小，切削阻力增大。刀尖不对中心，在车至端面中心时会留有凸头 ［图5-8（d）］。使用硬质合金车刀时，若忽视此点，车到中心处会使刀尖崩碎 ［图5-8（e）］。

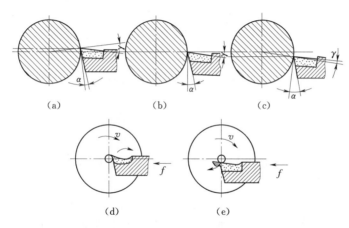

（a）　　　　　（b）　　　　　（c）

（d）　　　　　（e）

图5-8　车刀刀尖不对准工件中心的后果

为使车刀刀尖对准工件中心，通常采用下列几种方法：

1）根据车床的主轴中心高，用钢直尺测量装刀 ［图5-9（a）］。

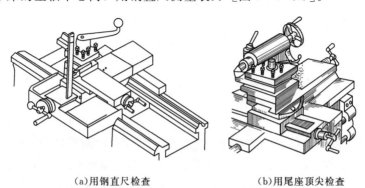

（a）用钢直尺检查　　　　　　　（b）用尾座顶尖检查

图5-9　检查车刀中心高

2）根据机床尾座顶尖的高低装刀〔图 5-9（b）〕。

3）将车刀靠近工件端面，用目测估计车刀的高低，然后夹紧车刀，试车端面，再根据端面的中心来调整车刀。

二、工件的安装

车削时，必须将工件安装在车床的夹具上或三爪自定心卡盘上，经过定位、夹紧，使它在整个加工过程中始终保持正确的位置。工件安装是否正确可靠，直接影响生产效率和加工质量，应该十分重视。

由于工件形状、大小的差异和加工精度及数量的不同，在加工时应分别采用不同的安装方法。

1. 在三爪自定心卡盘上安装工件

三爪自定心卡盘的 3 个卡爪是同步运动的，能自动定心（一般不需找正）。但在安装较长的工件时，工件离卡盘夹持部分较远处的旋转中心不一定与车床主轴中心重合，这时必须找正；或当三爪自定心卡盘使用时间较长，已失去应有精度，而工件的加工精度要求又较高时，也需要找正。总的要求是使工件的回转中心与车床主轴的回转中心重合。通常可采取以下几种方法：

（1）粗加工时可用目测和划针找正工件毛坯表面。

（2）半精车、精车时可用百分表找正工件外圆和端面。

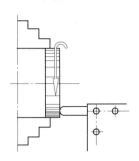

图 5-10 在三爪自定心卡盘上找正工件端面的方法

（3）装夹轴向尺寸较小的工件时，还可以先在刀架上装夹一圆头铜棒，再轻轻夹紧工件，然后使卡盘低速带动工件转动，移动床鞍，使刀架上的圆头棒轻轻接触已粗加工的工件端面，观察工件端面大致与轴线垂直后即停止旋转，并夹紧工件（图 5-10）。

2. 在四爪单动卡盘上安装工件

四爪单动卡盘的 4 个卡爪是各自独立运动的。因此在安装工件时，必须将工件的旋转中心找正到与车床主轴旋转中心重合后才可车削。四爪单动卡盘找正比较费时，但夹紧力较大，所以适用于装夹大型或形状不规则的工件。

3. 在两顶尖之间安装工件

对于较长或必须经过多道工序才能完成的轴类工件，为保证每次安装时的精度，可用两顶尖装夹。两顶尖安装工件方便，不需找正，而且定位精度高，但装夹前必须在工件的两端面钻出合适的中心孔。

中心孔的形状和作用。国家标准 GB 145—85《中心孔》规定中心孔有 4 种：A 型（不带护锥）、B 型（带护锥）、C 型（带螺纹孔）和 R 型（带弧形），如图 5-11 所示。

（1）A 型中心孔由圆柱部分和圆锥部分组成，圆锥孔的圆锥角为 60°，与顶尖锥面配合，因此锥面表面质量要求较高。一般适用于不需要多次装夹或不保留中心孔的工件。

（2）B 型中心孔是在 A 型中心孔的端面部多一个 120° 的圆锥面，目的是保护 60° 锥面，不让其拉毛碰伤。一般应用于多次装夹的工件。

（3）C 型中心孔外端形似 B 型中心孔，里端有一个比圆柱孔还要小的内螺纹，它可以

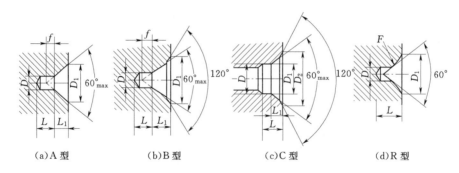

(a)A 型   (b)B 型   (c)C 型   (d)R 型

图 5-11 中心孔的种类

将其他零件轴向固定在轴上，或将零件吊挂放置。

（4）R 型中心孔是将 A 型中心孔的圆锥母线改为圆弧线，以减少中心孔与顶尖的接触面积，减少摩擦力，提高定位精度。

这 4 种中心孔的圆柱部分作用是：储存油脂，避免顶尖触及工件，使顶尖与 60°圆锥面配合贴紧。

中心孔的尺寸以圆柱孔直径（D）为基本尺寸，它是选取中心钻的依据，直径在 6.3mm 以下的中心孔常用高速钢制成的中心钻直接钻出。

第二节 车 槽 和 切 断

在车削加工中，把棒料或工件切成两段（或数段）的加工方法叫切断。一般采用正向切断法，即车床主轴正转，车刀横向进给进行车削。

切断的关键是切断刀的几何参数的选择及其刃磨和选择合理的切削用量。

车削外圆及轴肩部分的沟槽，称为车外沟槽。常见的外沟槽有外圆沟槽、45°外沟槽、外圆端面沟槽和圆弧沟槽（图 5-12）等。

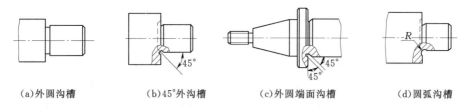

(a)外圆沟槽   (b)45°外沟槽   (c)外圆端面沟槽   (d)圆弧沟槽

图 5-12 常见的各种沟槽

一、切断刀

切断刀以横向进给为主，前端的切削刃为主切削刃，两侧的切削刃是副切削刃。一般切断刀的主切削刃较窄，刀体较长，因此刀体强度较差，在选择刀体的几何参数和切削用量时，要特别注意提高切断刀的强度问题。

1. 高速钢切断刀（图 5-13）

（1）前角（γ_o）。切断中碳钢材料时，$\gamma_o = 20° \sim 30°$，切断铸铁材料时 $\gamma_o = 0° \sim 10°$。

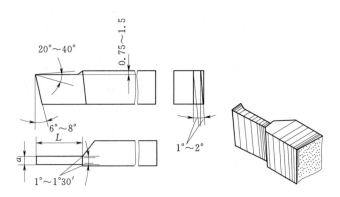

图 5-13 高速钢切断刀

(2) 后角（α_o）。切断塑性材料时取大些，切断脆性材料时取小些，一般取 $\alpha_o = 6° \sim 8°$。

(3) 副后角（α_o'）。切断刀有两个对称的副后角 $\alpha_o' = 1° \sim 2°$，其作用是减少副后刀面与工件已加工表面的摩擦。

(4) 主偏角（κ_r）。切断刀以横向进给为主，因此 $\kappa_r = 90°$。为防止切断时在工件端面中心外留有小凸台及使切断空心工件不留飞边，可以把主切削刃略磨斜些（图 5-14）。

(5) 副偏角（κ_r'）。切断刀的两个副偏角必须对称；否则，会因两边所受切削抗力不均而影响平面度和断面对轴线的垂直度。为了不削弱刀头强度，一般取 $\kappa_r' = 1° \sim 1°30'$。

(6) 主切削刃宽度（a）。主切削刃太宽会因切削力太大而振动，同时浪费材料；太窄又会削弱刀体强度。因此，主切削刃宽度可用下面的经验公式计算，即

$$a \approx (0.5 \sim 0.6)\sqrt{d} \qquad (5-1)$$

式中　　a——主切削刃宽度，mm；

　　　　d——工件待加工表面直径，mm。

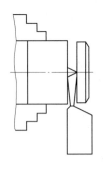
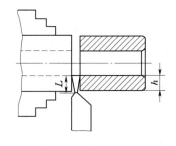

图 5-14 斜刃切断刀　　　　图 5-15 切断刀的刀体长度

(7) 刀体长度（L）。刀体太长也容易引起振动，刀体长度（图 5-15）可用式（5-2）计算，即

$$L = h + (2 \sim 3)\text{mm} \qquad (5-2)$$

式中　　L——刀体长度，mm；

　　　　h——切入深度，mm。

例 5-1　切断外径为 64mm，内径为 40mm 的空心工件，试计算切断刀的主切削刃宽度和刀体长度。

解　根据式（5-1）

$$a \approx (0.5 \sim 0.6)\sqrt{d} = (0.5 \sim 0.6)\sqrt{64} = 4 \sim 4.8 \text{(mm)}$$

根据式（5-2）

$$L = h + (2 \sim 3) = \frac{64 - 40}{2} + (2 \sim 3) = 14 \sim 15 \text{(mm)}$$

所以切断刀的主切削刃宽度为 4~4.8 mm，刀体长度为 14~15mm。

（8）卷屑槽切断刀的卷屑槽不宜磨得太深，一般为 0.75~1.5 mm［图 5-16（a）］。

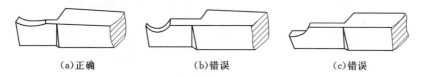

（a）正确　　　　　　　（b）错误　　　　　　　（c）错误

图 5-16　卷屑槽正确与错误示意图

卷屑槽磨得太深，其刀头强度差，容易折断［图 5-16（b）］，更不能把前面磨得低或磨成阶台形［图 5-16（c）］，这种刀切削不顺利，排屑困难，切削负荷大增，刀头容易折断。

2. 硬质合金切断刀

用硬质合金切断刀高速切断工件时，切屑和工件槽宽相等，容易堵塞在槽内。为了使排屑顺利，可把主切削刃两边倒角或磨成"人"字形（图 5-17）。

高速切断时，会产生很大的热量。为防止刀片脱焊，在开始切断时应浇注充分的切削液。为增加刀体的强度，常将切断刀体下部做成凸圆弧形（图 5-17）。

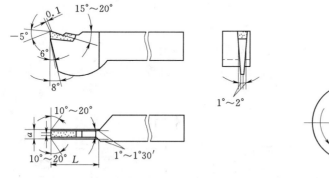

图 5-17　硬质合金切断刀

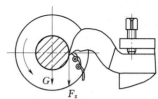

图 5-18　反向切断和反切刀

3. 反切刀

切削直径较大的工件时，由于刀头较长，刚性较差，容易引起振动。这时可采用反向切断法，即工件反转，用反切刀来切断（图 5-18）。这样切断时，切削力 F_z 的方向与工件重力 G 方向一致，不容易引起振动。另外，反向切断时切屑从下面排出，不容易堵在工件槽内。

使用反向切断时，卡盘与主轴连接部分必须装有保险装置。此时刀架受力是向上的，故刀架应有足够的刚性。

4. 弹性切断刀

弹性切断刀是将切断刀做成刀片，再装夹在弹性刀柄上（图 5-19）。当进给量过大时，弹性刀柄受力变形，刀柄的弯曲中心在刀柄上面，刀头会自动让刀，可避免扎刀，防止切断刀折断。

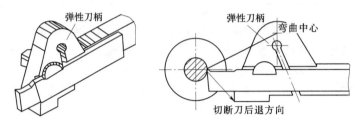

图 5-19 弹性切断刀

5. 车槽刀

一般外沟槽车刀的角度和形状与切断刀基本相同。在车较窄的外沟槽时，车槽刀的主切削刃宽度应与槽宽度相等，刀体长度要略大于槽深。

6. 切断刀的安装

（1）安装时，切断刀不宜伸出过长，同时切断刀的中心线必须装得与工件中心线垂直，以保证两个副偏角对称。

（2）切断实心工件时，切断刀的主切削刃必须装得与工件中心等高；否则不能车到中心，而且容易崩刃，甚至折断车刀。

（3）切断刀的底平面应平整，以保证两个副后角对称。

二、车外沟槽和切断

1. 外沟槽的车削方法

车槽刀安装时应垂直于工件中心线，以保证车削质量。

（1）车削精度不高的和宽度较窄的沟槽时，可用刀宽等于槽宽的车槽刀，采用一次直进法车出［图 5-20（a）］。

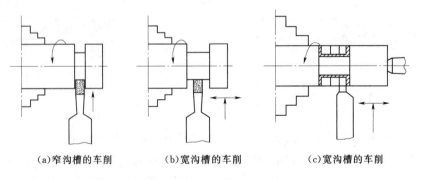

(a)窄沟槽的车削　　(b)宽沟槽的车削　　(c)宽沟槽的车削

图 5-20 直沟槽的车削

（2）有精度要求的沟槽，一般采用两次直进法车出［图 5-20（b）］。即第一次车槽时，槽壁两侧留精车余量，然后根据槽深、槽宽进行精车。

（3）车削较宽的沟槽时，可用多次直进法切割［图 5-20（c）］，并在槽壁两侧留一定精车余量，然后根据槽深、槽宽进行精车。

（4）车削较小的圆弧槽时，一般以成形刀一次车出；较大的圆弧槽，可用双手联动车削，以样板检查修整。

（5）车削较小的梯形槽时，一般以成形刀一次完成，较大的梯形槽，通常先切割直槽，然后用梯形刀直进法或左右切削法完成（图 5-21）。

2. 斜沟槽的车削

（1）车削 45°外沟槽时，可用 45°外沟槽专用车刀。车削时将小滑板转过 45°，用小滑板进给车削成形［图 5-22（a）］。

（2）车圆弧沟槽时，把车刀的刀体磨成相应的圆弧刀刃［图 5-22（b）］，并直接车削成形。

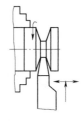

(a)先切直槽 　　(b)梯形刀扩槽

图 5-21　车较宽梯形槽的方法

（3）车削外圆端面沟槽时，刀头形状如图 5-22（c）所示，采取横向控制槽深、纵向控制深度的方法完成。上述斜沟槽车刀刀尖 a 处的副后刀面上应磨成相应的圆弧 R。

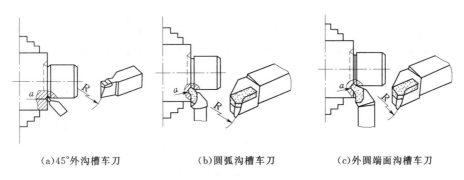

(a)45°外沟槽车刀　　　(b)圆弧沟槽车刀　　　(c)外圆端面沟槽车刀

图 5-22　斜沟槽车刀及车削

3. 沟槽的检查和测量

（1）精度要求低的沟槽。可用钢直尺测量（图 5-23）。

（2）精度要求高的沟槽。通常用千分尺［图 5-24（a）］、样板［图 5-24（b）］和游标卡尺［图 5-24（c）］测量。

4. 切断

（1）切断时切削用量的选择。由于切断刀的刀体强度较差，在选择切削用量时，应适当减小其数值。总的来说，硬质合金切断刀比高速钢切断刀选用的切削用量要大，切断钢件材料时的切削速度比切断铸铁材料时的切削速度要高，而进给量要略小一些。

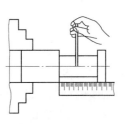

图 5-23　用钢直尺测量沟槽

1）切削深度（a_p）。切断、车槽均为横向进给切削，切削深

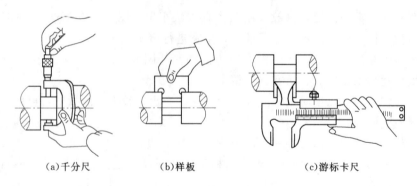

(a)千分尺   (b)样板   (c)游标卡尺

图 5-24 测量较高精度槽的几种方法

度 a_p 是垂直于已加工表面方向所量得的切削层宽度的数值。所以，切断时的切削深度等于切断刀刀体的宽度。

2）进给量（f）。一般用高速钢车刀切断钢料时 $f=0.05\sim0.1$mm/r；切断铸铁料时 $f=0.1\sim0.2$mm/r；用硬质合金切断刀切断钢料时 $f=0.1\sim0.2$ mm/r；切断铸铁料时 $f=0.15\sim0.25$ mm/r。

3）切削速度（v_c）。用高速钢车刀切断钢料时，$v_c=30\sim40$m/min；切断铸铁料时 $v_c=15\sim25$m/min。用硬质合金切断刀切断钢料时，$v_c=80\sim120$m/min；切断铸铁料时 $v_c=60\sim100$ m/min。

（2）切断方法。

1）用直进法切断工件。直进法是指垂直于工件轴线方向进行切断［图 5-25（a）］。这种方法切断效率高，但对车床、切断刀的刃磨和安装都有较高的要求；否则容易造成刀头折断。

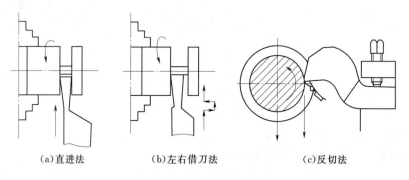

(a)直进法   (b)左右借刀法   (c)反切法

图 5-25 切断工件的 3 种方法

2）左右借刀法切断工件。在切削系统（刀具、工件、车床）刚性不足的情况下，可采用左右借刀法切断［图 5-25（b）］。这种方法是指切断刀在轴线方向反复地往返移动，随之两侧径向进给，直至工件切断。

3）反切法切断工件。反切法是指工件反转，车刀反向装夹［图 5-25（c）］，这种切断方法宜用于较大直径工件的切断。

切断工件时，切断刀伸入工件被切的槽内，周围被工件和切屑包围，散热情况极差，切削刃容易磨损（尤其在切断刀的两个刀尖处），排屑也比较困难，极易造成"扎刀"现象影响刀具的使用寿命。为了克服上述缺点，使切断工件顺利进行，可以采用下列措施：

a. 控制切屑形状和排屑方向。切屑形状和排出方向对切断刀的使用寿命、工件的表面粗糙度及生产率都有很大的影响。切断钢类工件时，工件槽内的切屑呈发条状卷曲，排屑困难，切削力增加，容易产生扎刀现象，并损伤工件已加工表面。如果切屑呈片状，同样影响切屑排出，也容易造成扎刀现象（切断脆性材料时，刀具前面无断屑槽的情况下除外）。理想的切屑是呈直带状从工件槽内流出，然后再卷成"圆锥形螺旋"、"垫圈形螺旋"及"发条状"，才能防止"扎刀"。

b. 在切断刀上磨出3°左右的刃倾角（左高右低）。刃倾角太小，切屑便在槽中呈"发条状"，不能理想地卷出；刃倾角太大，刀尖对不准工件中心，排屑困难，容易损伤工件表面，并使切断工件的平面歪斜，造成"扎刀"现象。

c. 卷屑槽的大小和深度要根据进给量和工件直径的大小来决定。进给量大，卷屑槽要相应增大；进给量小，卷屑槽要相应减小。否则切屑极易呈长条状缠绕在车刀和工件上，产生严重后果。

三、减少振动和防止刀体折断的方法

1. 减少切断时振动

切断工件时经常会引起振动使切断刀振坏。防止振动可采取以下几个措施：

（1）适当加大前角，但不能过大，一般应控制在2°以下，使切削阻力减小。同时适当减小后角，让切断刀刃附近起消振作用把工件稳定，防止工件产生振动。

（2）在切断刀主切削刃中间磨$R0.5$ mm左右的凹槽，这样不仅能起消振作用，并能起导向作用，保证切断的平直性。

（3）大直径工件宜采用反切断法，既可防止振动，排屑也方便。

（4）选用适宜的主切削刃宽度。主切削刃宽度狭窄，使切削部分强度减弱；主切削刃宽度宽，切断阻力大，容易引起振动。

（5）改变刀柄的形状，增大刀柄的刚性，刀柄下面做成"鱼肚形"，可减弱或消除切断时的振动现象。

2. 防止刀体折断的方法

（1）增强刀体强度，切刀的副后角或副偏角不要过大，其前角亦不宜过大，否则容易产生"扎刀"，致使刀体折断。

（2）切刀应安装正确，不得歪斜或高于、低于工件中心太多。

（3）切断毛坯工件前，应先车圆再切断或开始时尽量减小进给量。

（4）手动进给切断时，摇手柄应连续、均匀，若切削中必须停车时，应先退刀，后停车。

四、废品分析

切断时和车外沟槽时，可能产生各种废品，它们产生的原因及预防方法见表5-1。切断时常见问题及处理方法见表5-2。

表 5-1 切断和车外沟槽时产生废品的原因及预防方法

废品种类	生 产 原 因	预 防 方 法
沟槽的宽度不正确	(1) 由于刀体宽度磨得太宽或太窄。 (2) 由于测量不正确	根据沟槽宽度刃磨刀体宽度仔细、正确测量
沟槽位置不对	由于测量和定位不正确	正确定位,仔细测量
沟槽深度不正确	(1) 没有及时测量。 (2) 尺寸计算错误	(1) 切槽过程中及时测量。 (2) 仔细计算尺寸。对留有磨削余量的工件,切槽时必须把磨削余量考虑进去
切下的工件长度不对	由于测量不正确	正确测量
切下的工件表面凹凸不平(尤其是薄工件)	(1) 切断刀强度不够,主刀刃不平直,吃刀后由于侧向切削力的作用使刀偏斜,致使切下的工件凹凸不平。 (2) 刀尖圆弧刃磨或磨损不一致。使主刀刃受力不均而生产凹凸面。 (3) 切断刀安装不正确。 (4) 刀具角度刃磨不正确,两副偏角过大而且不对称,从而降低刀体强度,产生"让刀"现象	(1) 增加切断刀的强度,刃磨时必须使主刀刃平直。 (2) 刃磨时保证两刀尖圆弧对称。 (3) 正确安装切断刀。 (4) 正确刃磨切断刀,保证两副偏角对称
表面粗糙度达不到要求	(1) 两副偏角太小,产生摩擦。 (2) 切削速度选择不当,没有加冷却润滑液。 (3) 切削时产生振动。 (4) 切削拉毛已加工表面	(1) 正确选择两副偏角的数值。 (2) 选择适当的切削速度,并浇注冷却润滑液。 (3) 采取防振措施。 (4) 控制切削的形状和排除方向

表 5-2 切断时常见问题及处理方法

常见问题	产 生 原 因	处 理 方 法
主切削刃崩刃	(1) 实心工件快被切断时产生崩刃。 (2) 排屑不畅,卡屑导致崩刃。 (3) 切削振动导致崩刃	(1) 切断实心工件时,安装刀具一般应使刀尖低于工件中心 0.2mm 左右。 (2) 根据工件材料合理刃磨刀具的刀形和断屑槽,并配合相应进给量,使切屑卷成弹簧状连续排出,以避免卡屑。 (3) 改善切削条件,消除或尽量减小切削振动
工件切断面凹凸不平	(1) 车床横滑板移动方向与主轴回转中心不垂直。 (2) 刀具两副偏角大小不等,或者两副后角大小不等。 (3) 主切削刃两刀尖磨损情况差异太大。 (4) 双倒角或梯形式主切削刃两边修磨不均	(1) 调整并恢复机床精度。 (2) 刃磨刀具两侧,使副后角及副偏角分别相等。 (3) 刀尖磨损到一定程度时,要及时重磨。 (4) 修磨刀具时要使两边的切削刃相等
切断时振动较大	(1) 车床主轴轴承松动或轴承孔不圆等。 (2) 刀具主后角太大或刀尖安装过低。 (3) 由于排屑不畅而产生振动。 (4) 刀具伸出过长或刀杆刚性太差。 (5) 刀具几何参数不合理。 (6) 工件刚性太差。 (7) 进刀时振动大	(1) 调整或修复机床的主轴轴承。 (2) 选用 3°左右的主后角,调整刀尖安装高度。 (3) 大直径的切断须特别注意排屑,断屑槽要磨有 5°~8°的排屑倾斜角,以使排屑顺畅。 (4) 选用较好的刀杆材料,在满足切深的前提下,尽量缩短刀具的伸出量。 (5) 根据工件材料,选择合理的刀具几何参数。 (6) 对刚性差的工件,要尽量减小切削刃宽度。 (7) 可稍微加大进给量

小　　结

本章主要介绍外圆车刀的安装要领，以及在车床上车外圆阶梯的基本方法、切槽及切断的方法知识、加工中要减少振动的原因。在学习后：①要熟悉切削运动、切削用量的选择；②了解材料中塑性和脆性材料在切削过程中的物理现象；③结合实习和生活中的感性认识，了解加工中刀具接触面大产生振动的原理，必须尽量避免在加工中产生振动，影响工件质量；④本章内容实践性强，实习时要多动手、多问、多想，树立与生产结合的意识。

思　考　题

1. 车端面时可以选用哪几种车刀？分析各种车刀车端面时的优、缺点，各适用于什么情况下？

2. 车端面时的切削深度和切削速度与车外圆时有什么不同？

3. 粗车刀和精车刀有哪些要求？

4. 车轴类零件时，一般有哪几种安装方法？各有什么特点？

5. 钻中心孔时，怎样防止中心钻折断？

6. 切槽刀与切断刀有什么区别？

7. 反切法有什么好处？使用时应注意什么？

8. 前、后顶尖的工作条件有何不同？怎样正确选择前、后顶尖？

9. 怎样防止切断刀折断？

10. 测量轴类零件的量具有哪几种？如何正确测量？

习　　题

一、填空题

砂轮由_____、结合剂和磨粒所组成。

二、选择题

1. 选择定位基准时，粗基准可以使用（　　）。

A. 一次　　　　　B. 二次　　　　　C. 三次　　　　　D. 多次

2. 断屑槽越（　　）越易断屑。

A. 窄　　　　　　B. 宽　　　　　　C. 浅　　　　　　D. 深

3. 车外圆时，增大主偏角 κ_r 可使切深抗力（　　）减小。

A. F_x　　　　　B. F_n　　　　　C. F_z　　　　　D. F_y

第六章　车 内 圆 柱 面

很多机器零件如齿轮、轴套、带轮等，不仅有外圆柱面，而且有内圆柱面。一般情况下，通常采用钻孔、扩孔、车孔和铰孔等方法来加工内圆柱面。

第一节　钻 孔 和 扩 孔

用钻头在实体材料上加工孔的方法叫钻孔。钻孔属于粗加工，其尺寸精度一般可达 IT11～IT12，表面粗糙度 $R_a 12.5～25\mu m$。麻花钻是钻孔最常用的刀具，钻头一般用高速钢制成，由于高速切削的发展，镶硬质合金的钻头也得到了广泛应用。这里介绍麻花钻及其钻孔方法。

一、麻花钻的几何形状

1. 麻花钻的组成部分 （图 6-1）

（1）柄部。钻头的夹持部分，装夹时起定心作用，切削时起传递转矩的作用。麻花钻的柄部有锥柄 [图 6-1 （a）] 和直柄 [图 6-1 （b）] 两种。

（2）颈部。颈部较大的钻头在颈部标注商标、钻头直径和材料牌号等。

（3）工作部分。它是钻头的主要部分，由切削部分和导向部分组成，起切削和导向作用。

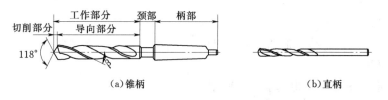

（a）锥柄　　　　　　　　（b）直柄

图 6-1　麻花钻的组成

2. 麻花钻工作部分的几何形状

麻花钻工作部分的外形如图 6-2 所示。它有两条对称的主切削刃、两条副切削刃和一条横刃。麻花钻钻孔时，相当于两把反向的车孔刀同时切削，所以它的几何角度的概念与车刀基本相同，但也具有其特殊性。

（1）螺旋槽钻头的工作部分有两条螺旋槽，其作用是构成切削刃、排除切屑和通入切削液。

（2）螺旋角 （β）。位于螺旋槽内不同直径处的螺旋线展开成直线后与钻头轴线都有一定夹角，此夹角通称螺旋角。越靠近钻心处螺旋角越小，越靠近钻头外缘处螺旋角越大。标准麻花钻的螺旋角在 18°～30° 之间。钻头上的名义螺旋角是指外缘处的螺旋角。

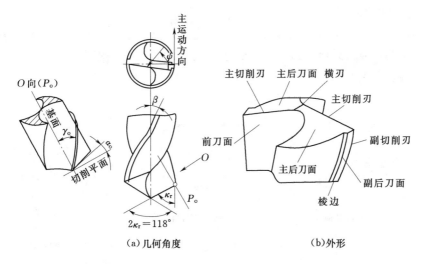

图 6-2 麻花钻的几何形状

（3）前刀面指切削部分的螺旋槽面，切屑从此面排出。

（4）主后刀面。它指钻头的螺旋圆锥面，即与工件过渡表面相对的表面。

（5）主切削刃。它是指前刀面与主后刀面的交线，担负着主要的切削工作。钻头有两个主切削刃。

（6）顶角（$2\kappa_r$）。顶角是两主切削刃之间的夹角。一般标准麻花钻的顶角为118°。当顶角为118°时，两主切削刃为直线［图6-3（a）］；当顶角大于118°时，两主切削刃为凹曲线［图6-3（b）］；当顶角小于118°时，两主切削刃为凸曲线［图6-3（c）］。刃磨钻头时，可据此大致判断顶角大小。顶角大，主切削刃短，定心差，钻出的孔径容易扩大；但顶角大时前角也增大，切削省力；顶角小时则反之。

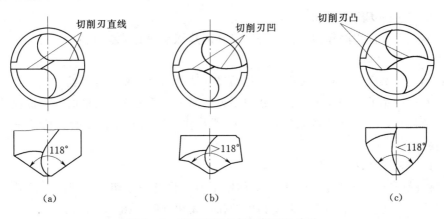

图 6-3 麻花钻顶角与切削刃的关系

（7）前角（γ_o）。主切削刃上任一点的前角是过该点的基面与前刀面之间的夹角。麻花钻前角的大小与螺旋角、顶角、钻心直径等因素有关，其中影响最大的是螺旋角。由于螺旋角随直径大小而改变，所以主切削刃上各点的前角也是变化的（图6-4），靠近外缘处前角最大，自外缘向中心逐渐减小，大约在1/3钻头直径以内开始为负前角，前角的变化范围为正负 30°之间。

（8）（后角 α_o）。主切削刃上任一点的后角是过该点切削平面与主后刀面之间的夹角。后角也是变化的，靠近外缘处最小，接近中心处最大，变化范围为 8°～14°。实际后角应在圆柱面内测量（图 6-5）。

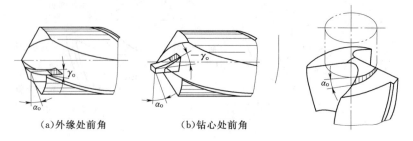

（a）外缘处前角　　　（b）钻心处前角

图 6-4　麻花钻前角的变化　　　图 6-5　在圆柱面内
测量麻花钻的后角

（9）横刃。两个主后刀面的交线，也就是两主切削刃连接线。横刃太短，会影响麻花钻的钻尖强度。横刃太长，会使轴向力增大，对钻削不利。试验表明，钻削时有 1/2 以上的轴向力是因横刃产生的。

（10）横刃斜角（ψ）。在垂直于钻头轴线的端面投影中，横刃与主切削刃之间所夹的锐角。横刃斜角的大小与后角有关。后角增大时，横刃斜角减小，横刃也变长。后角小时，情况相反，横刃斜角一般为 55°。

（11）棱边。也称刃带，既是副切削刃，也是麻花钻的导向部分。在切削过程中能保持确定的钻削方向、修光孔壁及作为切削部分的后备部分。为了减小切削过程中棱边与孔壁的摩擦，导向部分的外径经常磨有倒锥。

二、麻花钻的刃磨和修磨

刃磨麻花钻如同刃磨车刀一样，是车工必须熟练掌握的基本功。

1. 麻花钻的刃磨

麻花钻的刃磨质量，直接关系到钻孔的尺寸精度和表面粗糙度及钻削效率。

（1）对麻花钻的刃磨要求。麻花钻主要刃磨两个主后刀面，刃磨时除了保证顶角和后角的大小适当外，还应保证两条主切削刃必须对称（即它们与轴线的夹角及长短都应相等），并使横刃斜角为 55°。

（2）麻花钻刃磨对钻孔质量的影响。

1）麻花钻顶角不对称。当顶角不对称钻削时，只有一个切削刃切削，而另一个切削刃不起作用，两边受力不平衡，会使钻出的孔扩大和倾斜［图 6-6（b）］。

2）麻花钻顶角对称但主切削刃长度不等。当两切削刃长度不等时，使钻出的孔径扩大［图 6-6（c）］。

3）顶角不对称且切削刃长度又不相等。当麻花钻的顶角不对称且两切削刃长度又不相等时，钻出的孔不仅孔径扩大，而且还会产生阶台［图 6-6（d）］。

（3）麻花钻的刃磨方法。

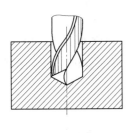 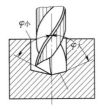 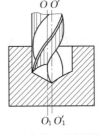 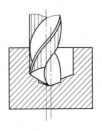

(a)刃磨正确　　　(b)顶角不对称　　(c)主切削刃长度不等　(d)顶角和刃磨长度不对称

图6-6　钻头刃磨对加工的影响

1）用右手握住钻头前端作支点，左手紧握钻头柄部。

2）摆正钻头与砂轮的相对位置，使钻头轴心线与砂轮外圆柱面母线在水平面内的夹角等于顶角的1/2，同时钻尾向下倾斜［图6-7（a）］。

 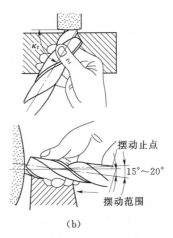

(a)　　　　　　　　　　(b)

图6-7　麻花钻的刃磨方法

3）刃磨时，将主切削刃置于比砂轮中心稍高一点的水平位置接触砂轮，以钻头前端支点为圆心，右手缓慢地使钻头绕其轴线由下向上转动，同时施加适当的压力（这样可使整个后面都能磨到）。右手配合左手的向上摆动做缓慢的同步下压运动（略带转动），刃磨压力逐渐增大，于是磨出后角［图6-7（b）］，但注意左手不能摆动太大，以防磨出负后角或将另一面主切削刃磨掉。其下压的速度和幅度随要求的后角而变。为保证钻头近中心处磨出较大后角，还应做适当右移运动。当一个主后刀面刃磨后，将钻头转过去180°刃磨另一个后刀面时，人和手要保持原来的位置和姿势，这样才能使磨出的两主切削刃对称。按此法不断反复，两主后刀面经常交换磨，边磨边检查，直至达到要求为止。

2. 麻花钻的角度检查

（1）目测法。当麻花钻头刃磨好后，通常采用目测法检查。其方法是将钻头垂直竖在与眼等高的位置上，在明亮的阳光下观察两刃的长短和高低及后角等（图6-8）。由于视觉差异，往往会感到左刃高右刃低，此时则应将钻头转过180°再观察，看是否仍然是左刃高右刃低，这样反复观察对比，直到觉得两刃基本对称时方可使用，钻削时如发现有偏差，则需再次修磨。

（2）使用角度尺检查。使用角度尺检查时，只需将尺的一边贴在麻花钻的棱边上，另一边搁在钻头的主切削刃上，测量其刃长和角度（图6-9）然后转过180°。用同样的方法，检查另一主切削刃。

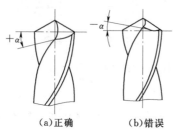

（a）正确　　　　（b）错误

图6-8　目测法检查麻花钻刃磨情况

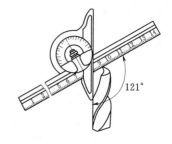

图6-9　用角度尺检查

（3）在钻削过程中检查。若麻花钻刃磨正确，切屑会从两侧螺旋槽内均匀排出，如果两主切削刃不对称，切屑则从主切削刃高的那边螺旋槽向外排出。据此可卸下钻头，将较高的一边主切削刃磨低一些，以避免钻孔尺寸变大。

3. 麻花钻的缺点

麻花钻的结构存在以下缺点：

（1）主切削刃上各点的前角变化大。靠近边缘处的前角较大（+30°），切削刃强度差；横刃处前角为 $-54° \sim -60°$，切削条件变差，挤压严重，增加功率消耗。

（2）横刃过长，并且横刃处有很大的负前角。钻削时横刃不是切削而是挤压和刮削，消耗能量大，产生的热量也大。而且由于横刃的存在使轴向力增大，定心差。

（3）钻孔时，参加切削的主切削刃长、切屑宽，切削刃各点切屑排出速度相差很大。切屑占较大的空间，排屑不顺利，切削液不易进入切削区。

（4）棱边处后角为零度，棱边与孔壁摩擦，加之该处的切削速度又高，因此产生的热量多，使外缘处磨损加快。

针对上述缺点，麻花钻在使用时，应根据工件材料、加工要求，采用相应的修磨方法进行修磨。

4. 麻花钻的修磨

（1）修磨横刃。修磨横刃就是要缩短横刃的长度，增大横刃处前角，减小轴向力［图6-10（a）］。一般情况下，工件材料较软时，横刃可修磨得短些；工件材料较硬时，横刃可少修磨些。修磨时，钻头轴线在水平面内与砂轮侧面左倾约15°，在垂直平面内与刃磨点的砂轮半径方向约成55°。修磨后应使横刃长度为原长的1/5～1/3（图6-11）。

（2）修磨前刀面。修磨孔、外缘处前刀面和修磨横刃处前刀面。修磨外缘处前刀面是为了减小外缘处的前角［图6-10（b）］；修磨横刃处前刀面是为了增加横刃处的前角［图6-10（c）］。一般情况下，工件材料较软时，可修磨横刃处前刀面，以加大前角减小切削力，使切削轻快；工件材料较硬时，可修磨外缘处前刀面，以减小前角，增加钻头强度。

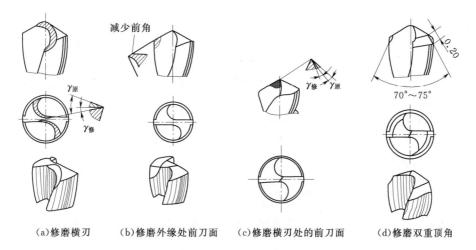

(a)修磨横刃　　(b)修磨外缘处前刀面　　(c)修磨横刃处的前刀面　　(d)修磨双重顶角

图 6-10　麻花钻的修磨

（3）双重刃磨。钻头外缘处的切削速度最高，磨损最快，因此可磨出双重顶角［图6-10（d）］，这样可以改善外缘转角处的散热条件，增加钻头强度，并可减小孔的表面粗糙度值。

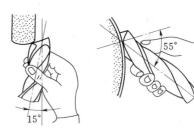

图 6-11　横刃的修磨方法

三、钻孔方法

1. 麻花钻的选用

对于精度要求不高的内孔，可用麻花钻直接钻出；对于精度要求较高的孔，钻孔后还要再经过车削或扩孔、铰孔才能完成，在选用麻花钻时应留出下道工序的加工余量。选用麻花钻长度时，一般应使麻花钻螺旋槽部分略长于孔深。麻花钻过长则刚性差；麻花钻过短则排屑困难，也不宜钻穿孔。

2. 麻花钻的安装

一般情况下，直柄麻花钻用钻夹头装夹，再将钻夹头的锥柄插入尾座锥孔内；锥柄麻花钻可直接或用莫氏过渡锥套插入尾座锥孔中，或用专用工具安装（图6-12）。

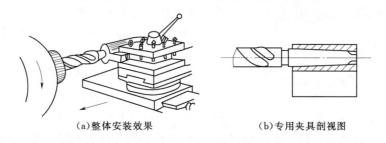

(a)整体安装效果　　　　　(b)专用夹具剖视图

图 6-12　用专用夹具装夹钻头

3. 钻孔时切削用量的选择

（1）切削深度（a_p）。钻孔时的切削深度是钻头直径的1/2［图6-13（a）］；扩孔、铰孔时的切削深度为 $a_p = \dfrac{D-d}{2}$。

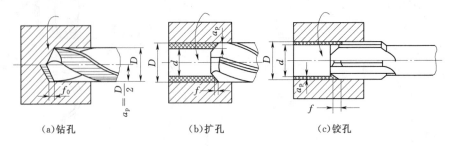

（a）钻孔　　　　　　（b）扩孔　　　　　　（c）铰孔

图 6-13　扩孔时的切削用量

（2）切削速度（v_c）。钻孔时的切削速度是指麻花钻主切削刃外缘处的线速度，有

$$v_c = \frac{\pi D n}{1000} \tag{6-1}$$

式中　　v_c——切削速度，m/mim；

　　　　D——钻头的直径，mm；

　　　　n——主轴转速，r/min。

用高速钢麻花钻钻钢料时，切削速度一般选 $v_c = 15 \sim 30$ m/mim；钻铸铁时 $v_c = 75 \sim$ 90 m/mim；扩孔时切削速度可略高一些。

（3）进给量（f）。在车床上钻孔时，工件转 1 周，钻头沿轴向移动的距离为进给量。在车床上是用手慢慢转动尾座手轮来实现进给运动的。进给量太大会使钻头折断，用直径为 12~25mm 的麻花钻钻钢料时，f 选 0.15~0.35mm/r；钻铸件时，进给量略大些，一般选取 $f = 0.15 \sim 0.4$ mm/r。

4. 钻孔的步骤

（1）钻孔前先将工件车平端面，中心处不许留有凸台，以利于钻头正确定心。

（2）找正尾座，使钻头中心对准工件旋转中心；否则可能会使孔径钻大、钻偏甚至折断钻头。

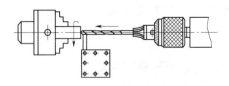

图 6-14　用挡铁支顶钻头

（3）用细长麻花钻钻孔时，为了防止钻头晃动，可在刀架上夹一挡铁（图 6-14），支持钻头头部帮助钻头定心。即先用钻头尖部少量钻进工件平面，然后缓慢摇动中滑板，移动挡铁逐渐接近钻头前端，以使钻头的中心稳定在工件回转中心的位置上，但挡铁不能将钻头支顶过工件回转中心；否则容易折断钻头。当钻头已正确定心时，挡铁即可退出。

另一种办法是先用直径小于 5mm 的麻花钻钻孔，钻孔前先在端面钻出中心孔，这样便于定心且钻出的孔同轴度好。

（4）在实体材料上钻孔，小孔径可以一次钻出，若孔径超过 30mm，则不宜用大钻头一次钻出。因为钻头大，其横刃也长，轴向切削阻力也大，钻削时费力，此时可分两次钻出。即先用一支小钻头钻出底孔，再用大钻头钻出所要求的尺寸。一般情况下，小钻头直径约为大钻头的 0.5～0.7 倍。

（5）钻孔后需铰孔的工件，由于所留铰孔余量较少，因此当钻头钻进 1～2mm 后应将钻头退出，停车检查孔径，以防因孔径扩大没有铰削余量而报废。

（6）钻不通孔与钻通孔的方法基本相同。不同的是，钻不通孔时需要控制孔的深度，具体可按下述方法操作：开动机床，摇动尾座手轮，当钻尖开始切入工件端面时，用钢直尺量出尾座套筒的伸出长度，那么钻不通孔的深度就应该控制为所测伸出长度加上孔深（图 6-15）。

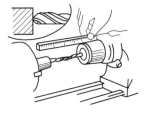

图 6-15 钻不通孔

5. 钻孔时的注意事项

（1）将钻头装入尾座套筒中，找正钻头轴线与工件旋转轴线相重合；否则会使钻头折断。

（2）钻孔前，必须将端面车平，中心处不允许有凸台；否则钻头不能自动定心，会使钻头折断。

（3）当钻头刚接触工件端面和通孔快要钻穿时，进给量要小，以防钻头折断。

（4）钻小而深孔时，应先用中心钻钻中心孔，以避免将孔钻歪。在钻孔过程中必须经常退出钻头清除切屑。

（5）钻削钢料时必须浇注充分的切削液，使钻头冷却。钻削铸件时可不用切削液。

（6）钻削镁合金等其他金属材料时，应考虑其材料的性能，适当提高切削速度，加大进给量。

四、扩孔

用扩孔刀具扩大工件孔径的方法称为扩孔。常用的扩孔刀具有麻花钻和扩孔钻等。一般精度要求的工件的扩孔可用麻花钻，精度要求高的孔的半精加工可用扩孔钻。

1. 用麻花钻扩孔

用麻花钻扩孔时，由于横刃不参加工作，轴向切削力小，进给省力；但因钻头外缘处的前角较大，容易将钻头拉出，使钻头在尾座套筒里打滑，因此，扩孔时，应将钻头外缘处的前角修磨得小些，并适当地控制进给量，绝不要因为钻削轻松而盲目地加大进给量。

2. 用扩孔钻扩孔

扩孔钻有高速钢扩孔钻和硬质合金扩孔钻两种（图 6-16）。扩孔钻的主要特点如下：

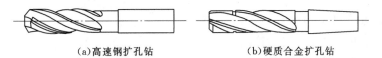

(a)高速钢扩孔钻　　　　　　(b)硬质合金扩孔钻

图 6-16 扩孔钻

（1）扩孔钻齿数较多（一般有 3～4 齿），导向性好，切削平稳。

（2）切削刃不必自外缘一直到中心，没有横刃，可避免横刃对切削的不利影响。

（3）扩孔钻钻心粗，刚性好，可选较大的切削用量。

扩孔钻在自动车床和镗床上应用较多，生产效率高，加工质量好，精度可达 IT10～IT11，表面粗糙度达 $R_a 6.3～12.5\mu m$，可作为孔的半精加工。

五、钻孔废品分析

钻孔时产生废品的主要原因是孔歪斜及孔扩大，产生原因及预防措施见表 6-1。

表 6-1　　　　　　　　钻孔时产生废品的原因及预防措施

废品种类	产生原因	预防措施
孔歪斜	(1) 工作端面不平，或与轴线不垂直	(1) 钻孔前车平端面，中心不能有凸台
	(2) 尾座偏移	(2) 调整尾座轴线与主轴轴线同轴
	(3) 钻头刚性差，初钻时进给量过大	(3) 选用较短的钻头或用中心钻先钻导向孔；初钻时进给量要小，钻削时应经常退出钻头消除切屑后再钻
	(4) 钻头顶角不对称	(4) 正确刃磨钻头
孔直径扩大	(1) 钻头直径选错	(1) 看清图样，仔细检查钻头直径
	(2) 钻头主切削刃不对称	(2) 仔细刃磨，使两主切削刃对称
	(3) 钻头未对准工件中心	(3) 检查钻头是否弯曲，钻夹头、钻套是否装夹正确

六、技能训练

1. 麻花钻的刃磨（图 6-17）

刃磨注意事项如下：

（1）钻头刃磨要做到姿势正确、规范，安全文明操作。

（2）根据不同的钻头材料，正确选用砂轮。刃磨高速钢钻头时，要注意充分冷却，防止退火。

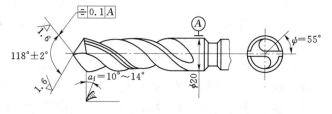

练习件名称	材料	材料来源	下道工序	件数	工时/min
麻花钻	高速钢	配料		1	20

图 6-17　麻花钻刃磨

2. 钻孔练习（图 6-18）

加工步骤如下：

（1）夹持工件外圆，找正并夹紧。

（2）在尾座套筒内安装 ϕ18mm 麻花钻。

（3）车端面，倒角 1×45°。

（4）钻 ϕ18mm 通孔。

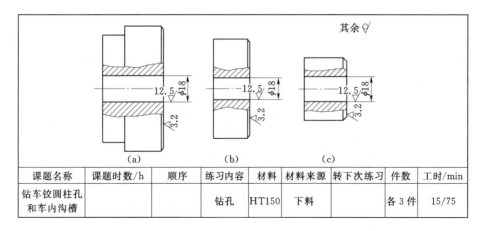

课题名称	课题时数/h	顺序	练习内容	材料	材料来源	转下次练习	件数	工时/min
钻车铰圆柱孔和车内沟槽			钻孔	HT150	下料		各3件	15/75

图 6-18 钻孔

第二节 车 孔

对于铸造孔、锻造孔或用钻头钻出的孔，为达到所要求的尺寸精度、位置精度和表面粗糙度，可采用车孔的方法。车孔是车削加工的主要内容之一，也可以作为半精加工和精加工。车孔后的精度一般可达 IT7～IT8，表面粗糙度可达 $R_a1.6～3.2\mu m$，精车可达 $R_a0.8\mu m$。

一、内孔车刀

1. 内孔车刀的种类

根据不同的加工情况，内孔车刀可分为通孔车刀和盲孔车刀两种（图 6-19）。

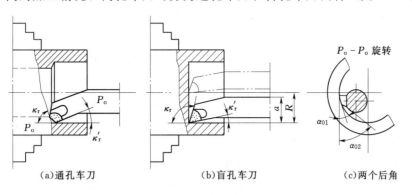

图 6-19 内孔车刀

（1）通孔车刀。通孔车刀切削部分的几何形状基本上与外圆车刀相似［图 6-19（a）］，为了减小径向切削抗力，防止车孔时振动，主偏角 κr 应取得大些，一般在 $60°～75°$ 之间；副偏角 κ_r' 一般为 $15°～30°$。为了防止内孔车刀后刀面和孔壁的摩擦，又不使后角磨得太大，一般磨成两个后角，如图 6-19（c）所示 α_{01} 和 α_{02}，其中 α_{01} 取 $6°～12°$，α_{02} 取 $30°$ 左右。

（2）盲孔车刀。盲孔车刀用来车削盲孔或阶台孔，切削部分的几何形状基本上与偏刀相似，它的主偏角 $\kappa_r > 90°$，一般为 92°～95°［图 6-19（b）］，后角的要求和通孔车刀一样。不同之处是盲孔车刀夹在刀杆的最前端，刀尖到刀杆外端的距离 a 小于孔半径，否则无法车平孔的底面。

内孔车刀可做成整体式［图 6-20（a）］，为节省刀具材料和增加刀柄强度，也可把高速钢或硬质合金做成较小的刀头，安装在碳钢或合金钢制成的刀柄前端的方孔中，并在顶端或上面用螺钉固定［图 6-20（b）、（c）］。

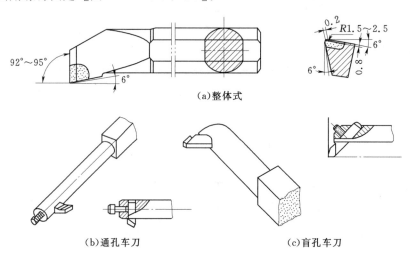

（a）整体式

（b）通孔车刀　　　　　　　　　（c）盲孔车刀

图 6-20　内孔车刀的结构

2. 内孔车刀的刃磨

内孔车刀的刃磨步骤：粗磨前刀面→粗磨后刀面→粗磨副后刀面→磨卷屑槽并控制前角和刃倾角→精磨主后刀面、副后刀面→磨过渡刃。

3. 内孔车刀的安装

内孔车刀安装得正确与否，直接影响到车削情况及孔的精度，所以在安装时一定要注意以下几点：

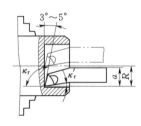

图 6-21　盲孔车刀
的安装

（1）刀尖应与工件中心等高或稍高。如果装得低于中心，由于切削抗力的作用，容易将刀柄压低而产生扎刀现象，并可造成孔径扩大。

（2）刀柄伸出刀架不宜过长，一般比被加工孔长 5～6mm。

（3）刀柄基本平行于工件轴线；否则在车削到一定深度时刀柄后半部容易碰到工件孔口。

（4）盲孔车刀装夹时，内偏刀的主刀刃应与孔底平面成 3°～5°（图 6-21），并且在车平面时要求横向有足够的退刀余地。

二、工件的安装

车孔时，工件一般采用三爪自定心卡盘安装；对于较大和较重的工件可采用四爪单动卡盘安装。加工直径较大、长度较短的工件（如盘类工件等），必须找正外圆和端面。一般情况下，先找正端面再找正外圆，如此反复几次，直至达到要求为止。

三、车孔的关键技术

车孔的关键技术是解决内孔车刀的刚性和排屑问题。

1. 增加内孔车刀刚性的措施

（1）尽量增加刀柄的截面积，通常内孔车刀的刀尖位于刀柄的上面，这样刀柄的截面积较小，还不到孔截面积的 1/4 [图 6-22（b）]，若使内孔车刀的刀尖位于刀柄的中心线上，那么刀柄在孔中的截面积可大大增加 [图 6-22（a）]。

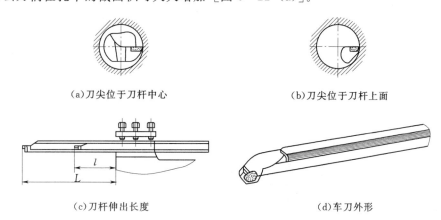

(a)刀尖位于刀杆中心　　　　　　　(b)刀尖位于刀杆上面

(c)刀杆伸出长度　　　　　　　(d)车刀外形

图 6-22　可调节刀柄长度的内孔车刀

（2）尽可能缩短刀柄的伸出长度，以增加车刀刀柄刚性，减小切削过程中的振动，如图 6-22（c）所示。此外，还可将刀柄上下两个平面做成互相平行，这样就能很方便地根据孔深调节刀柄伸出的长度。

2. 解决排屑问题

主要是控制切屑流出方向。精车孔时要求切屑流向待加工表面（前排屑）。为此，采用正刃倾角的内孔车刀 [图 6-23（a）]；加工盲孔时，应采用负的刃倾角 [图 6-23（b）]，使切屑从孔口排出。

四、车孔方法

孔的形状不同，车孔的方法也有差异。

1. 车直孔

（1）直通孔的车削基本上与车外圆相同，只是进刀和退刀的方向相反。在粗车或精车时也要进行试切削，其横向进给量为径向余量的 1/2。当车刀纵向切削至 2mm 左右时，纵向快速退刀（横向不动），然后停车测试，若孔的尺寸不到位，则需微量横向进刀后再次测试。直至符合要求，方可车出整个内孔表面。

（2）车孔时的切削用量要比车外圆时适当减小些，特别是车小孔或深孔时，其切削用量应更小。

2. 车阶台孔

（1）车直径较小的阶台孔时，由于观察困难而尺寸精度不易掌握，所以常采用粗、精车小孔，再粗、精车大孔。

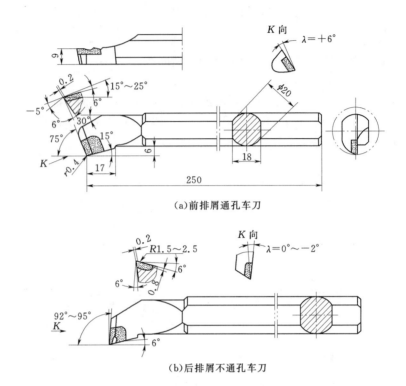

(a)前排屑通孔车刀

(b)后排屑不通孔车刀

图 6-23 典型车孔刀

（2）车大的阶台孔时，在便于测量小孔尺寸而视线又不受影响的情况下，一般先粗车大孔和小孔，再精车小孔和大孔。

（3）车削孔径尺寸相差较大的阶台孔时，最好采用主偏角 $\kappa_r < 90°$（一般为 $5°\sim8°$）的车刀先粗车，然后再用内偏刀精车，直接用内偏刀车削时切削深度不可太大；否则刀刃易损坏。其原因是刀尖处于刀刃的最前端，切削时刀尖先切入工件，因此其承受切削抗力最大，加上刀尖本身强度差，所以容易碎裂；由于刀柄伸长，在轴向抗力的作用下，切削深度大，容易产生振动和扎刀。

（4）控制车孔深度的方法通常采用粗车时在刀柄上刻线痕做记号［图 6-24（a）］或安放限位铜片［图 6-24（b）］，以及用床鞍刻线来控制等，精车时需用小滑板刻度盘或游标深度尺等来控制车孔深度。

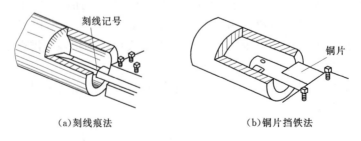

(a)刻线痕法   (b)铜片挡铁法

图 6-24 控制车孔深度的方法

3. 车盲孔（平底孔）

车盲孔时，其内孔车刀的刀尖必须与工件的旋转中心等高；否则不能将孔底车平。检验刀尖中心高的简便方法是车端面时进行对刀，若端面能车至中心，则盲孔底面也能车平。同时还必须保证盲孔车刀的刀尖至刀柄外侧的距离 a 应小于内孔半径 R ［图 6-19 (b)］；否则切削时刀尖还未车至工件中心，刀柄外侧就已与孔壁上部相碰。

(1) 粗车盲孔。

1) 车端面、钻中心孔。

2) 钻底孔。可选择比孔径小 1.5～2mm 的钻头先钻出底孔。其钻孔深度从钻头顶尖量起，并在钻头刻线做记号，以控制钻孔深度。然后用相同直径的平头钻将孔底扩成平底。孔底平面留 0.5～1mm 的余量。

3) 盲孔车刀靠近工件端面，移动小滑板，使车刀刀尖与端面轻微接触，将小滑板或溜板箱刻度调至零位。

4) 将车刀伸入孔口内，移动中滑板，刀尖进给至与孔口刚好接触时，车刀纵向退出，此时将中滑板刻度调至零位。

5) 用中滑板刻度指示控制切削深度（孔径留 0.3～0.4mm 精车余量），若机动纵向进给车削平底孔时要防止车刀与孔底面碰撞。因此，当溜板箱刻度指示离孔底面还有 2～3mm 距离时，应立即停止机动进给改用手动继续进给。如孔大而浅，一般车孔底面时能看清。若孔小而深，就很难观察到是否已车到孔底。此时通常要凭感觉来判断刀尖是否已切到孔底。若切削声音增大，表明刀尖已车到孔底。当中滑板横向进给车孔底平面时，若切削声音消失，控制横向进给手柄的手已明显感觉到切削抗力突然减小，则表明孔底平面已车出，应先将车刀横向退刀后再迅速纵向退出。

6) 如果孔底面余量较多需车第二刀时，纵向位置保持不变，向后移动中滑板，使刀尖退回至车削时的起始位置，然后用小滑板刻度控制纵向切削深度，第二刀的车削方法与第一刀相同。粗车孔底面时，孔深留 0.2～0.3mm 的精车余量。

(2) 精车盲孔。精车时用试切削的方法控制孔径尺寸。试切正确可采用与粗车类似的进给方法，使孔径、孔深都达到图样要求。

平头钻刃磨时两刃口磨成平直，横刃要短，后角不宜过大，外缘处的前角要修磨得小些 ［图 6-25 (c)］；否则容易引起扎刀现象，还会使孔底产生波浪形，甚至使钻头折断。如果加工盲孔，最好采用凸形钻心 ［图 6-25 (b)］，这样定心较好。

如果车孔后还要磨削，应留一定的磨削余量。

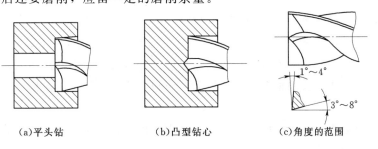

(a)平头钻　　　　　　(b)凸型钻心　　　　　　(c)角度的范围

图 6-25 平头钻加工底平面

4. 车孔练习（图 6-26）

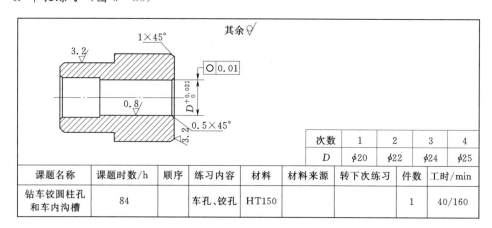

次数	1	2	3	4
D	φ20	φ22	φ24	φ25

课题名称	课题时数/h	顺序	练习内容	材料	材料来源	转下次练习	件数	工时/min
钻车铰圆柱孔和车内沟槽	84		车孔、铰孔	HT150			1	40/160

图 6-26 车孔

5. 注意事项

（1）选用铰刀时应检查刃口是否锋利，柄部是否光滑。完好无损的铰刀才能加工出高质量的孔。

（2）铰孔时铰刀的中心线必须与车床主轴轴线重合。

（3）根据选定的切削速度和孔径大小调整车床主轴转速。

（4）安装铰刀时，应注意锥柄和锥套的清洁。

（5）铰刀由孔内退出时，车床主轴应仍保持顺转不变，切不可反转，以防损坏铰刀刃口和加工表面。

（6）应先试铰，以免造成废品。

第三节　车内沟槽和端面沟槽

一、槽的种类和作用

机器零件由于工作情况和结构工艺性的需要，有各种不同断面形状的内沟槽和端面沟槽。

1. 内沟槽的种类和作用

（1）退刀槽。车内螺纹、车孔和磨孔时作退刀用 [图 6-27（a）]，或为了拉油槽方便，两端开有退刀槽 [图 6-27（b）]。

（2）密封槽。在 T 形槽中嵌入油毛毡，防止轴上的润滑剂溢出 [图 6-27（a）]。

（3）轴向定位槽。在轴承座内孔中的适当位置开槽放入孔用弹性挡圈，以实现滚动轴承的轴向定位。有些较长的轴套，为了加工方便和定位良好，往往在长孔中间开有较长的内沟槽 [图 6-27（b）]。

（4）油气通道槽。在各种液压和气压滑阀中开内沟槽以通油或通气 [图 6-27（c）]。这类沟槽要求有较高的轴向位置。

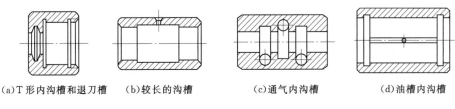

(a)T形内沟槽和退刀槽　　(b)较长的沟槽　　　(c)通气内沟槽　　　(d)油槽内沟槽

图 6 - 27　内沟槽

2. 端面沟槽的种类

（1）端面直槽。如图 6-28（a）所示为内圆磨具端面直槽，常用于密封。

（2）T形槽。如图 6-28（b）所示，在车床中滑板上车有 T 形槽，以便调整小滑板角度。

（3）燕尾槽。如图 6-28（c）所示，在磨床砂轮接法兰盘上车有燕尾槽。

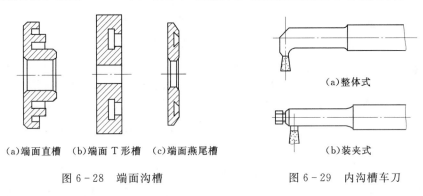

(a)端面直槽　(b)端面 T 形槽　(c)端面燕尾槽　　　　　(a)整体式　　　(b)装夹式

图 6 - 28　端面沟槽　　　　　　　　　图 6 - 29　内沟槽车刀

二、车内沟槽

1. 内沟槽车刀

内沟槽车刀与切断刀的几何形状相似，只是装夹方向相反，且在内孔中车槽。加工小孔中的内沟槽车刀做成整体式［图 6-29（a）］。在大直径内孔中车内沟槽的车刀可做成车槽刀刀体，然后装夹在刀柄上使用［图 6-29（b）］。由于内沟槽通常与孔轴线垂直，因此要求内沟槽车刀的刀体与刀柄轴线垂直。

装夹内沟槽车刀时，应使主切削刃与内孔中心等高或略高，两侧副偏角必须对称。

2. 车内沟槽方法

车内沟槽与车外沟槽方法类似。宽度较小和要求不高的内沟槽，可用主切削刀宽度等于槽宽的内沟槽车刀采用直进法一次车出［图 6 - 30（a）］。要求较高或较宽的内沟槽，可采用直进法分几次车出。粗车时，槽壁和槽底留精车余量，然后根据槽宽、槽深进行精车［图 6 - 30（b）］。若内沟槽深度较浅，宽度很大，可用内圆粗车刀先车出凹槽，再用内沟槽刀车沟槽两端垂直面［图 6 - 30（c）］。

（1）确定起始位置。摇动床鞍和中滑板，使沟槽车刀的主切削刃轻轻地与孔壁接触，将中滑板刻度调至零位。

（2）确定车内沟槽的终止位置。根据内沟槽深度可计算出中滑板刻度的进给格数，并在终止刻度指示位置上用记号笔作出标记或记下刻度值。

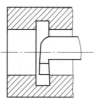
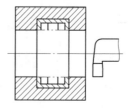
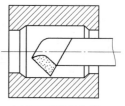

（a）加工精度不高的沟槽 　　（b）加工精度较高的沟槽 　　（c）加工较浅的沟槽

图 6-30　车内沟槽的方法

（3）确定车内沟槽的退刀位置。使内沟槽车刀主切削刃离开孔壁 0.2～0.3mm，并在中滑板刻度盘上做出退刀位置标记。

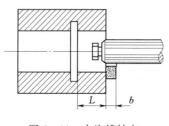

图 6-31　内沟槽轴向
定位尺寸的计算

（4）控制内沟槽的轴向位置尺寸，移动床鞍和中滑板，使内沟槽车刀副切削刃与工件端面轻轻地接触，如图 6-31 所示，此时将床鞍刻度调至零位。若内沟槽靠近孔口，需用小滑板刻度控制内沟槽轴向位置时，就应将小滑板刻度调整到零位，作为车内沟槽纵向的起始位置。接着向后移动中滑板待内沟槽车刀主切削刃退到不碰孔壁时再移动床鞍，以便让车槽刀进入孔内。进入深度为内沟槽的轴向位置尺寸 L 加上内沟槽车刀主切削刃的宽度。

（5）启动车床转动中滑板手柄，使内沟槽车刀横向进给，其进给量不宜过大，为 0.1～0.2mm/r，当中滑板刻度标志已进给到槽深尺寸时，车刀不要马上退出，应稍作停留，这样可使槽底经主切削刃修整后提高其表面粗糙度。横向退刀时，要确认内沟槽车刀主切削刃已到达预先设定的退刀位置，才能纵向向外退出车刀；否则会因横向退刀不足就纵向退刀而将已车好的槽碰坏；若横向退刀过多，又可能会使刀柄与孔壁擦碰而伤及内孔。

3. 内沟槽的测量

（1）内沟槽的深度一般用弹簧内卡钳测量 ［图 6-32（a）］，测量时，先将弹簧内卡钳收缩，放入内沟槽，然后调整卡钳螺母，使卡脚与槽底表面接触。测出内沟槽直径，然后将内卡钳收缩取出，恢复到原来的尺寸，再用游标卡尺或外径千分尺测出内卡钳的张开尺寸，当内沟槽直径较大时，可用弯脚游标卡尺测量 ［图 6-32（b）］。

（2）内沟槽的轴向尺寸可用钩形游标深度卡尺测量 ［图 6-32（c）］。

（3）内沟槽的宽度可用样板或游标卡尺（当孔径较大时）测量 ［图 6-32（d）］，用样板测量时应采用标准大小的样尺进行塞测。

三、车端面槽

1. 车端面直槽

在端面上车直槽时，端面直槽车刀的几何形状是外圆车刀与内孔车刀的综合。其中刀尖 a 处的副后刀面的圆弧半径 R 必须小于端面直槽的大圆弧半径，以防左副后刀面与工件端面槽孔壁相碰。安装端面直槽车刀时，注意使其主切削刃垂直于工件轴线，以保证车出直槽底面与工件轴线垂直（图 6-33）。

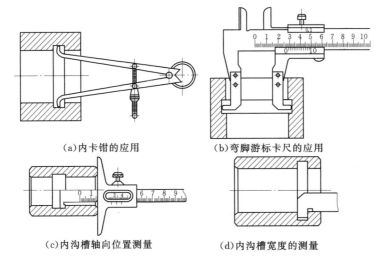

(a)内卡钳的应用　　　　　　(b)弯脚游标卡尺的应用

(c)内沟槽轴向位置测量　　　　(d)内沟槽宽度的测量

图 6 - 32　内沟槽的测量

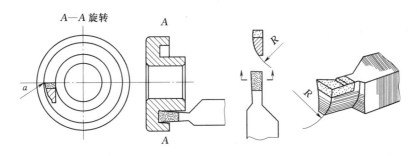

图 6 - 33　端面直槽刀的形状

2. 车 T 形槽

车 T 形槽比较复杂，可以先用端面直槽刀车出直槽［图 6 - 34（a）］，再用外侧弯头车槽刀车外侧沟槽［图 6 - 34（b）］，最后用内侧弯头车槽刀车内侧沟槽［图 6 - 34（c）］。

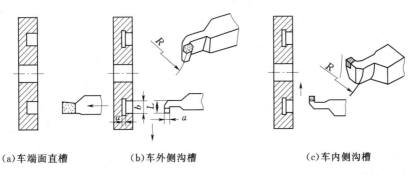

(a)车端面直槽　　　　(b)车外侧沟槽　　　　(c)车内侧沟槽

图 6 - 34　T 形槽车刀与车削

为了避免弯头刀与直槽侧面圆弧相碰，应将弯头刀刀体侧面磨成弧形。此外弯头刀的刀刃宽度应等于槽宽 a，L 则应小于 b，否则弯头刀无法进入槽内。

3．车燕尾槽

燕尾槽的车削方法与 T 形槽相似，也是采用 3 把刀分 3 步车出（图 6-35）。

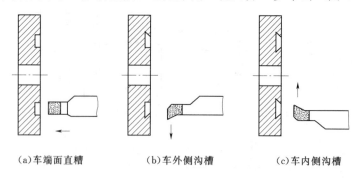

（a）车端面直槽 　　　　（b）车外侧沟槽 　　　　（c）车内侧沟槽

图 6-35 燕尾槽车刀与车削

4．端面沟槽的测量

端面沟槽可选用游标卡尺、游标深度尺、样板等量具检测。

四、操作训练

1．车内沟槽练习（图 6-36）

加工步骤如下：

（1）夹持外圆车端面，车外圆，并倒角 $1 \times 45°$。

（2）调头，夹外圆，车端面。

（3）车内孔 $\phi 42_0^{+0.1}$ mm 至要求尺寸。

（4）车内沟槽两条。

（5）孔口倒角 $0.5 \times 45°$。

（6）检查合格后卸下工件。

（7）按图 6-36 上要求依次练习几次。

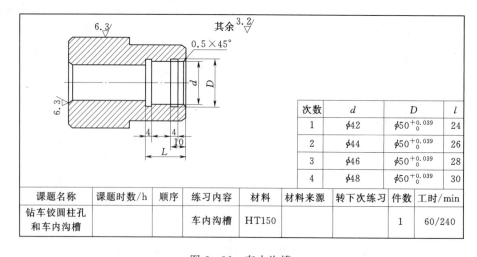

次数	d	D	l
1	$\phi 42$	$\phi 50_0^{+0.039}$	24
2	$\phi 44$	$\phi 50_0^{+0.039}$	26
3	$\phi 46$	$\phi 50_0^{+0.039}$	28
4	$\phi 48$	$\phi 50_0^{+0.039}$	30

课题名称	课题时数/h	顺序	练习内容	材料	材料来源	转下次练习	件数	工时/min
钻车铰圆柱孔和车内沟槽			车内沟槽	HT150			1	60/240

图 6-36 车内沟槽

2. V 带轮的车削（图 6－37）

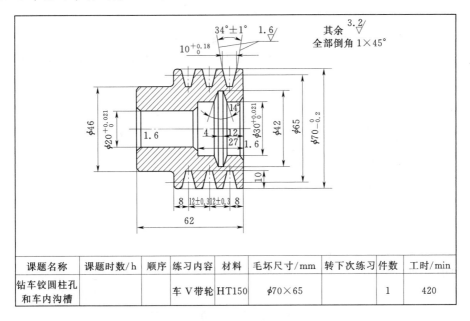

课题名称	课题时数/h	顺序	练习内容	材料	毛坯尺寸/mm	转下次练习	件数	工时/min
钻车铰圆柱孔和车内沟槽			车 V 带轮	HT150	$\phi70\times65$		1	420

图 6－37　V 带轮的车削

加工步骤如下：

（1）夹持外圆长 30m 左右，找正、夹紧。

（2）粗车端面及外圆 $\phi46$mm，至 $\phi47$mm，长 $\phi21$mm。

（3）调头，夹外圆 $\phi47$mm 处找正，夹紧。

（4）粗车端面，保证总长 63mm。

（5）粗车外圆至 $\phi70^{+0.1}_{0}$mm。

（6）钻通孔 $\phi18$mm，扩孔 $\phi29$mm，长 26mm。

（7）在 70mm 外圆上涂色划出 T 形槽中心线痕，并控制槽距端面留 5mm 精车余量。

（8）先后分别用宽 3.8m 的直槽车刀和成形车刀车 T 形沟槽至图样尺寸要求（3 条）。

（9）精车端面，保证总长 62.5mm，精车外圆 $70^{0}_{-0.2}$mm。

（10）精车内孔至尺寸 $\phi20^{+0.012}_{0}$mm 及 $\phi30^{+0.012}_{0}$mm，长 27mm 至尺寸要求。

（11）用成形内沟槽车刀一次车出内 T 形槽至图样要求，并内、外倒角 $1\times45°$。

（12）调头，垫铜皮夹持外圆 $\phi70$mm 处，精车端面保证总长 62mm，精车 $\phi46$mm 外圆，并控制左端台阶长 22mm。

（13）内外圆倒角 $1\times45°$。

3. 注意事项

（1）为了保证 V 带轮沟槽与轴孔同轴，车削时应先粗车端面、外圆和内孔后，车好 T 形槽，然后在不改变安装位置的情况下精车端面、外圆和内孔。

（2）车削 T 形槽通常可采用两种方法。

1）较大 T 形槽，一般先车直槽，然后再用成形刀修整。

2）较小 T 形槽，一般用成形刀一次车削成形。

（3）可借助样板刃磨 T 形槽成形刀，其两副切削刃应对称。装刀时，刀尖角应垂直于轴心线。

（4）左右借刀车 T 形槽时，应注意槽间距的位置偏差。

（5）V 带槽可借助样板通过工件中心平面，以透光法来检验，槽形角 φ 可用万能角度尺测量其半角误差。

第四节　套类零件的加工

套类零件是机械中精度要求较高的重要零件之一。套类零件主要加工表面是内孔、外圆和端面。这些表面不仅有形状精度、尺寸精度和表面粗糙度的要求，而且彼此间还有较高的位置精度要求。车削套类工件必须高度重视如何达到技术要求。因此，应选择合理的安装方法和车削工艺。

一、在一次安装中完成加工

在单件小批量车削套类工件生产中，可以在一次安装中尽可能把工件全部或大部分表面加工完成。这种方法不存在因安装而产生的定位误差，如果车床精度较高，可获得较高的形位精度。但采用这种方法车削时，需要经常转换刀架，尺寸较难掌握，切削用量也需要经常改变（图 6 - 38）。

对于数控车床，大多采用在一次安装中完成主要表面的加工，这样既可保证精度又可提高劳动生产率。

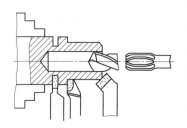

图 6 - 38　一次装夹加工工件

二、以外圆为基准保证位置精度

车床上以外圆为基准保证工件位置精度时，一般应用软卡爪装夹工件。软卡爪用未经淬火的 45 钢制成，这种卡爪是在本身车床上车削成形，因此可确保装夹精度。其次，当装夹已加工表面或软金属时，不易夹伤工件表面。

三、以内孔为基准保证位置精度

车削中、小型的轴套、带轮、齿轮等工件时，一般可用已加工好的内孔为定位基准，并根据内孔配置一根合适的心轴，再将装套工件的心轴支顶在车床上，精加工套类工件的外圆、端面等。常用的心轴有以下几种：

1. 实体心轴

实体心轴有不带阶台和带阶台的两种。不带阶台的实体心轴又称小锥度心轴，其锥度 $C=1:1000\sim1:5000$ ［图 6 - 39（a）］，这种心轴的特点是制造容易、定心精度高，但轴向无法定位，承受切削力小，装卸不太方便。带阶台的心轴［图 6 - 39（b）］，其配合圆柱面与工件孔保持较小的间隙配合，工件靠螺母压紧，常用来一次装夹多个工件。若装上快换垫圈装卸工件就更方便了，但其定心精度较低，只能保证 0.02mm 左右的同轴度。

2. 胀力心轴

胀力心轴依靠材料弹性变形所产生的胀力来固定工件，图 6 - 39（c）为装夹在机床主轴锥孔中的胀力心轴，胀力心轴的圆锥角最好为 30°左右，最薄部分壁厚 3～6mm。为了使胀力均匀，槽可做成 3 等分 [图 6-39（d）]。长期使用的胀力心轴可用 65Mn 弹簧钢制成。胀力心轴装卸方便，定心精度高，故应用广泛。

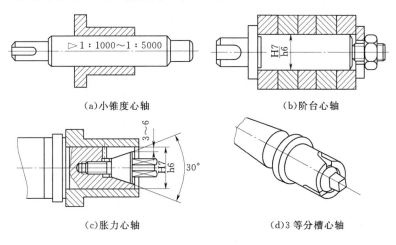

（a）小锥度心轴　　　　　　　　　（b）阶台心轴

（c）胀力心轴　　　　　　　　　（d）3 等分槽心轴

图 6-39　各种常用心轴

第五节　套类工件的测量

一、孔径尺寸的测量

测量孔径尺寸时，应根据工件的尺寸、数量及精度要求，采用相应的量具进行。如果精度要求较低，可采用钢直尺、游标卡尺测量。精度要求较高可采用以下几种方法测量：

（1）塞规。在成批生产中，为了测量方便，常用塞规测量孔径（图 6-40）。塞规由通端、止端和手柄组成。通端的尺寸等于孔的最小极限尺寸。止端的尺寸等于孔最大极限尺寸。为了明显区别通端与止端，塞规止端长度比通端长度要短一些。测量时，通端通过，而止端不能通过，说明尺寸合格。测量盲孔的塞规应在外圆上沿轴向开有排气槽。使用塞规时，应尽可能使塞规与被测工件的温度一致，不要在工件还未冷却到室温时就去测量。测量内孔时，不可硬塞强行通过，一般靠塞规自身重力自由通过，测量时塞规轴线应

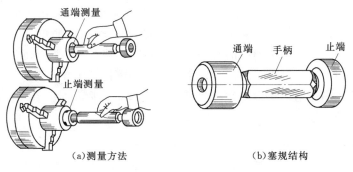

（a）测量方法　　　　　　　　　（b）塞规结构

图 6-40　塞规及其使用

与孔轴线一致，不可歪斜。

（2）内径千分尺。用内径千分尺可测量孔径。内径千分尺外形如图 6-41 所示，由测微头和各种尺寸的接长杆组成。其测量范围为 50～1500mm，其分度值为 0.01mm。每根接长杆上都注有公称尺寸和编号，可按需要选用。

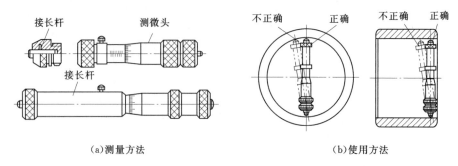

（a）测量方法　　　　　　　　　　　　（b）使用方法

图 6-41　内径千分尺及使用方法

内径千分尺的读数方法和外径千分尺相同，但由于内径千分尺无测力装置，因此测量误差较大。

（3）内测千分尺。内测千分尺是内径千分尺的一种特殊形式，使用方法如图 6-42 所示。这种千分尺的刻线方向与外径千分尺相反，当顺时针旋转微分筒时，活动爪向右移动，测量值增大，可用于测量 5～30mm 的孔径。使用方法与使用游标卡尺的内外量爪测量内径尺寸的方法相同。分度值为 0.01mm。由于结构设计方面的原因，其测量精度低于其他类型的千分尺。

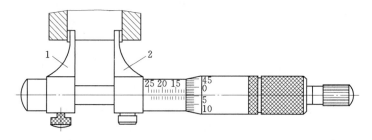

图 6-42　内测千分尺及其使用

1—固定爪；2—活动爪

（4）内径百分表。内径百分表（图 6-43），是将百分表装夹在测架上，触头又称活动测量头，通过摆动块、杆，将测量值 1:1 地传递给百分表。测量头可根据孔径大小更换。为了能使触头自动位于被测孔的直径位置，在其旁装有定心器。测量前，应使百分表对准零位。测量时，为得到准确的尺寸，活动测量头应在径向方向摆动并找出最大值，在轴向方向摆动找出最小值，这两个重合尺寸就是孔径的实际尺寸（图 6-44）。内径百分表主要用于测量精度要求较高且又较深的孔。

二、形状误差的测量

在车床上加工圆柱孔时，其形状精度一般只测量圆度和圆柱度误差。

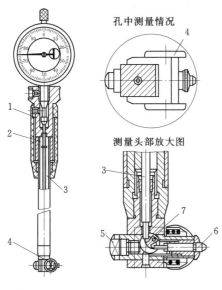

图 6-43 内径百分表

1—测架；2—弹簧；3—杆；4—定心器；

5—测量头；6—触头；7—摆动块

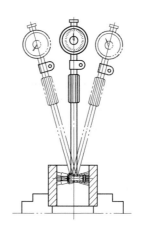

图 6-44 内径百分表的测量方法

1. 孔的圆度误差测量

孔的圆度误差可用内径百分表或内径千分表测量。测量前应先用环规或外径千分尺将内径百分表调到零位，将测量头放入孔内，在各个方向上测量，在测量截面内取最大值与最小值之差的一半即为单个截面上的圆度误差。按上述方法测量若干个截面，取其中最大的误差作为该圆柱孔的圆度误差。

2. 孔的圆柱度误差测量

孔的圆柱度误差可用内径百分表在孔的全长上前、中、后各测量几个截面。比较各个截面测量出的最大值与最小值，然后取其最大值与最小值误差的一半为孔全长的圆柱度误差。

三、位置误差的测量

套类工件位置精度要求有径向圆跳动、轴向圆跳动、端面圆跳动、端面对轴线的垂直度及同轴度等。

1. 径向圆跳动的测量

一般的套类工件用内孔作为测量基准，把工件套在精度很高的心轴上，再将心轴安装在两顶尖之间，用百分表检测工件外圆柱面，如图 6-45 所示。在工件上转一周后百分表所得的最大读数差即为该测量面上径向圆跳动误差，取各截面上测量的跳动量中最大值，就为该工件的径向圆跳动误差。

2. 轴向圆跳动的测量

对外形简单而内部形状复杂的套类工件［图 6-46

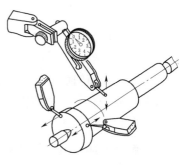

图 6-45 用百分表测量圆跳动

103

（a）]，不便装在心轴上测量径向圆跳动时，可以把工件放在 V 形架上并轴向限位 [图 6-46（b）]，工件以外圆作为测量基准。测量时，用杠杆式百分表的测头与工件内孔表面接触，工件转一周，百分表的最大读数差就是工件的轴向圆跳动误差。

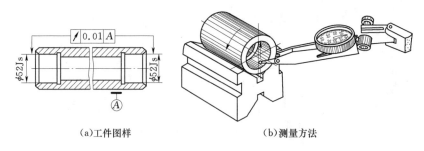

（a）工件图样　　　　　　　　　　　（b）测量方法

图 6-46　工件放在 V 形架上检测径向圆跳动

3. 端面圆跳动的测量方法

套类工件端面圆跳动的测量方法如图 6-45 所示，将杠杆式百分表的测量头靠在所需测量的端面上，工件转一周百分表的最大读数即为该直径测量面上的端面圆跳动，按上述方法在若干个直径处进行测量，其跳动量最大值为该工件的端面圆跳动误差。

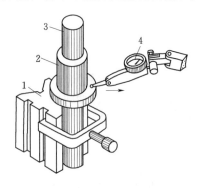

图 6-47　工件端面垂直度的检测
1—V 形架；2—工件；3—小锥度
心轴；4—杠杆式百分表

4. 端面对轴线垂直度的测量

如前所述，端面圆跳动与端面对轴线的垂直度是两个不同的概念，不能简单地用端面圆跳动来评定端面对轴线的垂直度。因此，测量端面垂直度时，首先要测量端面圆跳动是否合格，如合格，再测量端面对轴线的垂直度。对于精度要求较低的工件可用刀口直尺或游标卡尺尺身侧面透光检查。对精度要求较高的工件，当端面圆跳动合格后，再把工件安装在 V 形架的小锥度心轴上，并一同放在精度很高的平板上，测量时，将杠杆式百分表的测量头从端面的最内一点沿径向向外拉出（图 6-47），百分表指示的读数差就是端面对内孔轴线的垂直度误差。

第六节　套类零件车削工艺分析及综合训练

一、套类零件结构特征

套类零件一般由外圆、内孔、端面、阶台和内外沟槽等表面组成。其主要特点是内外圆柱面和相关端面间的形状、位置精度要求较高。通常内孔与转轴配合，起支撑或导向作用；外圆一般是套类零件的支撑定位表面，常以过盈或过渡配合与箱体或机架上的孔配合。使用时，主要承受径向力，有时也承受轴向力。

二、套类零件车削工艺分析

车削各种轴承套、齿轮、带轮等套类工件的工艺方案虽然各异，但也有一些共性可供遵循，现简要说明如下：

（1）在车削短而小的套类工件时，为了保证内、外圆的同轴度，最好在一次装夹中把内孔、外圆及端面都加工完毕。

（2）内沟槽应在半精车之后精车之前加工，还应注意内孔精车余量对槽深的影响。

（3）车削精度要求较高的孔可考虑下列两种方案：

1）粗车端面→钻孔→粗车孔→半精车孔→精车端面→铰孔。

2）粗车端面→钻孔→粗车孔→半精车孔→精车端面→磨孔。

（4）加工平底孔时，先用钻头钻孔，再用平底钻锪平，最后用盲孔车刀精车。

（5）如果工件以内孔定位车外圆，在内孔精车后，应该将端面也精车一刀，以保证端面与内孔的垂直度要求。

三、车削套类工件的综合训练

加工图 6-48 所示的轴承套，每批数量为 200 件，尺寸精度和形位公差要求均较高，工件数量较多，因此在确定加工步骤时应特别注意。

1. 轴承套的车削工艺分析

（1）轴承套的车削工艺方案很多，可以是单件加工，也可以多件加工。单件加工生产效率较低，原材料浪费较多，每件都要切去用于工件装夹的余料。因此，这里仅介绍多件加工的车削工艺。

（2）轴承套材料为 ZQSn6-6-3，两处外圆直径相差不大，毛坯选用棒料，采用 6～8 件同时加工较为合适。

（3）为保证内孔 ϕ22H7 的加工质量，提高生产效率，内孔精加工以铰削最为合适。

（4）外圆对内孔轴线的径向圆跳动为 0.01mm，用软卡爪无法保证。此外，还有 ϕ42mm 右端面对内孔轴线垂直度允差为 0.03mm。因此，精车外圆以及

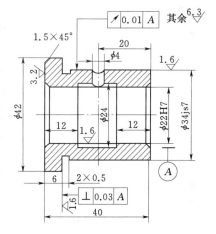

图 6-48　轴承套

车削 ϕ42mm 的右端面时，应以内孔为定位基准套在小锥度心轴上，用两顶尖安装才能保证这两项位置精度。

（5）内沟槽应在 ϕ22H7 孔精加工之前完成，外沟槽应在 ϕ34js7 外圆柱面精车之前完成，都是为了保证这些精加工表面的精度。

2. 具体加工步骤（表 6-2）

（1）切断位置应尽可能靠近卡盘；否则容易引起振动或使工件抬起压断刀具。

（2）采用一夹一顶装夹工件切断时，不要完全切断，待卸下工件后再敲断。

（3）切断时不能用双顶尖装夹工件。

3. 切槽的方法

车削宽度不大的沟槽，可用刀头宽度等于槽宽的切槽刀一次直接车出。车较宽的沟槽时，应分几次吃刀来完成，即先把槽的大部分余量切去，在槽的两侧和底部留出精车余量，最后进行精车。

表 6-2   轴承套机械加工工艺卡片

××厂	机械加工工艺卡	产品名称		图号	
		零件名称	轴承套	共1页	第1页
材料种类	棒料	材料成分	ZQSn6-6-3	毛坯尺寸	$\phi46mm\times326mm$

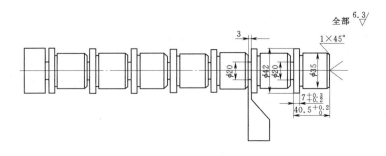

四、切断和切槽时常见的问题

切断、切槽时，常见的问题有刀头折断和振动。

1. 切断刀折断的原因

（1）刀具的角度刃磨不正确，尤其是副偏角和副后角磨得太大或卷屑槽磨得过深，都会削弱刀头的强度，容易使刀具折断；其次是刀头磨得歪斜，也会使切断刀折断。

（2）安装时刀具与工件轴线不垂直，并且没有对准工件旋转中心。

（3）进给量太大。

（4）刀具前角太大或中拖板松动，容易扎刀。

2. 振动产生的原因

（1）刀具前角过小，使排屑阻力增大。

（2）主切削刃宽度过大，使切削力增大。

（3）主轴、中拖板和小拖板的运动间隙过大。

在车床上加工圆柱孔常见问题及处理方法见表 6-3。

表 6-3   在车床上加工圆柱孔常见问题及处理方法

常见问题	主 要 原 因	消 除 方 法
孔径尺寸 不对	（1）吃刀深度掌握不准确。 （2）刀杆让刀。 （3）机床主轴径向振动过大	（1）试切准确后，再镗孔至全长尺寸。 （2）改用较粗的刀杆，减少精镗时的吃刀深度和走刀量。 （3）调整机床主轴轴承间隙，找正全轴径向振动，使其控制在允差之内
车出的孔 有椭圆度	（1）工件加工余量或材料组织不均匀。 （2）机床主轴轴承的椭圆度过大。 （3）工件装夹过紧产生变形	（1）增加半精车，使精车余量尽量减少和均匀。 （2）修理机床主轴轴承，使其恢复精度。 （3）在精车前稍微放松一下卡爪，使变形了的工件恢复原状后再精车

续表

常见问题	主要原因	消除方法
车出的孔有锥度	(1) 车刀杆比较细长,在镗较深的孔时,由于刀具逐渐磨损,切削刀逐渐增大,让刀现象增加,因此出现锥度。 (2) 车床导轨与主轴中心线不平行	(1) 在允许范围内,适当增大刀杆的径向尺寸或者适当减小精镗的加工余量。 (2) 降低切削速度,减小走刀量,以减少车刀的磨损。 (3) 改变刀具角度,改善切削条件。 (4) 修理机床,调整机床导轨与主轴中心线的平行
孔壁母线出现弯曲度	(1) 机床导轨磨损,使车进给运动轨迹是曲线。 (2) 车刀刀杆总伸长度大,由于自重等影响,车刀在进给中产生不规则变形	(1) 修磨机床导轨,恢复精度。 (2) 适当提高车刀杆的刚性。 (3) 调整刀架间隙,尽量消除刀杆自重变形的影响。 (4) 适当减少精车余量
车出的孔粗糙度不好	(1) 车刀刃口用钝。 (2) 车刀角度选择不当或刀面刃磨粗糙度较差。 (3) 切削用量选择不当,容易产生切屑瘤现象,使孔表面出现痕迹。 (4) 车刀杆太细太长,因而刚性不好而产生振动	(1) 重新刃磨车刀。 (2) 合理选择刀具角度,提高刀面刃磨粗糙度。 (3) 合理选择切削用量,正确使用切削液。 (4) 适当加粗刀杆,提高刀杆刚性
钻孔偏斜	(1) 工件端面不平或与轴线不垂直。 (2) 尾座不同轴,产生偏移。 (3) 钻头刚度不够,初钻进给量过大。 (4) 工件内部有缩孔、砂眼、夹渣等	(1) 钻孔前必须车平端面,不能留有中心凸头。 (2) 调整尾座,使其与主轴同轴。 (3) 选用较短钻头钻导向孔,初钻时宜采用高速小进给量或用挡块支顶,防止钻头摆动。 (4) 降低主轴转速,减少进给量
钻孔直径过大	(1) 钻头直径选择错误。 (2) 钻头切削刃不对称。 (3) 钻头未对准工件中心。 (4) 钻头摆动	(1) 检查钻头直径。 (2) 重新刃磨,保证切削刃对称,横刃中心必须通过钻头轴线。 (3) 调整尾座,检查钻头是否弯曲,钻夹头和钻套是否正确。 (4) 初钻时用挡块支顶钻头头部,防止晃动,并保证锥柄配合良好

小　结

　　本章主要介绍钻孔和扩孔的理论知识和操作方法,麻花钻研磨和修磨的基本方法,怎样加工内槽及端面槽,套类零件的测量,工件的形状误差及位置误差等知识。学习之后:①根据孔轴的配合情况了解扩孔的意义;②特别要了解通孔车刀与阶台孔、盲孔车刀的作用和使用方法;③了解在加工内槽端面沟槽时的刀具分析,注意车孔刀的各角度位置;④套类零件的测量等。

思 考 题

1. 麻花钻由哪几个部分组成？

2. 麻花钻的顶角通常为多少度？怎样根据刀刃形状来判别顶角大小？

3. 如何刃磨麻花钻？刃磨时要注意哪些问题？

4. 为什么要对普通麻花钻进修磨？一般修磨方法有哪几种？

5. 车孔的关键技术是什么？怎样改善车孔刀的刚性？

6. 通孔车刀与不通孔车刀有什么区别？

7. 车盲孔时，用来控制孔深的方法有几种？

8. 怎样保证套类工件外圆的同轴度和端面与孔轴线的垂直度？

9. 常用的心轴有哪几种？各用在什么场合？

10. 怎样确定铰削余量？各用在什么场合？

11. 利用内径百分表（千分表）检测内孔时，要注意什么问题？

12. 怎样控制内沟槽的尺寸？

习 题

一、填空题

1. 针对麻花钻的特点，可进行双重刃磨、开分屑槽、修磨横刃、_____面和棱边的刃磨。

2. 镗孔的关键技术是解决镗刀的刚性和_____问题。

3. 镗孔的关键技术是解决镗刀的_____和冷却排屑问题。

二、选择题

1. 体现定位基准的表面称为（   ）。

A. 定位面 B. 定位基锥面 C. 基准面 D. 夹具体

2. 镗削加工适于加工（   ）类零件。

A. 轴 B. 套 C. 箱体 D. 机座

3. 工件长度与孔径之比（   ）8 倍时称为深孔。

A. 小于 B. 大于 C. 等于 D. 小于等于

4. 公差带的位置由（   ）决定。

A. 基本偏差 B. 标准公差 C. 极限公差 D. 设计公差

5. 车台阶轴或镗不通孔时，主偏角应取（   ）。

A. $\kappa_r = 45°$ B. $\kappa_r = 80°$ C. $\kappa_r \geqslant 90°$ D. $\kappa_r = 30°$

三、判断题

（   ）深孔加工主要的关键技术是深孔钻的刚性和冷却排屑问题。

第七章　车　圆　锥

圆锥面在机床与刀具的结合中应用广泛。例如，车床主轴孔与顶针的结合；车床尾座锥孔与麻花钻锥柄的结合；磨床主轴与砂轮法兰的结合；铣床主轴孔与刀杆锥体的结合等。圆锥面结合之所以应用这样广泛，主要有以下两个原因：

（1）当圆锥面的锥角较小（在 3°以下）时，圆锥面结合可传递很大的扭矩。

（2）圆锥面结合同轴度较高，装拆方便，而且虽然经过多次装拆，仍能保证精确的定心作用。

一、常用的标准圆锥

为了使用方便和降低生产成本，常用的工具、刀具圆锥都已标准化。也就是说，圆锥的各部分尺寸，按照规定的几个号码来制造，使用时只要号码相同，就能紧密配合和互换。标准圆锥已在国际上通用，即不论哪一个国家生产的机床或工具，只要符合标准圆锥都能达到互换性要求。

常用的标准圆锥有以下两种：

（1）莫氏圆锥。莫氏圆锥是机器制造业中应用最广泛的一种，如车床主轴锥孔、尾座锥孔、顶尖、钻头柄、铰刀柄等都是用莫氏圆锥。莫氏圆锥分为 0、1、2、3、4、5、6 共 7 个码，锥度最小的是 0 号，最大的是 6 号。莫氏圆锥是从英制换算而来的，码数不同，其圆锥角和尺寸也不同。

（2）公制圆锥。公制圆锥分为 4、6、80、100、120、140、160、200 共 8 个号码。其号码是指圆锥的大端直径，锥度固定不变，即 $C = 1 : 20$。

二、圆锥各部分名称及计算

（1）圆锥各部分名称如图 7-1 所示。其中：

D——大端直径，mm；

d——小端直径，mm；

$\alpha/2$——圆锥斜角，（°）；

α——圆锥角，（°）；

L_0——圆锥全长，mm；

C——锥度；

L——圆锥的锥形部分长度，mm。

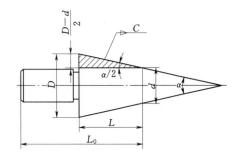

图 7-1　圆锥各部分名称

圆锥有 4 个基本参数，即圆锥斜角（$\alpha/2$）或锥度（C）；圆锥的大端直径（D）；圆锥的小端直径（d）；圆锥的锥形部分长度（L）。只要知道任意 3 个量，其他一个未知量就可以求出。

（2）圆锥各部分尺寸的计算见表 7-1。

表 7-1　　　　　　　　　　　　　　　　圆锥尺寸的计算

名　称	计　算　公　式
圆锥斜度（$\alpha/2$） 近似公式（$\alpha/2 < 6°$时）	$\tan\alpha = (D-d)/2L = C/2$ $\alpha \approx 28.7°(D-d)/L \approx 28.7°\times C$
锥度（C）	$C = (D-d)/L$
大端直径（D）	$D = d + 2L\tan(\alpha/2) = d + CL$
小端直径（d）	$d = D - 2L\tan(\alpha/2) = D - CL$
圆锥长度（L）	$L = (D-d)/2\tan(\alpha/2) = (D-d)/C$

圆锥类型示意图如图 7-2 所示。

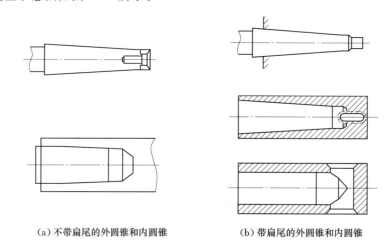

（a）不带扁尾的外圆锥和内圆锥　　　　（b）带扁尾的外圆锥和内圆锥

图 7-2　圆锥类型示意图

三、圆锥的车削方法

1. 转动小拖板法

如图 7-3 所示，车削时，把小拖板按工件圆锥半角的要求转动相应的角度，使车刀的运动轨迹与所需要车削的圆锥素线平行即可。这种方法操作简单，调整范围大，可车各种角度的圆锥体或圆锥孔，适用范围广；但只能手动进刀，劳动强度较大，表面粗糙度较难控制。另外，因受小拖板的行程限制，只能车削长度较短的圆锥。

（1）转动小拖板法车外锥面的方法和步骤。

1）装夹工件和车刀。工件旋转中心必须与主轴旋转中心重合；车刀刀尖必须严格对准工件的旋转中心；否则车出的圆锥素线将不是直线，而是双曲线。

2）确定小拖板转动角度。根据工件图样选择相应的公式计算出圆锥半角 $\alpha/2$ 即是小拖板应转动的角度。

3）转动小拖板。用扳手将小拖板下面转盘螺母松开，把转盘转至需要的圆锥半角 $\alpha/2$，当刻度与基准线对齐后将转盘螺母锁紧。圆锥半角 $\alpha/2$ 的值通常不是整数，其小数部分用目测估计，大致对准后再通过试车逐步找正。小拖板转动的角度值可以大于计算值 $10' \sim 20'$，但不能小于计算值，角度偏小会使圆锥素线车长而难以修正圆锥长度尺寸，如

图 7-3 所示，其中图 7-3 （a） 所示为转动角度等于圆锥半角 α/2 的情况，图 7-3 （b）所示为大于圆锥半角 α/2 的情况，图 7-3 （c） 所示为小于圆锥半角 α/2 的情况。

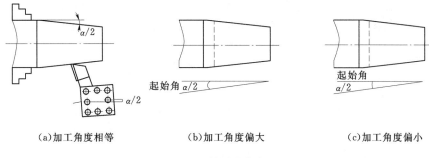

（a）加工角度相等　　　　（b）加工角度偏大　　　　（c）加工角度偏小

图 7-3　转动小拖板法

车削常用标准工具的圆锥和专用的标准圆锥时，小拖板转动角度可参考表 7-2。

车正外圆锥面（工件大端靠近主轴，小端靠近尾座方向）时，小拖板应逆时针方向转动一个圆锥半角 α/2；反之则应顺时针方向转动一个圆锥半角 α/2。

表 7-2　　　　　　车削标准和常用锥度时小刀架和靠模板转动角度表

名　称		锥度比例	小刀架及靠模板转动角度 （圆锥半角）	锥度比例	小刀架及靠模板转动角度 （圆锥半角）
莫氏	0	1：19.212	1°29′27″	1：200	0°08′36″
	1	1：20.047	1°25′43″	1：100	0°17′11″
	2	1：20.020	1°25′50″	1：50	0°34′23″
	3	1：19.922	1°26′16″	1：30	0°57′17″
	4	1：19.254	1°29′15″	1：20	0°25′56″
	5	1：19.002	1°30′26″	1：15	0°54′33″
	6	1：19.180	1°29′36″	1：12	2°23′09″
30°		1：1.866	15°	1：10	2°51′45″
45°		1：1.207	22°30′	1：8	3°34′35″
60°		1：0.866	30°	1：7	4°05′08″
75°		1：0.652	37°30′	1：5	5°42′38″
90°		1：0.5	45°	1：3	9°27′44″
120°		1：0.289	60°	7：24	8°17′46″

4）粗车外圆锥面。车外圆锥面与车外圆柱面一样，也要分粗、精车。通常先按圆锥大端直径和圆锥面长度车成圆柱体，然后再车圆锥面。车削前应调整好小拖板导轨与镶条间的配合间隙。如调得过紧，手动进给时费力，移动不均匀；调得过松，造成小拖板间隙太大，两者均会使车出的圆锥面表面粗糙度 R_a 值较大和工件素线不平直。此外，车削前还应根据工件圆锥面长度确定小拖板的行程长度。

粗车外圆锥面时，首先移动中、小拖板，使刀尖与轴端外圆面轻轻接触后，小拖板向后退出；中拖板刻度调至零位，作为粗车外圆锥面的起始位置。然后中拖板按刻度

图 7-4 双手交替转动
小滑板车圆锥

向前进切，调整吃刀量，开动车床，双手交替转动小拖板手柄，手动进给速度要保持均匀和不间断，如图7-4所示。在车削过程中，吃刀量会逐渐减小，当车至终端时，将中拖板退出，小拖板则快速后退复位。最后在中拖板原刻度指示位置上调整切削深度，反复粗车至工件能塞进套规约1/2时，检测圆锥角度。

5）找正圆锥角度。将圆锥套规轻轻地套在工件上，用手捏住套规左、右两端分别做上下摆动，如图7-5（a）所示，如果一端有间隙，就表明锥度不正确。图7-5（b）中大端有间隙，说明圆锥角太小；图7-5（c）中小端有间隙，说明圆锥角大了。此时可以松开转盘螺母（须防止扳手碰撞转盘，引起角度变化），按角度调整方向用铜棒轻轻敲动小拖板，使小拖板做微小转动，然后锁紧转盘螺母。角度调整好后，按中拖板刻度调整切削深度后车外圆锥面，当再次用套规检测，若左、右两端均不能摆动时，表明圆锥角基本正确，可用涂色法做精确检查。根据擦痕情况判断圆锥角大小，确定小拖板调整的方向和调整量，调整后再试车，直到圆锥角度找正为止。然后粗车圆锥面，留 0.5～1mm 精车余量。

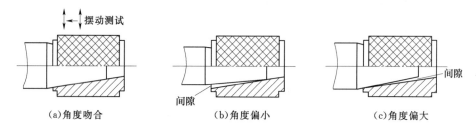

图 7-5 粗车后检验圆锥角度的方法

此外，也可以用样板或万能角度尺通过透光法来检验，找正工件圆锥角度。从而决定调整小拖板转动的角度，如此反复多次直至达到要求为止。

如果待加工的工件已有样件或标准塞规，可以采用百分表直接找正小拖板转动角度后加工，如图7-6所示。先将样板件或塞规装夹在两顶尖之间，把小拖板转动一个所需的

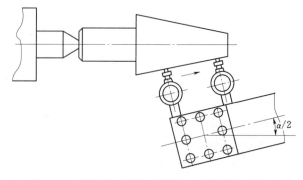

图 7-6 用样件或标准塞规校正小滑板转动角度

圆锥半角 $\alpha/2$；然后在刀架上安装一只百分表，并使百分表的测头垂直接触样件（必须对准加工工件中心）。若摆动为零，则锥度已经找正；否则需继续调整小拖板转动角度，直至百分表指针摆动为零为止。

6）精车外圆锥面。因锥度已经找正，精车外圆锥面主要是提高工件的表面质量、控制圆锥面尺寸精度，因此精车外圆锥面时，车刀必须锋利、耐磨，按精加工要求选择好切削用量。首先用钢尺或游标卡尺测量出工件端面至套规过端界限面的距离 a（图 7-7），用计算法计算出切削深度 a_p，即

$$a_p = a\tan\frac{\alpha}{2} \text{ 或 } a_p = a \cdot \frac{c}{2} \qquad (7-1)$$

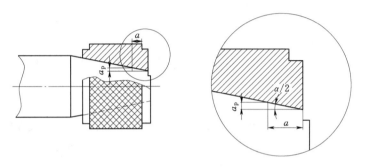

图 7-7 车外圆锥控制尺寸的方法

然后移动中、小拖板，使刀尖轻触工件圆锥小端外表面后退出，中拖板按 a_p 值进切，小拖板手动进给车圆锥面至尺寸，如图 7-8 所示。

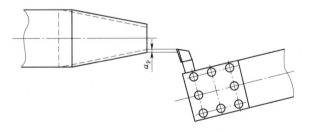

图 7-8 计算法车圆锥尺寸

此外，也可以利用移动大拖板法确定切削深度 a_p，即根据量出长度 a［图 7-9（a）］，使车刀接触工件小端端面，移动小拖板，使车刀沿轴向离升工件端面一个 a 值距离［图 7-9（b）］，然后移动大拖板使车刀同工件小端端面接触［图 7-9（c）］，此时虽然没有移动中拖板，但车刀已经切入了一个所需的深度。

（2）转动小拖板法车外圆锥面的特点。

1）因受小拖板行程限制，只能加工圆锥角较大但锥面不长的工件。

2）应用范围广，操作简便。

3）同一工件上加工不同角度的圆锥时调整较方便。

4）只能手动进给，劳动强度大，表面粗糙度较难控制。

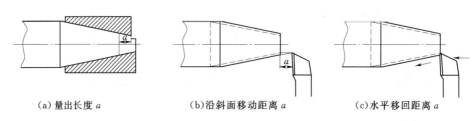

（a）量出长度 a   （b）沿斜面移动距离 a   （c）水平移回距离 a

图 7 - 9　移动床鞍法控制锥体尺寸

（3）转动小拖板法车外圆锥面的注意事项。

1）车刀刀尖必须严格对准工件旋转中心，避免产生双曲线误差。

2）车圆锥前所加工的圆柱直径应按圆锥大端直径放余量 1mm 左右。

用圆锥套规检查时，套规和工件表面均用绢绸擦干净；工件表面粗糙度 R_a 必须小于 $3.2\mu m$，并应去毛刺；涂色要薄而均匀，转动量应在半圈以内，不可来回旋转。

3）车削过程中，锥度一定要严格，精确地计算、调整；长度尺寸必须严格控制。

4）车刀刀刃要始终保持锋利，工件表面应用一刀车出。

2. 偏移尾座法

如图 7 - 10 所示，将工件装在两顶尖之间，把尾座横向移动一小段距离 S，使工件回转轴线与车床主轴轴线相交成一个角度，其大小等于锥体的圆锥斜角 $\alpha/2$。它适用于锥体较长，锥度较小，且精度要求不高的圆锥体。

尾座偏移量 S 的近似计算式为

$$S=\frac{(D-d)L_0}{2L} \text{ 或 } S=\frac{CL_0}{2}$$

式中 C 为圆锥锥度比值。

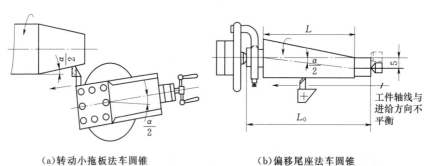

（a）转动小拖板法车圆锥   （b）偏移尾座法车圆锥

图 7 - 10　车外圆锥面的方法

3. 圆锥的各部分尺寸计算

在圆锥的 4 个参数中，只要知道其中任意 3 个数，其他一个未知数即能求出。

（1）圆锥半角 $\alpha/2$ 与其他 3 个参数的关系。在图样上一般都标注 D、d、L。但在车圆锥时，往往需要转动小滑板来调刀架角度，所以必须计算出圆锥半角 $\alpha/2$。圆锥半角可按下面公式计算（图 7 - 1），即

$$\tan\alpha=\frac{BC}{AC} \quad BC=\frac{D-d}{2} \quad AC=L$$

$$\tan\alpha=\frac{D-d}{2L}$$

其他 3 个参数与圆锥半角 $\alpha/2$ 的关系为

$$D=d+2L\tan\alpha$$

$$d=D-2L\tan(\alpha/2)$$

$$L=D-d/2\tan(\alpha/2)$$

应用上述公式计算圆锥半角时，必须查三角函数表。当圆锥半角 $\alpha/2<6°$ 时，可用下列公式近似计算：

$$\alpha/2\approx28.7°\times[(D-d)/L]$$

$$\alpha/2\approx28.7°\times C$$

（2）锥度与其他 3 个参数的关系。有配合要求的圆锥，一般标准锥度根据公式进行计算，即

$$C=(D-d)/L$$

D、d、L 3 个量与 C 的关系为：

$$D=d+CL$$

$$d=D-CL$$

$$L=(D-d)/C$$

锥半角 $\alpha/2$ 与圆锥锥度 C 的关系为

$$\tan(\alpha/2)=C/2$$

$$C=2\tan(\alpha/2)$$

例 7 - 1 车一圆锥，大头直径 80mm，小头直径 70mm，圆锥长 100mm，求小拖板转动多少？

解
$$\tan\alpha=\frac{D-d}{2L}=\frac{80-70}{2\times100}=0.05$$

查三角函数表得 $\alpha=2°52'$

答：小拖板转动 $2°52'$。

例 7 - 2 一圆锥大头直径为 60mm，小头直径为 40mm，圆锥半角为 $5°44'$，求圆锥长。

解
$$\tan\alpha=\frac{D-d}{2L}$$

$$L=\frac{D-d}{2\tan\alpha}=\frac{60-40}{2\tan\alpha}=\frac{60-40}{2\times0.1004}=100(\text{mm})$$

例 7 - 3 圆锥大头直径为 100mm，圆锥长为 400mm，圆锥半角为 $2°$，求小头直径。

解
$$\tan\alpha=\frac{D-d}{2L}$$

$$d=D-2L\tan\alpha=100-2\times400\tan2°=100-2\times400\times0.0349-72.08(\text{mm})$$

例 7 - 4 圆锥小头直径为 72.08mm，圆锥半角为 2°，圆锥长为 400mm，求大头直径。

解
$$\tan\alpha=\frac{D-d}{2L}$$

$$D=2L\tan\alpha+d=2\times400\times0.049+72.08=100(\text{mm})$$

（3）宽刃车削法。在车削较短的圆锥时，可以用宽刃车刀直接车出。宽刃车削法，实质上是成形法。因此，用宽刃车刀车圆锥时，刀刃必须平直，刀刃与主轴轴线的夹角应等于工件的圆锥斜角，如图 7 - 11 所示。采用宽刃车削圆锥，要求车床具有很好的刚性；否则容易引起振动。

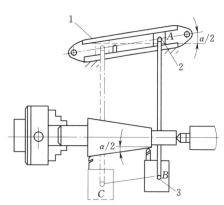

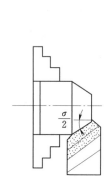

图 7 - 11 宽刃车刀车削圆锥

图 7 - 12 靠模法车削圆锥
1—靠模板；2—滑块；3—刀架

（4）靠模法。靠模法（也称仿形法）适用于圆锥零件的成批加工，其基本原理如图 7 - 12所示。在车床床身后面安装一块固定靠模板，其斜角可根据工件的圆锥斜角进行调整。刀架通过中拖板与滑块刚性连接。当大拖板带动刀具纵向进给时，滑块沿着固定靠模板中的斜面移动，并带动车刀做平行于靠模的斜面移动，即 $BC/\!/AD$。依照这样的方法即可车出圆锥。用靠模法车圆锥的优点是调整锥度既方便又准确，且可自动进刀，所以锥面质量高，可机动进给车削内、外圆锥。但靠模装置的角度调节范围较小，一般在 12°以下。

四、圆锥的检验

（一）角度和锥度的检验

1．用万能游标量角器检测

用万能游标量角器检测时的测量精度不高，只适用于单件小批生产。测量时应根据工件角度的大小，选用不同的测量装置。

2．用角度样板检验

在成批和大量生产时，可采用专用的角度样板来测量工件（图 7 - 13）。在测量时，要注意样板通过中心。

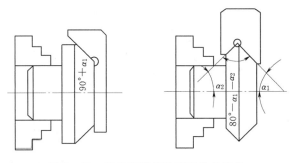

图 7－13　用角度样板检测圆锥的锥角

3. 用圆锥量规检验

当工件是标准圆锥或配合精度要求较高时，可用标准塞规或套规来检验。图 7－14 是莫氏锥度量规的外形。

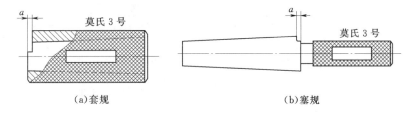

（a）套规　　　　　　　　　　（b）塞规

图 7－14　圆锥量规

圆锥塞规检验内圆锥时，用显示剂先在塞规表面沿母线均匀涂 3 条线（相隔约 120°），然后把塞规放入内圆锥中转动半圈后取出，观察显示剂擦去的情况。如果显示剂擦去均匀，说明整个锥面接触良好，锥度正确。如果大端擦去而小端没有擦去，说明圆锥角小了；反之，则说明圆锥角大了。

（二）圆锥的尺寸检测

圆锥大小端直径可用圆锥量规来测量。圆锥量规除有一个精确的锥形表面外，在塞规和套规的端面上分别具有一个阶台或刻线。阶台或刻线之间的距离就是圆锥大小端直径的公差范围。

检验工件时，当工件的端面在量规阶台中才算合格（图 7－15）。

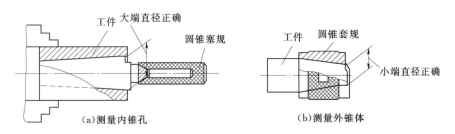

（a）测量内锥孔　　　　　　　　　（b）测量外锥体

图 7－15　用圆锥量规测量圆锥尺寸

五、车削圆锥面常见问题及处理方法

车削圆锥面常见问题及处理方法见表 7－3。

表 7 - 3 车削圆锥面常见问题及处理方法

常见问题	产生原因	处理方法
锥度不正确	（1）小刀架转角计算错误	（1）仔细计算小刀架应转角度和方向，并试车校正
	（2）小刀架移动时松紧不匀	（2）调整塞铁使小刀架移动均匀
	（3）尾座偏移不正确	（3）重新计算和调整尾座偏移量
	（4）工件长度不一致	（4）如工件数较多，各件长度应尽量一致
	（5）靠模角度调整不正确	（5）重新调整靠模角度
	（6）滑块与靠模板配合不良	（6）调整滑块与靠模板之间的间隙
	（7）用宽刃刀车削时，装刀不正确或者刀刃不直	（7）调整刀刃的安装角度和高低对准中心高，修磨刀刃口的直线度
大小端直径尺寸出错	没有经常测量大小端直径	经常测量大小端尺寸，并按计算尺寸控制切削深度
表面粗糙度差	（1）与车外圆时分析原因相同	（1）与车外圆时的处理方法相同
	（2）用转动小刀架方法车锥面时，由于手动进刀不均匀或刀架调整塞铁松动	（2）调整刀架、塞铁松紧并保持手动进刀均匀
	（3）用偏移尾座法车锥面时，中心孔接触不良	（3）使用圆头顶尖
双曲线误差	车刀刀尖没有对准工件轴心线	车刀刀尖必须严格对准工件轴心线

小 结

本章主要介绍内外锥面的车削加工方法，同时记录了常用的标准圆锥使用方法。学习之后：①如何使用标准化工具，明白互换性的概念；②多练习使用小拖板车锥面的同时，要认识、运用利用尾座车长锥表面，用样板刀车短锥面。

思 考 题

1. 什么叫锥度？写出其计算公式。

2. 车外圆锥面一般有哪几种方法？各适用于何种情况？

3. 用转动小滑板法车圆锥有什么优、缺点？

4. 用偏移尾座法车圆锥有什么优、缺点？偏移尾座主要有哪几种测量方法？

5. 怎样检测圆锥锥度的正确性？

6. 车圆锥时，装夹的车刀刀尖没有对准工件轴心线，对工件质量有什么影响？

7. 试述车圆锥体锥度不正确的原因及预防方法。

习 题

1. 车削圆锥工件通常用哪些方法？

2. 已知工件锥度为 1：10，小端直径 30mm，长度 $L = 60$mm，加工后实测 $L =$

55mm，大端直径是多少？若实测 $L=65$mm，大端直径是多少？

3. 车削 $K=1:5$ 的圆锥孔，用塞规测量时，L 的端面离锥度塞规台阶面为 4mm，问横向进刀多少才能使大端孔径合格？

4. 已知工件最小圆锥直径 $d=30$mm，工件长度 $L=60$mm，圆锥角度为 $2°51'52''$，求最大圆锥直径 D 是多少？

5. 车削锥度 $K=1:10$ 的圆锥体工件，车削后用量规检查时，工件端面距量规刻度为 5mm，计算所需进刀深度为多少？

第八章　成形面的加工和表面修饰

在机械零件中，由于设计和使用方面的需要，有些零件表面要加工成各种复杂的曲面形状，有些零件表面需要特别光亮，而有的零件某些表面需要增加摩擦阻力。对于上述不同的要求，可以在卧式车床上采取各种适当的工艺方法来满足。

第一节　车　成　形　面

有些机器零件表面的轴向剖面呈曲线形，如摇手柄、球手柄等。具有这些特征的表面叫成形面，也称特形面，如图 8-1 所示。

在车床上加工成形面时，应根据这些工件的表面特征、精度要求和批量大小采用不同的加工方法。

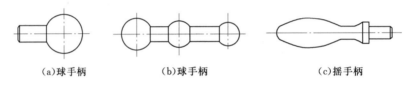

(a)球手柄　　　　　　(b)球手柄　　　　　　(c)摇手柄

图 8-1　成形面零件

一、双手控制法及技能训练

双手控制法车成形面是成形面车削的基本方法。

1. 基本原理

基本原理是用双手控制中、小滑板或者是控制中滑板与床鞍的合成运动，使刀尖的运动轨迹与零件表面素线（曲线）重合，以达到车成形面的目的。

在实际生产中，由于用双手控制中、小滑板合成运动的劳动强度大，而且操作也不方便，故不经常采用。常采用的是用右手操纵中滑板实现刀具的横向运动（应由外向内进给）；左手操纵床鞍实现刀尖的纵向运动（应由工件高处向低处进给），通过这两个方向运动的合成来车削成形面。

2. 车刀轨迹分析

双手控制法车成形面的车刀刀尖轨迹控制分析如图 8-2 所示。

车刀刀尖在各位置上的横向、纵向进给速度是不相同的，如图 8-2（a）所示。

车削 a 点时，中拖板横向进给速度 v_{ay} 要比溜板箱手轮纵向进给速度 v_{ax} 慢；车削 b 点时，中拖板溜板箱手轮的进给速度 v_{by} 与右进速度 v_{bx} 相等；车削 c 点时，中滑板进给速度 v_{cy} 要比溜板箱手轮右进速度 v_{cx} 快。

如此，须经过多次合成运动进给，才能使车刀刀尖逐渐逼近所要求的曲线。

此法操作的关键是双手配合要协调、熟练。此外，为使每次接刀过渡圆滑，应采用主切削刃［图 8-2（b）］为圆头的车刀。

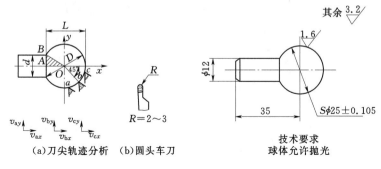

（a）刀尖轨迹分析　（b）圆头车刀

图 8-2　车刀刀尖轨迹分析

技术要求
球体允许抛光

图 8-3　单球手柄

3. 车削实例

（1）车单球手柄。车图 8-3 所示单球手柄时，可按下面步骤进行：

1）计算球状部分长度 L。L 可依下列公式计算。

在直角三角形 AOB 中［图 8-2（a）］

$$L=\frac{D}{2}+AO=\frac{D}{2}+\frac{1}{2}\sqrt{D^2-d^2}=\frac{1}{2}(D+\sqrt{D^2-d^2}) \qquad (8-1)$$

式中　L——球状部分长度，mm；

　　　D——圆球直径，mm；

　　　d——柄部直径，mm。

此例中，$L=\frac{1}{2}(25+\sqrt{25^2-12^2})=23.446(mm)$

2）以三爪自定心卡盘装夹毛坯一端（夹长 20mm），车端面及外圆 d 到尺寸 $d^{+0.5}_{0}$ mm，长 24mm［图 8-4（a）］。

3）调头夹 d 外圆，车毛坯另一头端面及外圆 D（留精车余量 0.2～0.3mm），并车准球状部分长度 L［图 8-4（a）］。

4）用 $R3mm$ 的圆头车刀从 a 点向左右方向（$a\rightarrow c$ 点及 $a\rightarrow b$ 点）逐步把余量车去而形成球头，并在 c 处用切断刀修清角［图 8-4（b）］。

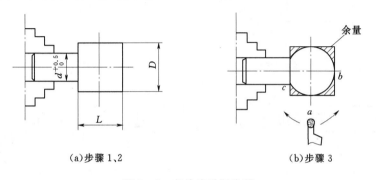

（a）步骤 1、2　　　　　　　　　（b）步骤 3

图 8-4　车单球手柄步骤

121

5) 修整。由于手动进给车削，工件表面往往留下高低不平的刀痕，因此必须用细板锉修光，再用 1 号或 0 号砂布并加机油进行表面抛光。

例 8 - 1　车削图 8-5 所示带锥柄的单球手柄，求球状部分的长度 L。

解　根据式（8-1）

$$L=\frac{1}{2}(D+\sqrt{D^2-d^2})=\frac{1}{2}(30+\sqrt{30^2-18^2})=27(\text{mm})$$

（2）车摇手柄。车图 8-6 所示摇手柄时，可按下面步骤进行：

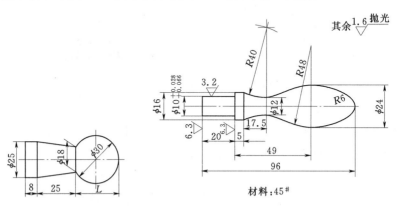

图 8-5　带锥柄的单球手柄　　　图 8-6　摇手柄零件图

1) 以三爪自定心卡盘夹外圆车端面、钻中心孔。工件伸出长度 120mm［图 8-7 (a)］。

2) 工件一夹一顶粗车外圆 ϕ24mm、长 100mm，ϕ16mm、长 45mm，ϕ10mm、长 20mm，各留精车余量 0.1～0.2mm，如图 8-7（a）所示。

3) 定出 R48mm 和 R40mm 的圆弧中心位置，尺寸为 49mm 与 17.5mm。用小圆头车刀车 ϕ12.5mm 的定位槽［图 8-7（b）、(d)］。

4) 从 ϕ16mm 外圆的右端面量起，长等于 5mm 处并在 ϕ12.5mm 定位槽处，左右方向车出 R40mm 圆弧面［图 8-7（c）］。

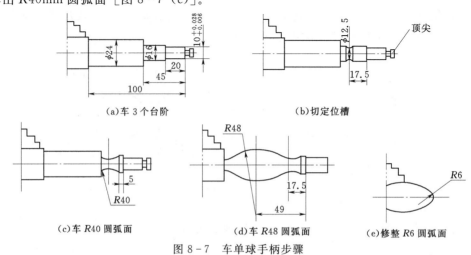

(a)车 3 个台阶　　　　　　　　　　　(b)切定位槽

(c)车 R40 圆弧面　　　　(d)车 R48 圆弧面　　　　(e)修整 R6 圆弧面

图 8-7　车单球手柄步骤

5）在 $R48mm$ 的圆弧中心处的 $\phi24mm$ 外圆上向左、右方向车出 $R48mm$ 圆弧面［图 8 - 7 （d）］。

6）精车 $\phi10^{+0.028}_{+0.006}mm$、长 20mm 至尺寸，并精车 16mm 外圆。

7）用专用样板检查手柄轮廓，并用车刀修整。

8）用细板锉、砂布修整抛光。

9）松去顶尖，用圆头车刀车 $R6mm$，并切下工件。

10）调头垫铜皮，夹 $\phi24mm$ 圆找正，用车刀或锉刀修整 $R6mm$，并用砂布抛光［图 8 - 7 （e）］。

4. 注意事项

用双手控制法车成形面，要求操作者具备较扎实的基本功和熟练的操作技巧。该法技术难度较大，常适用于加工单件或数量较少、精度不高的成形面工件。

在车削中应注意以下几个问题：

（1）此法操作关键是双手配合要协调、熟练。要求准确控制车刀切入深度，防止将工件局部车小。

（2）车削时需经多次合成进给运动，才能使车刀刀尖逐渐逼近图样所要求的曲面。

（3）装夹工件时，伸出长度应尽量短，以增强其刚性。若工件较长，可采用一夹一顶的方法装夹。

（4）车削曲面时，车刀最好从曲面高处向低处送进。为了增加工件刚性，先车离卡盘远的一段曲面，后车离卡盘近的曲面。

（5）用双手控制法车削复杂面时，应将整个型面分解成几个简单的型面逐一加工。同时应注意以下两点：

1）无论分解成多少个简单的型面，其测量基准都应保持一致，并与整体型面的基准重合。

2）对于既有直线又有圆弧的型面曲线，应先车直线部分，后车圆弧部分。

（6）锉削修整时，用力不能过猛，不准用无柄锉刀且应注意操作安全。

5. 成形面的检测

在车削成形面的过程中，要边车边检测。为了保证成形面的外形和尺寸的正确，可根据不同的精度要求选用样板、游标卡尺或千分尺等进行检测。

精度要求不高的成形面可用样板检测。检测时，样板中心应对准工件中心，并根据样板与工件之间的间隙大小来修整球面，最终使样板与工件曲面轮廓全部重合方可（图 8 - 8I）。

精度要求较高的成形面除用样板检测其外形外，还须应用游标卡尺或千分尺通过被检测表面的中心并多方位地进行测量，使其尺寸公差满足工件精度要求（图 8 - 8II）。

6. 技能训练

车削图 8 - 9 所示单球手柄，毛坯为 45 钢、$\phi45mm \times 105mm$ 的棒料。其加工步骤如下：

（1）根据公式。

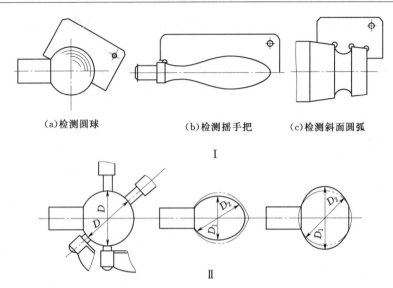

(a)检测圆球　　　　　(b)检测摇手把　　　　(c)检测斜面圆弧

Ⅰ

Ⅱ

图 8-8　检测成形面的方法

Ⅰ—用样板检测成形面；Ⅱ—用千分尺检测球面圆度

$$L = \frac{1}{2}(D + \sqrt{D^2 - d^2})\ 及\ D = 40\text{mm}$$

$d = 20$mm，计算出 L

$$L = \frac{1}{2}(40 + \sqrt{40^2 - 20^2}) = 37.3(\text{mm})$$

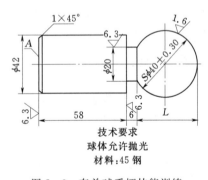

技术要求

球体允许抛光

材料:45 钢

图 8-9　车单球手柄技能训练

（2）三爪自定心卡盘夹紧工件一端，留长约 65mm。车端面 A、倒 $1 \times 45°$ 角，车外圆 ϕ42mm、长 65mm。

（3）调头夹 ϕ42mm 端头，留长约 60mm。车端面及外圆至 ϕ41mm、长 44mm。

（4）保证 42mm 外圆柱面的长度 ϕ58mm，车槽 ϕ20mm、长 5.5mm，L 的长度大于 37.3mm。

（5）用圆头刀按图 8-4（b）所示方法粗、精车球面，并用锉刀或砂布抛光修整至要求尺寸。

二、成形法及技能训练

用成形刀具对工件进行加工的方法叫成形面成形法。成形法适于加工数量较多、成形面轴向尺寸不长且不很复杂的工件。切削刃的形状与工件成形表面轮廓形状相同的车刀叫做成形刀，又称样板刀。

1. 成形刀的种类

（1）整体式普通成形刀。这种成形刀与普通车刀相似。其特点是将切削刃磨成和成形面表面轮廓相同的曲线形状，如图 8-10 所示。由于成形面的精度主要由成形刀来保证，所以对车削精度要求不高的成形面，其切削刃可用手工刃磨；而车削精度要求较高的成形面，则切削刃应在工具磨床上刃磨。

 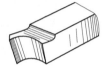

图 8 - 10 整体式普通成形刀

（2）棱形成形刀。如图 8 - 11 （a）所示，这种成形刀由刀体和刀柄两部分组成。刀体的切削刃按工件形状在工具磨床上磨出。刀体后部的燕尾块装夹在弹性刀柄的燕尾槽中，并用螺钉紧固。刀体前刀面上磨出前角为 $\gamma_p + a_p$ ［图 8 - 11 （b）］。刀柄上的燕尾槽做成角度为 α_p 的倾斜面。这样刀体装好后就能保证前角 γ_p 和后角 α_p 不变化 ［图 8 - 11 （c）］。

成形刀磨损后，只需刃磨前刀面，并将刀体稍稍向上调，直至刀体用至无法夹持为止。这种成形刀精度高，使用寿命长，但制造比较复杂。

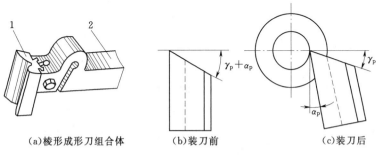

（a）棱形成形刀组合体　　　（b）装刀前　　　　　（c）装刀后

图 8 - 11 棱形成形刀及其前、后角
1—刀体；2—刀柄

2. 车削方法

车削时，为了保持成形刀锋利的切削刃和刀刃形状，减少切削阻力，常常只是在精加工阶段使用成形刀，而粗加工则用双手控制法切去大部分加工余量。

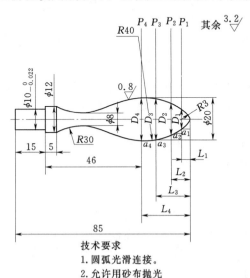

技术要求
1. 圆弧光滑连接。
2. 允许用砂布抛光

图 8 - 12 阶台车削法

粗加工时，初学者可按图 8 - 12 所示阶台车削法将零件图上成形表面部分沿与回转轴线垂直方向作若干个剖切平面，如 P_1、P_2、P_3、P_4 等（剖切平面越多，越精确）。再按比例量出 L_1、L_2、L_3、L_4 及 D_1、D_2、D_3、D_4 的实际尺寸作为纵、横向进刀的依据（即确定刀尖在 a_1、a_2、a_3、a_4 各点的位置尺寸）。

训练有素的操作者则可凭目测和经验，熟练地协调双手控制进给运动，恰到好处地完成粗加工。

精车时，由于成形刀的主切削刃是一条曲线，其进给运动是单一横向（或纵向）的，因而切削刃与工件的接触面大。为了减小切削抗力，减小工件变形，减小振动以利排屑，前角应选大一点，一般选择 $15° \sim 20°$。后角一般选择 $6° \sim 10°$ 为宜。

用成形刀车削工件时易产生振动,可从以下几个方面采取防范措施:

(1)车床要有足够的刚性,同时应尽量将机床各部分的间隙(尤其是主轴、中拖板、大拖板的运动间隙)调整得较小。

(2)始终使切削刃保持锋利和适当的正前角。

(3)成形刀的切削刃要与工件回转中心等高。若过高则易扎刀,过低则会引起振动。必要时,可考虑将成形刀反装,而此时工件则反转,正好使切削力与主轴、工件的重量方向相同,以减少振动(此时必须防止在主轴反转时卡盘松脱,以免发生事故)。

(4)选用较小的走刀量和切削速度。

(5)注意正确的润滑方法。车削钢件时须加乳化切削液,车铸铁件时可加煤油作润滑剂。

3. 技能训练

用成形法车削图 8-13 所示工件。

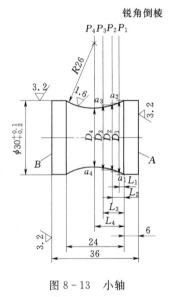

图 8-13 小轴

(1)工艺分析。此为带有成形面的小轴。其轴向尺寸不大,两端对称,最大外径为 $\phi30^{+0.01}_{0.02}$ mm,中间为 $R26$ mm 的圆弧沟槽。若此零件为单件小批量生产,则可考虑先用阶台车削法粗车圆弧沟槽,然后用 $R26$ mm 成形车刀精车成形。车削时可在 B 端增加一个 $\phi26×15$ mm 的工艺凸台,以便在一次安装中车好各表面,然后再切去工艺凸台。

(2)操作步骤。

1)选择坯料 35 mm× 58 mm,在三爪自定心卡盘上装夹后,车端面及工艺凸台 $\phi26$ mm×15 mm、$R_a3.2\mu$m。

2)调头装夹工艺凸台,伸出长 42mm,车端面 A 及外圆至 $\phi30^{+0.01}_{0.02}$ mm,长 38mm。

3)量准 $R26$ mm 处中心至端面 A 的距离尺寸 18mm,用阶台车削法粗车 $R26$ mm 成形面,留 0.5mm 精车余量。

4)用 $R26$ mm 成形刀精车成形面至要求尺寸,保证成形面宽度尺寸 24mm 及至端面 A 距离尺寸 6mm。

5)锉刀及砂布抛光成形面。注意加注机油润滑抛光。

6)调头装夹,并在 A 端 $\phi30^{+0.01}_{0.02}$ mm、圆处垫铜皮,用百分表找正 B 端 $\phi30^{+0.01}_{0.02}$ mm 外圆后夹紧。切去工艺凸台,车 B 端面保证总长 36mm。

三、仿形法

利用仿形装置控制车刀的进给运动来车削成形面的方法叫仿形法。

仿形法车成形面是一种加工质量好、劳动强度小、生产效率高的比较先进的车削方法,特别适合质量要求稳定、批量较大的生产。

下面介绍两种用仿形法车成形面的常用方法。

1. 靠模仿形法之一

车床上常用的简单靠模装置如图 8-14 所示。拆除中拖板丝杠,使小拖板转过 90°代替中拖板横向进给。靠模板由托脚固定在床身上,滚柱固定在中拖板的接长板上,并在弹簧力或重力作用下使滚柱始终紧贴在靠模板的曲面上。适当调整小拖板控制刀尖到工件回转中心的距离，当大拖板做纵向移动时，在滚柱沿靠模板做曲线运动的同时，刀尖就车削出与靠模板轨迹完全相同的工件。此法适合于切削力不大的有色金属及精加工的成形面零件。

2. 靠模仿形法之二

这种靠模仿形法车成形面的方法与用靠模车圆锥面的方法大体相同。不同的是须将带有曲线槽的靠模代替锥度靠模板，并将滚柱代替滑块。与车圆锥面类似，须抽去中拖板丝杠并将小拖板转过 90°，以便横向进刀（图 8-15）。

这种方法操作方便、生产效率高、质量稳定可靠，但只适合加工成形表面起伏较平稳的工件。

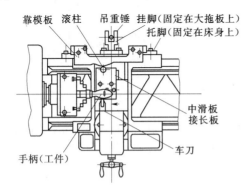

图 8-14 靠模仿形法之一

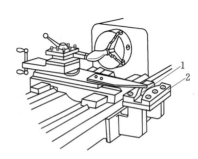

图 8-15 靠模仿形法之二
1—滚柱；2—曲线槽靠模板

四、专用工具法

用专用工具车削内、外圆弧面的原理，由图 8-16 可知，由于车刀刀尖的运动轨迹是一个圆弧，所以车削时关键是要保证刀尖轨迹的圆弧半径与成形面圆弧半径相等，同时使刀尖处于工件的回转中心平面内。

用专用工具车削成形面的方法很多，这里重点介绍车削内、外圆弧面的工具。

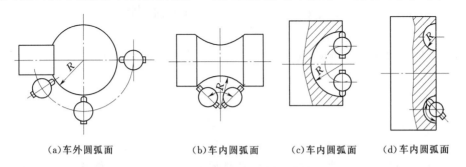

(a)车外圆弧面　　(b)车内圆弧面　　(c)车内圆弧面　　(d)车内圆弧面

图 8-16 内、外圆弧面车削原理

1. 手动车内、外圆弧面工具

如图 8-17 所示，使用该工具时应先将车床小拖板卸下，装上车圆弧工具。刀架可绕回转中心转动，刀体可随刀架沿燕尾导轨前后移动，以改变刀尖到圆弧中心的距离；可以转动微调手柄以实现精确调整圆弧半径，调整完毕后应锁紧手柄。

车削外圆弧时，刀尖到圆弧中心的距离应等于外圆弧半径。匀速、缓慢地左右摆动手柄，车刀刀尖则可绕回转中心做圆弧运动并车出外圆弧面。

车削内圆弧时，应把刀尖调整到超过回转中心的位置上，其超过的距离应等于内圆弧的半径。其车削方法与车外圆弧面类似。

2. 蜗杆、蜗轮车圆弧面工具（图 8-18）

这种车削内、外圆弧面的专用工具是利用蜗杆、蜗轮传动来代替图 8-17 所示手动车内、外圆弧面专用工具中的摆动手柄的动作，可以使刀尖的回转运动更平稳、自如。

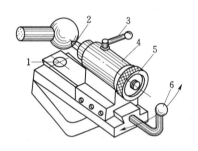 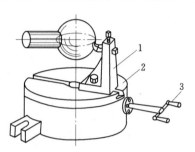

图 8-17 手动车内、外圆弧面专用工具　　　　图 8-18 蜗轮、蜗杆车圆弧工具

1—回转中心；2—刀体；3，6—手柄；4—刀架；5—微调手柄　　1—刀架；2—圆盘；3—手柄

车削时，先拆下车床小拖板，装上如图 8-18 所示的车圆弧工具。刀架装在圆盘上，刀尖应与工件回转中心等高。圆盘内面装有蜗杆、蜗轮。当旋转手柄时，与之相连的蜗杆就带动蜗轮转动，继而使车刀绕圆盘中心旋转，于是刀尖就可以车出圆弧面。

3. 车削成形面先进工装简介

成形面除用上述诸多方法车削外，还可以采用数控车床（适于中、小批量生产）、液压仿形车床（适于大批量生产）来加工。

这些先进的工艺手段，可以高质量、高效率地完成成形面的加工。

第二节　工件表面修饰加工

根据零件不同的用途和要求，通常需要在车床上对工件进行研磨、抛光、滚花等修饰加工。

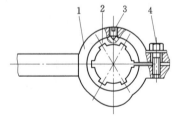

图 8-19 研套

1—夹箍；2—套筒；3—止动
螺钉；4—螺栓

一、研磨

研磨可以改善工件的形状误差，获得很高的精度，同时还可以得到极小的表面粗糙度值。在车床上常用手工研磨和机动研磨相结合的方法对工件的内、外圆表面进行研磨。

1. 研磨外圆

研磨轴类工件的外圆时，可用研套（图 8-19）。研套由内、外两层组成。内层为套筒，通常用铸铁做成，其内径按被研外圆尺寸配置，内表面还开有几条轴向槽，用以储存研磨剂。研套外层为钢制夹箍，紧包在套筒外。在同一方向上，内、外层均开有轴向切口，通过螺栓以调节研磨间隙。

套筒和工件外圆之间的径向间隙不宜过大；否则会影响研磨精度（其间隙为 0.01～0.03mm），工件尺寸小，间隙也小。过小的间隙，磨料不易进入研磨区域，效果差。止动螺钉可防止套筒在研磨时发生转动。

研磨时，将研具套在工件上，手持研具沿低速旋转的工件做均匀、缓慢的轴向移动，并经常添加研磨剂，直到尺寸和表面粗糙度均达到要求为止。

2. 研磨内孔

研磨内孔可用研棒（图 8-20）。通常研棒由锥形心轴和锥孔套筒相配合。套筒表面均布几道轴向槽，且有一轴向切口。套筒外径尺寸按工件内孔配置，其间隙不宜过大。转动螺母可调节心轴与套筒的轴向相对位置，进而达到调节套筒外径的目的。销钉可防止心轴与套筒的相对转动。

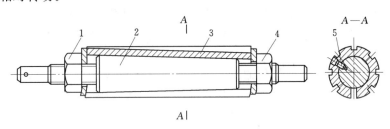

图 8-20　研棒
1，4—螺母；2—锥形心轴；3—锥孔套筒；5—销钉

研磨时，将研棒装夹在三爪自定心卡盘和顶尖上做低速转动；工件套在研棒上并在套筒表面涂研磨剂，以手或夹具使工件沿研棒轴线均匀地往复移动，直至内孔达到要求为止。

3. 研磨工具的材料

研具材料应比工件材质软，且组织要均匀，最好有微小的针孔，以使研磨剂嵌入研具工作表面，提高研磨质量。

研具材料本身又要求有较好的耐磨性，以使研具尺寸、形状稳定，从而保证研磨后工件的尺寸和几何形状精度。

常用的研具有以下几种：

（1）灰铸铁。灰铸铁是较理想、最常用的研具材料，适合于研磨各种淬火钢工件。

（2）铸造铝合金。一般用于研磨铜料等工件。

（3）硬木材。用于研磨软金属。

（4）轴承合金（巴氏合金）。常用于软金属的精研磨。

4. 研磨剂

研磨剂由磨料、研磨液及辅助材料混合而成。

（1）磨料。一般磨料有以下几种：

1）金刚石粉末（即结晶碳 C）。这是目前世界上最硬的材料。颗粒极细、切削性能好，但价格昂贵。适于研磨硬质合金刀具或工具。

2）碳化硼（B4C）。其硬度仅次于金刚石，价格也较贵。适于硬度较高的工具钢和硬质合金材料的精研磨或抛光。

3）氧化铬（Cr_2O_3）和氧化铁（Fe_2O_3）。颗粒极细，适于表面粗糙度值要求极小的表面最后抛光。

4）碳化硅（SiC）。有以下两种：

a. 绿色碳化硅用于研磨硬质合金、陶瓷、玻璃等材料。

b. 黑色碳化硅用于研磨脆性或软材料，如铸铁、铜、铝等。

5）氧化铝（Al_2O_3）。有人造和天然两种。硬度很高，但比碳化硅低。由于制造成本低，被广泛用于研磨一般碳钢和合金钢。

目前工厂常用的是氧化铝和碳化硅两种微粉磨料。这种磨料的粒度号用 W＋阿拉伯数字表示。其中 W 表示微粉，阿拉伯数字代表磨粒的最大尺寸，如 W14 表示磨粒尺寸为 $10\sim14\mu m$ 的微粉磨料。

（2）研磨液。光有磨料还不能进行研磨，必须加配研磨液和辅助材料。常用的研磨液为 10 号机油、煤油和锭子油。加配研磨液是为了使微粉能均匀地分布在研具表面，同时还可起冷却和润滑作用。

（3）辅助材料。加配辅助材料的目的是使工件表面形成氧化薄膜，以加速研磨过程。所以辅助材料必须采用黏度大和氧化作用强的物质，混合脂则能满足此要求。常用的辅助材料有硬脂酸、油酸、脂肪酸和工业甘油等。

为了方便，一般工厂都是在微粉中加入油酸、混合脂（或黄油、凡士林）以及少量煤油配制而成研磨膏。

5. 研磨前对工件的要求

（1）工件表面粗糙度必须达到 $R_a1.6\sim0.8\mu m$。

（2）工件的几何形状误差不得超过 0.02mm。

（3）工件应留 0.005～0.03mm 的研磨余量。

（4）工件被研表面最好淬硬。因被研表面硬度越高，越不易出现划痕，越有利于减小被研表面的表面粗糙度值。

6. 研磨速度

被研工件做低速转动，如被研工件尺寸小，则转速应稍高些。研磨工具相对工件移动时，其线速度以 $v=10\sim15m/min$ 为宜。此时不致产生过大的摩擦热和切热。

研磨过程中要保持操作环境的清洁。研具要经常用煤油清洗，并及时更换新的研磨剂。由于在车床上研磨工件生产效率低，仅适合单件或小批量生产。

二、抛光

当用双手控制法车削成形面时，往往由于手动进刀不均匀，在工件表面留下刀痕。而抛光的目的就在于去除这些刀痕、减小表面粗糙度值。抛光通常采用锉刀修光和砂布抛光两种方法。

1. 锉刀修光

对于明显的刀痕，通常选用钳工锉或整形锉中的细锉和特细锉在车床上修光。

操作时，应以左手握锉刀柄，右手握锉刀前端，以免卡盘勾衣伤人，如图 8 - 21 所示。

在车床上锉削时，要轻缓均匀，尽量利用锉刀的有效长度。同时，锉刀纵向运动时，注意使锉刀平面始终与成形面各处相切；否则会将工件锉成多边形等不规则形状。

另外，车床的转速要选择适当。转速过高锉刀容易磨钝；转速过低，使工件产生形状误差。

精细修锉时，除选用特细锉外，还可以在锉齿面上涂一层粉笔末，并用铜丝刷清理齿缝，以防锉屑嵌入齿缝中划伤工件表面。

图 8 - 21　在车床上锉削的姿势

2. 砂布抛光

经过车削和锉刀修光后，还达不到要求时，可用砂布抛光。抛光时，可选细粒度的 0 号或 1 号砂布。砂布越细，抛光后表面粗糙度值越小。具体有以下几种操作方式：

（1）将砂布垫在锉刀下面，采用锉刀修饰的姿势进行抛光。

（2）用手捏住砂布两端抛光〔图 8 - 22 (a)〕。采用此法时，注意两手压力不可过猛。防止由于用力过大，砂布因摩擦过度而被拉断。

（3）用抛光夹抛光。将砂布夹在抛光夹内，然后套在工件上，以双手纵向移动砂布夹抛光工件。此法较手捏砂布抛光安全，但仅适合形状简单工件的抛光〔图 8 - 22 (b)〕。

（4）用砂布抛光内孔时，可选用如图 8 - 23 (a) 所示的抛光木棒，将砂布一端插进抛光棒的槽内，并按顺时针方向缠绕在木棒上，然后放进孔内抛光。操作时，左手在前握棒并用手腕向下、向后方向施压力于工件内表面；右手在后握棒并用手腕沿顺时针方向（即与工件旋向相反）匀速转动，同时两手协调沿纵向均匀送进，以求抛光整个内表面〔图 8 - 23 (b)〕。

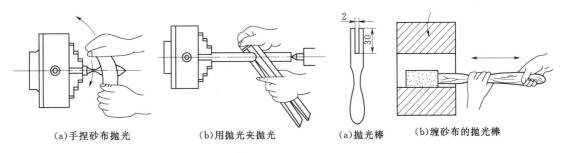

（a)手捏砂布抛光　　　　（b)用抛光夹抛光　　　（a)抛光棒　　　（b)缠砂布的抛光棒

图 8 - 22　用砂布抛光工件　　　　　图 8 - 23　用抛光棒抛光内孔

用砂布进行抛光时，转速应比车削时的转速高一些，并且使砂布压在工件被抛光的表面上缓慢地左右移动。若在砂布和抛光表面适当加入一些机油，可以提高表面抛光的效果。

三、滚花

有些工具和零件的握手部分，为增加其摩擦力、便于使用或使之外表美观，通常对其表面在车床上滚压出不同的花纹，称之为滚花。

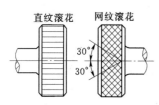

（a）直纹滚花　　（b）网纹滚花

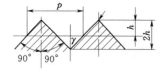

图 8-24　滚花的种类

1. 滚花的种类

滚花的花纹有直纹和网纹两种。花纹有粗细之分，并用模数 m 表示。其形状如图 8-24 所示，各部分尺寸见表 8-1。

滚花的规定标记示例：模数，$m=0.2$，直纹滚花，其规定标记为：直纹 m0.2GB 6403.3—86，模数 $\dot{m}=0.3$，网纹滚花，其规定标记为：网纹 m0.3GB 6403.3—86。

2. 滚花刀的种类

滚花刀可做成单轮、双轮和六轮 3 种（图 8-25）。单轮滚花刀由直纹滚轮和刀柄组成［图 8-25（a）］，通常用来滚直纹。

表 8-1　　　　　　　　　　滚花的各部分尺寸（GB 6403.3—86）　　　　　　　　　单位：mm

模数 m	h		节距 p
0.2	0.132	0.06	0.628
0.3	0.198	0.09	0.942
0.4	0.264	0.12	1.257
0.5	0.326	0.16	1.571

注　1. 表中 $h=0.785m-0.414r$。

2. 滚花前工件表面粗糙度为 $R_a12.5\mu m$。

3. 滚花后工件直径大于滚花前直径，其值 $\Delta\approx(0.8\sim1.6)\,m$。

双轮滚花刀由两只不同旋向的滚轮和浮动连接头及刀柄组成［图 8-25（b）］，用来滚网纹。

六轮滚花刀由 3 对滚轮组成，并通过浮动连接头支持这 3 对滚轮，可以分别滚出粗细不同的 3 种模数的网纹［图 8-25（c）］。

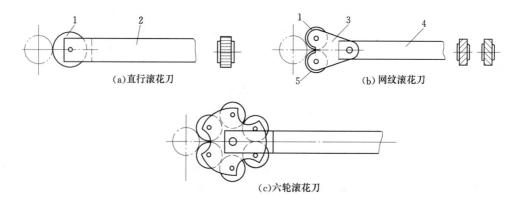

（a）直行滚花刀　　　　　　　　　　　　（b）网纹滚花刀

（c）六轮滚花刀

图 8-25　滚花刀的种类

1、5—直纹滚轮；2、4—刀柄；3—浮动连接头

3. 滚花方法

由于滚花过程是用滚轮来滚压被加工表面的金属层，使其产生一定的塑性变形而形成

花纹的，所以，滚花时产生的径向压力很大。滚花前，应根据工件材料的性质和滚花节距 p 的大小，将工件滚花表面车小 $(0.8 \sim 1.6)$ $m$mm（m 为模数）。

滚花刀装夹在车床的刀架上，并使滚花刀的装刀中心与工件回转中心等高（图 8-25）。滚压有色金属或滚花表面要求较高的工件时，滚花刀的滚轮表面与工件表面平行安装，如图 8-26（a）所示。

滚压碳素钢或滚花表面要求一般的工件，滚花刀的滚轮表面相对于工件表面向左倾斜 $3° \sim 5°$ 安装 ［图 8-26（b）］，这样便于切入且不易产生乱纹。

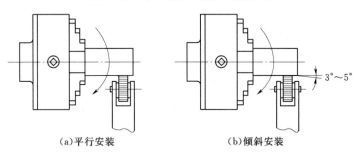

(a)平行安装　　　　　　　　　(b)倾斜安装

图 8-26　滚花刀的安装

滚压注意事项如下：

(1) 开始滚压时，必须使用较大的压力进刀，使工件刻出较深的花纹；否则易产生乱纹。

(2) 为了减小开始滚压的径向压力，可以使滚轮表面 $1/2 \sim 1/3$ 的宽度与工件接触（图 8-27）。这样滚花刀就容易压入工件表面。在停车检查花纹符合要求后，即可纵向机动进刀。如此反复滚压 $1 \sim 3$ 次，直至花纹凸出为止。

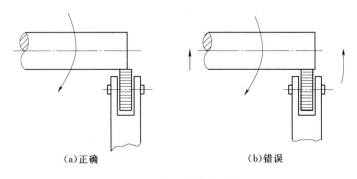

(a)正确　　　　　　　　　(b)错误

图 8-27　滚花刀的横向进给位置

(3) 滚花时，切削速度应选低一些，一般为 $5 \sim 10$m/min。纵向进给量选大一些，一般为 $0.3 \sim 0.6$m/r。

(4) 滚压时还须浇注切削油以润滑滚轮，并经常清除滚压产生的切屑。

4. 技能训练

网纹滚花训练——对图 8-28 所示锥套滚花。

车削步骤如下：

(1) 夹持棒料一端，留出长 $50 \sim 60$mm。车 ϕ38mm×44mm 外圆及端面。

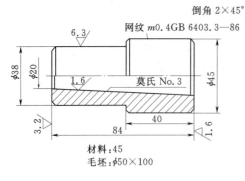

图 8-28　滚花锥套

材料：45
毛坯：φ50×100

（2）调头夹持 φ38mm 外圆，车滚花外圆至 $\phi 45_{-0.64}^{-0.32}$ mm，长 40mm，R_a 12.5μm。

（3）根据图样选择网纹滚花刀，滚花达图样要求。

（4）钻孔 φ20mm，车莫氏 3 号锥度至图样要求。

四、表面修饰时的安全技术

在车床上对工件进行表面修饰时，要特别注意安全，尤其是滚花时更要小心。对于研磨、抛光过程中应注意的事项前面已经介绍。这里专门对滚花操作中的安全问题提出以下要求：

（1）滚花时，滚花刀和工件均受很大的径向压力，因此，滚花刀和工件必须装夹牢固。

（2）滚花时，不能用手或棉纱去接触滚压表面，以防绞手伤人。清除切屑时应避免毛刷接触工件与滚轮的咬合处，以防毛刷卷入伤人。

（3）车削带有滚花表面的工件时，通常在粗车后随即进行滚花，然后校正工件再精车其他部位。

（4）车削带有滚花表面的薄壁套类工件时，应先滚花，再钻孔和车孔，以减少工件的变形。

（5）滚直花纹时，滚花刀的齿纹必须与工件轴线平行；否则滚压出的花纹不平直。

（6）滚花时，若发现乱纹应立即退刀并检查原因，及时纠正。其具体办法见表 8-2。

表 8-2　　　　　　　　　　滚花时产生乱纹的原因及纠正方法

产生乱纹原因	纠正方法
工件外圆周长不能被滚花刀节距 p 整除	把外圆略车小一些，使其能被节距 p 整除
滚轮与工件接触时，横进给压力太小	一开始就加大横进给量，使其压力增大
工件转速过高，滚轮与工件表面产生打滑	降低工件转速
滚轮转动不灵活或滚轮与小轴配合间隙太大	检查原因或调换小轴
滚轮齿部磨损或滚轮齿间有切屑嵌入	清除切屑或更换滚轮

小　　结

本章主要介绍成形面的概念及其表面修饰、加工的操作方法，成形刀的种类等。同时也介绍了工件表面修饰滚花，内、外圆弧加工专用工具等。学习之后：①要根据不同的要求，适当选择一套成形面的加工方法在工件表面上进行抛光、滚花；②了解在普车上双手操作的含义，为实训锻炼打下坚实的基础；③结合实习中的实际情况，观察身边的物和事进行分析学习。本章内容实践性强，是锻炼基本功的知识基础。

思　考　题

1. 车成形面一般有哪几种方法？各种方法都适用于什么场合？

2. 如何用双手控制法车成形面？

3. 怎样检测成形面的加工质量？

4. 用成形法车成形面时，为了减少成形刀具的磨损和振动，应采取哪些措施？

5. 滚花时，产生乱纹的原因是什么？怎样预防？

6. 用锉刀、砂布抛光工件时，安全操作应注意哪些问题？

7. 车削图 8-29 所示的单球手柄，试计算其圆球部分长度尺寸 L。

8. 车削图 8-30 所示的球形凹面，试计算其深度 H。

提示：设图中 $\phi 40\text{mm}=d$，则

$$H=R-\sqrt{R^2-\left(\frac{d}{2}\right)^2}$$

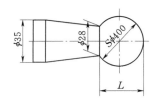

图 8-29　车削单球手柄

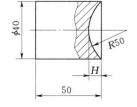

图 8-30　球形凹面车削

习　题

一、填空题

1. C6132 车床主轴孔前端锥度为莫氏_____号。

2. 砂带磨削的金属切除率比其他切削加工方法_____。

3. 利用成形刀具加工工件，刀具的制造和_____误差对被加工表面的几何形状精度有较大的影响。

二、选择题

1. 同一工件上有数个圆锥面，最好采用（　　　）法车削。

A. 小拖板转动　　　　　　　　　　B. 尾座偏移

C. 靠模　　　　　　　　　　　　　D. 宽刃刀切削

2. 高速钢刀具的刃尖圆弧半径最小为（　　　　）。

A. $10\sim15\mu\text{m}$　　　　　　　　　　B. $18\sim25\mu\text{m}$

C. $0.1\sim0.01\mu\text{m}$　　　　　　　　D. $25\sim50\mu\text{m}$

3. X6132 型万能铣床的主轴是空心轴，前端锥孔锥度为（　　　　），以便铣刀刀杆插入其中，并随同旋转。

A. 7：24　　　　　　　　　　　　B. 莫氏 3 号

C. 莫氏 4 号　　　　　　　　　　D. 1：20

4. 用细粒度的磨具对工件施加很小的压力，并做往复振动和慢速成纵向进给运动，以实现微磨削的加工方法称为（　　）。

A. 超精加工　　　　　　　　B. 珩磨

C. 研磨　　　　　　　　　　D. 抛光

三、判断题

（　　）砂带磨削特别适合于磨削大型薄板、带板、线材以及内径很大的薄壁孔和外四面、成形面。

第九章 车 螺 纹

第一节 螺纹的种类和各部分名称及代号

一、螺纹的种类

在各种机械产品中，带有螺纹的零件应用很广泛。螺纹的种类按用途可分为连接螺纹和传动螺纹；按牙型可分为三角形、梯形、锯齿形、方形和圆形等；按螺纹旋线方向可分为右旋和左旋；按螺纹线头数可分为单头和多头螺纹；按母体形状可分为圆柱螺纹和圆锥螺纹等（特点及应用在本章之后详细介绍）。

二、螺纹各部分名称及代号

三角形螺纹及其各部分名称如图 9-1 所示。

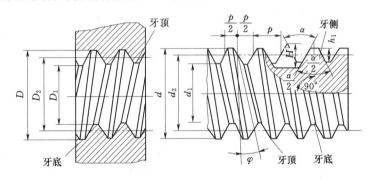

图 9-1 三角形螺纹各部分名称

（1）螺纹牙型。在通过螺纹轴线的剖面上螺纹的轮廓形状。

（2）牙型角（α）。螺纹在轴线剖面内螺纹牙型两侧的夹角。

（3）螺距（p）。相邻两牙在中径线上对应两点间的轴向距离。

（4）导程（L）。在同一条螺旋线上相邻两牙在中径线上对应两点间的轴向距离。导程等于螺纹线数（n）乘以螺距，即 $L=nP$。

（5）螺纹大径（d、D）。它是指与外螺纹牙顶或内螺纹牙底相切的假想圆柱或圆锥的直径。外螺纹大径用 d 表示，内螺纹大径用 D 表示。国家标准规定，螺纹大径的基本尺寸称为螺纹的公称直径，它代表螺纹尺寸的直径。

为求在车外螺纹时先车出准确的外径，可用以下方法计算。

车外三角螺纹时，有

$$外径 \approx d - 0.075 \times （螺距 + 0.05） \tag{9-1}$$

（6）中径（d_2、D_2）。中径是一个假想圆柱或圆锥的直径，该圆锥的素线通过牙型上沟槽和凸起宽度相等的地方，该假想圆柱或圆锥称为中径圆柱或中径圆锥。外螺纹中径用 d_2

表示，内螺纹中径用 D_2 表示。外螺纹的中径和内螺纹的中径相等，即 $d_2=D_2$（图 9-1）。

（7）小径（d_1、D_1）。它是与外螺纹牙底或内螺纹牙顶相切的假想圆柱面的直径，外螺纹的小径用 d_1 表示，内螺纹的小径用 D_1 表示。

（8）螺纹的理论高度（H）。这是将牙型两侧延长相交，牙顶和牙底交点间垂直于螺纹轴线的距离（也叫原始三角形高度）。

（9）牙型高度（h_1）。在螺纹牙型上，牙顶到牙底之间，垂直于螺纹轴线的距离。

（10）螺旋升角（ψ）。在中径圆柱上，螺旋线的切线与垂直于螺纹轴线的平面之间的角。

螺纹升角可按式（9-2）计算，即

$$\tan\psi=\frac{np}{\pi d_2}=\frac{L}{\pi d_2} \qquad (9-2)$$

式中　n——螺旋线数；

　　　p——螺距，mm；

　　　d_2——中径，mm；

　　　L——导程，mm。

三、三角形螺纹的尺寸计算

（1）以三角形螺纹中最为常见的公制三角螺纹为例，螺纹的尺寸计算见表 9-1。

表 9-1　　　　　　　　　　三角螺纹的牙型及尺寸计算

基 本 牙 型	尺 寸 计 算
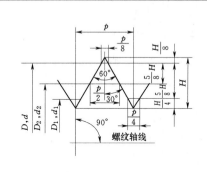	（1）牙型角 $\alpha=60°$。 （2）牙型理论高度 $H=\frac{p}{2}\tan\frac{\alpha}{2}=0.866p$。 （3）削平高度。外螺纹牙顶和内螺纹牙底均在 $H/8$ 处削平，外螺纹牙底和内螺纹牙顶均在 $H/4$ 处削平。 （4）牙型高度 $h_1=H-\frac{H}{8}-\frac{H}{4}=\frac{5}{8}H=0.5413p$。 （5）大径 $d=D$（公称直径）。 （6）中径 $d_2=D_2=d-2\times\frac{3}{8}H=d-0.6495p$。 （7）小径 $d_1=D_1=d-2\times\frac{5}{8}H=d-1.0825p$

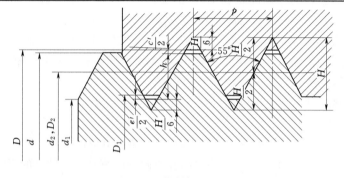

图 9-2　英制螺纹牙型

（2）英制螺纹在我国应用较少，只是在某些进口设备和维修旧设备及有关管类品种才用到。英制三角形螺纹的牙型如图 9-2 所示，尺寸计算式见表 9-2。英制螺纹的公称直径是指内螺纹大径 D，并用英寸（in）表示，是用每英寸长度中的牙数（n）表示，如 1in（25.4mm）为 14 牙，其螺距为 1/14in。英制螺距与米制螺距的换算式为：

$$p = 1in/n = 25.4/n \quad mm$$

英制螺纹的基本尺寸可通过表 9-2 所列公式计算。

表 9-2　　　　　　　　　　　英制三角螺纹的尺寸计算式　　　　　　　　　单位：mm

名　称		代号	计　算　公　式
牙型角		α	55°
螺距		p	$p = \dfrac{1in}{n} = \dfrac{25.4}{n}$
原始三角形高度		H	$H = 0.96049p$
外螺纹	大径	d	$d = D - C'$
	牙顶间隙	C'	$C' = 0.075p + 0.05$
	牙型高度	h	$h = 0.64033p - \dfrac{C'}{2}$
	中径	d_2	$d_2 = D - 0.64033p$
	小径	d_1	$d_1 = d - 2h$
内螺纹	大径	D	$D = $ 公称直径
	中径	D_2	$D_2 = d_2$
	小径	D_1	$D_1 = d - 2h - C'$
	牙底间隙	e'	$e' = 0.148p$

（3）管螺纹的尺寸计算。管螺纹是一种特殊的英制细牙螺纹，其牙型角有 55° 和 60° 两种。管螺纹按母体形状分为圆柱管螺纹和圆锥管螺纹。管螺纹常用在流通气体或液体的管子接头、旋塞、阀门及其他附件中。

计算管子中流量时，为了方便，常将管子的孔径作为管螺纹的公称直径。常见的管螺纹有非密封的管螺纹（又称圆柱管螺纹）、用螺纹密封的管螺纹（又称 55° 圆锥管螺纹）和 60° 圆锥管螺纹 3 种，其中圆柱管螺纹用得较多，如图 9-3 所示。

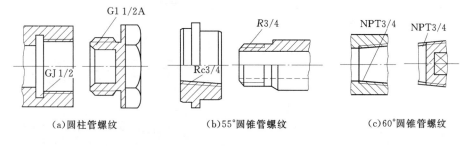

（a）圆柱管螺纹　　　　　　　（b）55°圆锥管螺纹　　　　　　（c）60°圆锥管螺纹

图 9-3　带有管螺纹的零件

1）非螺纹密封管螺纹的尺寸计算。这种管螺纹的母体形状是圆柱形，牙型角为 55°，螺纹的顶部和底部 $H/6$ 处倒圆，其基本牙型如图 9-4 所示。

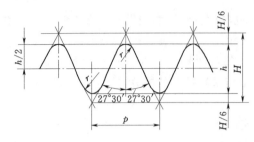

图 9-4 非螺纹密封的管螺纹牙型

螺纹副本身不具有密封性。各部分尺寸计算式见表 9-3。

55°圆柱管螺纹的部分尺寸和每寸牙数可查有关资料。用螺纹密封的 55°圆锥螺纹的尺寸计算。这种螺纹旧称 55°圆锥管螺纹，其基本牙型和有关术语如图 9-5 所示。在螺纹的顶部和底部 H/6 处倒圆。圆锥管螺纹有 1∶16 的锥角，可以使管螺纹连接时，越旋越紧，使配合紧密，可用在压力较高的管接头处。

表 9-3　　　　　　　　　　　圆柱管螺纹的尺寸计算式　　　　　　　　　　　单位：mm

名　称	代号	计算公式	举　例
牙型角	α	55°	3/4in（14 牙）
螺距	p	$p=\dfrac{25.4}{n}$	$p=\dfrac{25.4}{14}=1.814$
原始三角形高度	H	$H=0.96049p$	$H=0.96049×1.874=1.742$
牙型高度	h	$h=0.64033p$	$H=0.64033×10814=1016$
圆弧半径	r	$r=0.13733p$	$r=0.13733×1.814=0.249$

在图 9-5 中：

基准直径：设计给定的内锥螺纹或外锥螺纹的基本大径。

基准平面：垂直于锥螺纹轴线，具有基准直径的平面，简称基面。

基准距离：从基准平面到外锥螺纹小端的距离，简称基距。

完整螺纹：牙顶和牙底均具有完整形状的螺纹。

不完整螺纹：牙底完整而牙顶不完整的螺纹。

螺尾：向光滑表面过渡的牙底不完整的螺纹。

有效螺纹：由完整螺纹和不完整螺纹组成的螺纹，不包括螺尾。

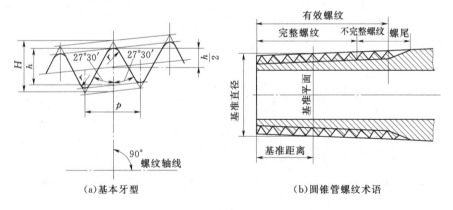

（a）基本牙型　　　　　　　　　　（b）圆锥管螺纹术语

图 9-5　55°圆锥管螺纹基本牙型和术语

55°圆锥管螺纹的尺寸计算式见表 9-4。

表 9 - 4　　　　　　　　　**55°圆锥管螺纹的尺寸计算式**　　　　　　　　单位：mm

名　称	代　号	计 算 式	举　例
牙型角	α	55°	3/4in（14 牙）
螺距	p	$p=\dfrac{25.4}{n}$	$p=\dfrac{25.4}{14}=1.814$
原始三角形高度	H	$H=0.96024$	$H=0.9602\times1.814=1.742$
牙型高度	h	$h=0.64033p$	$h=0.64033\times1.814=1.16$
圆弧半径	r	$r=0.13728p$	$r=0.1372\times1.814=0.249$

　　2）60°圆锥管螺纹尺寸计算。该螺纹属英制管螺纹，目前尚未公布新的国家标准，其基本牙型如图 9 - 6 所示。螺纹的顶部和底部处削平，内、外螺纹配合时没有间隙。

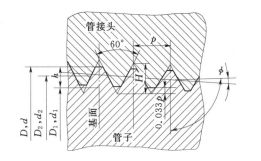

图 9 - 6　60°圆锥管螺纹基本牙型

60°圆锥管螺纹的尺寸计算式见表 9 - 5。

表 9 - 5　　　　　　　　　**60°圆锥管螺纹的尺寸计算式**　　　　　　　　单位：mm

名　称	代　号	计 算 式	举　例
牙型角	α	60°	3/4in（14）
螺距	p	$p=\dfrac{25.4}{n}$	$p=\dfrac{25.4}{14}=1.814$
原始三角形高度	H	$H=0.866p$	$H=0.866\times1.814=1.571$
牙型高度	h	$h=0.8p$	$h=0.8\times1.814=1.45$

$$K=1:16,\ \phi=1°47'24$$

第二节　螺　纹　车　刀

一、螺纹车刀的种类

　　螺纹车刀主要有高速钢螺纹车刀和硬质合金螺纹车刀。高速钢螺纹车刀刃磨方便，容易获得锋利的切削刃，且韧性好，刀尖不易崩裂，但耐热性差，只适用于低速车削或精车螺纹。硬质合金螺纹车刀的耐热性及耐磨性好，但制性较差，适用于高速车削螺纹。

　　1. 三角形螺纹车刀的几何角度

　　要车好螺纹必须正确刃磨出螺纹车刀的角度。以高速钢外三角螺纹车刀为例，其几何角度如图 9-7 所示。

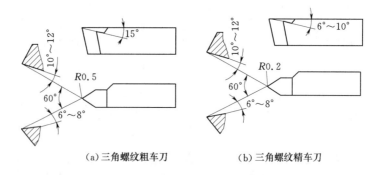

(a) 三角螺纹粗车刀　　　　　　(b) 三角螺纹精车刀

图 9-7　高速钢螺纹车刀的几何角度

（1）刀尖角应等于牙型角。普通三角螺纹为 60°，英制三角螺纹为 55°；公制梯形螺纹，刀尖角应等于 30°，英制梯形螺纹刀尖角应等于 29°。

（2）前角一般为 0°～15°。粗车时选径向前角大一些，精车精度要求高的螺纹时，径向前角小一些（0°～5°）。

（3）后角一般为 5°～10°。因受螺旋升角的影响，进给方向一面的后角应磨得大些，$\alpha = (3 \sim 5) + \varphi a_{右} = (3 \sim 5) - \varphi$。

（4）车刀的左右切削刃必须是直线。

2. 三角形螺纹车刀的刃磨要求

（1）粗车刀前角取大一些，后角小一些，精车刀则相反。

（2）车刀的左右刀刃必须是直线，无崩刃。

（3）刀头不歪斜，牙型半角相等。

（4）刃磨高速钢螺纹车刀时，若感到发热，应及时用水冷却；否则易引起刀尖退火。

（5）刃磨出准确的刀尖角，在刃磨时可用螺纹角度样板测量，如图 9-8 所示。

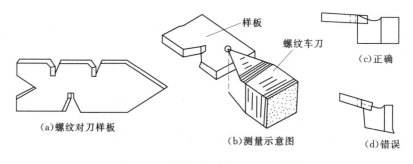

(a) 螺纹对刀样板　　　　(b) 测量示意图　　　　(c) 正确　(d) 错误

图 9-8　用螺纹角度样板测量刀尖角

3. 三角形螺纹车刀刃磨操作步骤

（1）粗磨主、副后面（刀尖角初步形成）。

（2）粗、精磨前面或前角。

（3）精磨主、副后面，刀尖角用样板检查修正。

（4）车刀刀尖倒棱宽度一般为 0.5mm 左右。

第三节 车削外三角螺纹

一、螺纹车刀的安装

（1）装夹车刀时，刀尖应对准工件中心。

（2）刀尖角的对称中心线必须与工件轴线垂直，装刀时可用样板来对刀，如图9-9所示。

（3）刀头伸出不要过长，一般为20～25mm（约为刀杆厚度的1.5倍）。

二、车削螺纹时车床的调整

（1）主轴转速调到30～80r/min。

（2）根据车床进给表找到公制螺纹栏，按螺距确定并调整各手柄的挡位。

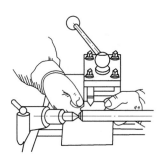

图9-9 螺纹车刀的安装

（3）将光杠传动变为丝杠传动。

（4）调整中、小拖板间隙，使拖板运动不能太松或太紧。

三、车削螺纹前工件的工艺要求和螺纹检查

（1）在车外螺纹时，由于受到挤压应力的作用，螺纹外径会胀大少许，所以螺纹毛坯直径要比基本尺寸小一点（约小$0.13p$）。也可根据车三角螺纹求外径公式计算。

（2）在工件端面用车刀倒角30°～45°，其最小处直径应小于螺纹小径。

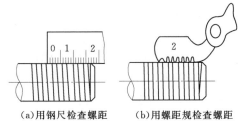

（a）用钢尺检查螺距　　（b）用螺距规检查螺距

图9-10 螺距的检查

（3）开车使车刀与工件轻微接触，合上开合螺母，在工件上车出一条螺旋线，用钢尺或螺距规检查螺距是否正确，如图9-10所示。

（4）退刀方法常用开倒顺车法，即当顺车到达规定长度时，右手迅速将车刀横向退出，左手同时开倒车（即将操纵杆压下），使车刀纵向退回到第一刀进刀的位置。

四、螺纹的车削方法

1. 直进法

车螺纹时，螺纹车刀刀尖及左右两侧刀刃都参加切削工作。每次切削由中拖板做径向进给，随着螺纹深度的加深，切削深度相应减小。这种切削方法操作简单，能得到较正确的牙型，适于螺距不大于2mm和脆性材料的螺纹车削。

2. 左右切削法或斜进法

车削时，除了用中拖板刻度控制车刀的径向进给外，同时使用小拖板的刻度，使车刀左、右微量进给。采用左右切削法时，要合理分配切削余量，也就是径向进给与左右微量进给的比例合理。粗车时一般采用斜进法，即顺走刀方向或背走刀方向偏移切削，一般每边留精车余量0.2～0.3mm；精车时，当一侧面车光后，将车刀移到中间，用直进法把牙底车光，以保证牙底清晰。这种切削法操作较复杂，要控制好偏移的进给量；否则会将螺

纹车乱或把牙身车瘦。它适用于切削螺距大于 2mm 的螺纹。由于车刀只有刀尖和单刃（面）切削，所以不容易产生扎刀现象，可选用较大的切削用量。

3. 中途对刀

中途换刀或车刀刃磨后须重新对刀。对刀时，车刀不切入工件而按下开合螺母，待车刀移到工件 2～3 牙表面处立即停车。摇动小拖板，使车刀刀尖对准螺旋槽，然后再开车，观察车刀刀尖是否在槽内，对准后再开始车削（表 9-6）。

表 9-6 前面上的刀尖角修正值

径向前角＼前面上的刀尖角＼牙型角	60°	55°	40°	30°	29°
0°	60°	55°	40°	30°	29°
5°	59°48′	54°48′	39°51′	29°53′	28°53′
10°	59°14′	54°16′	39°26′	29°33′	28°34′
15°	58°18′	53°23′	38°44′	29°1′	28°3′
20°	56°57′	52°8′	37°45′	28°16′	29°19′

注 车刀两刃夹角与刀尖角不同，两刀刃在基面上的投影之间的夹角才叫刀尖角。

据此，在刃磨具有径向前角的螺纹车刀，用图 9-8 所示样板检查车刀刀尖时，应将样板与车刀底平面平行，再用透光法检查。这样测出来的才是刀尖角，而不能将样板与刀刃平行来检验。因为那样检测到的并不是刀尖角，而实际刀尖角小于牙型角。

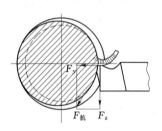

图 9-11 径向分力 F_y 使螺纹车刀扎入工件的趋势

必须指出，具有较大的径向前角的螺纹车刀，除了产生螺纹牙型变形以外，车削时还会产生一个较大的切削抗力的径向分力（F_y），如图 9-11 所示，这个分力会把车刀拉向工件里面的趋势。如果中滑板丝杠与螺母间隙较大，则容易产生"扎刀现象"。

4. 常用各种形式三角螺纹车刀（图 9-12）

（1）外螺纹车刀。高速钢螺纹车刀，刃磨比较方便，切削刃容易磨得锋利，而且韧性较好，刀尖不易崩裂。常用于车削塑性材料、大螺距螺纹和精密丝杠等工件。

常见的高速钢外螺纹车刀的几何形状如图 9-13 所示。

由于高速钢车刀刃磨时易退火，在高温下车削时易磨损。所以加工脆性材料（如铸铁）或高速切削塑性材料及加工批量较大的螺纹工件时，则选用图 9-14 所示硬度高、耐磨性好、高温的硬质合金螺纹车刀，该车刀的径向前角 $\gamma_o = 0°$，后角 $\alpha_o = 4°～6°$，在加工较大的螺纹（$p > 2mm$），或被加工材料硬度较高时，在车刀的两个主刀刃上磨有 0.2～0.4mm 宽，$\gamma_{o1} = -5°$ 的倒棱。因为在高速切削时，牙型角会扩大，所以刀尖角要适当减少 30′。另外，车刀的前刀面及后刀面的表面粗糙度值必须很小。

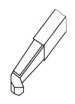
(a)整体式内螺纹车刀

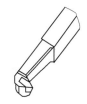
(b)整体式内螺纹车刀

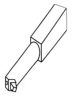
(c)装配式内螺纹车刀

(d)装配式内螺纹车刀

(e)装配式外螺纹车刀

(f)整体式外螺纹车刀

图 9-12　常用三角形螺纹车刀

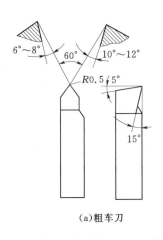
(a)粗车刀

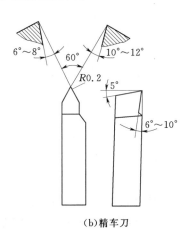
(b)精车刀

图 9-13　高速钢三角形外螺纹车刀

（2）内螺纹车刀。根据所加工内孔的结构特点来选择合适的内螺纹车刀。由于内螺纹车刀的大小受内螺纹孔径的限制，所以内螺纹车刀刀体的径向尺寸应比螺纹孔径小 3～5mm 以上；否则退刀时易碰伤牙顶，甚至无法车削。

此外，在车内圆柱面时，曾重点提到有关提高内孔车刀的刚性和解决排屑问题的有效措施，在选择内螺纹车刀的结构和几何形状时也应给予充分的注意。

高速钢内螺纹车刀的几何角度如图 9-15 所示。硬质合金内螺纹车刀的几何角度如图 9-16

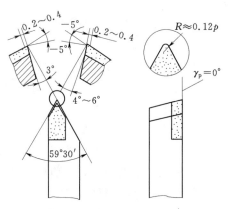

图 9-14　硬质合金三角形外螺纹车刀

所示。内螺纹车刀除了其刀刃几何形状应具有外螺纹刀尖的几何形状特点外，还应具有内孔刀的特点。

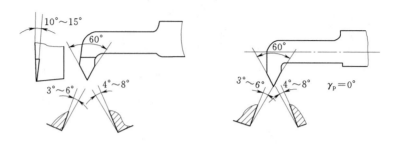

图 9-15　高速钢内螺纹车刀几何角度

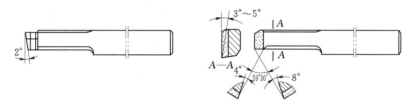

图 9-16　硬质合金内螺纹车刀几何角度

5. 三角形螺纹车刀的刃磨

由于螺纹车刀的刀尖受刀尖角限制，刀体面积较小，因此刃磨时比一般车刀难以正确掌握。

（1）刃磨螺纹车刀有 4 点要求。

1）当螺纹车刀径向前角 $\gamma_p = 0°$时，刀尖角应等于牙型角；当螺纹车刀径向前角 $\gamma_p >$ 0 时，刀尖角必须修正。

2）螺纹车刀两侧切削刃必须是直线。

3）螺纹车刀切削刃应具有较小的表面粗糙度值。

4）螺纹车刀两侧后角是不相等的，应考虑车刀进给方向的后角受螺纹升角的影响而加减一个螺纹升角 ψ。

（2）螺纹车刀具体刃磨步骤。

1）先粗磨前刀面。

2）磨两侧后刀面，以初步形成两刃夹角。其中先磨进给方向侧刃（控制刀尖半角 ε_r/ 2 及后角 $\alpha_o + \psi$），再磨背进给方向侧刃（控制刀尖角 ε_r 及后角 α_o）。

3）精磨前刀面，以形成前角。

4）精磨后刀面，刀尖角用螺纹车刀样板来测量，能得到正确的刀尖角（图 9-17）。

5）修磨刀尖，刀尖侧棱宽度约为 $0.1p$。

6）用油石研磨刀刃处的前后面（注意保持刃口锋利）。

（3）刃磨时应注意的问题。

1）刃磨时，人的站立姿势要正确。在刃磨整体式内螺纹车刀内侧时，易将刀尖磨歪斜。

2）磨削时，两手握着车刀与砂轮接触的径向压力应不小于一般车刀。

3）磨外螺纹车刀时，刀尖角平分线应平行刀体中线；磨内螺纹车刀时，刀尖角平分线应垂直于刀体中线。

4）车削高阶台的螺纹车刀，靠近高阶台一侧的刀刃应短些；否则易擦伤轴肩，如图9-18所示。

5）粗磨时也要用车刀样板检查。对径向前角大于0°的螺纹车刀，粗磨时两刃夹角应略大于牙型角。待磨好前角后，再修磨两刃夹角。

6）刃磨刀刃时，要稍带做左右、上下的移动，这样容易使刀刃平直。

7）刃磨车刀时，一定要注意安全。

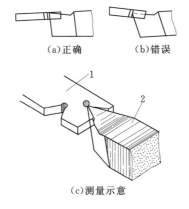

图9-17 用样板修正两刃夹角
1—样板；2—螺纹车刀

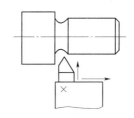

图9-18 车削高阶台螺纹车刀

五、螺纹的测量

标准螺纹应具有互换性，特别对螺距、中径尺寸要严格控制；否则螺纹副无法配合。

根据不同的质量要求和生产批量的大小，相应地选择不同的测量方法，常见的测量方法有单项测量法和综合测量法两种。

1. 单项测量法

单项测量是选择合适的量具来测量螺纹的某一项参数的精度。常见的有测量螺纹的顶径、螺距和中径。

（1）顶径测量。由于螺纹的顶径公差较大，一般只需用游标卡尺测量即可。

（2）螺距测量。在车削螺纹时，螺距的正确与否，从第一次纵向进给运动开始就要进行检查。可用第一刀在工件上划出一条很浅的螺旋线，用钢直尺或游标卡尺进行测量（图9-19）。

螺距最后测量也可用螺距规或钢直尺测量，用钢直尺测量时，可多测几个螺距长度，然后取其平均值，如图9-20所示。用螺距规测量时，应将螺距规沿着通过工件轴线的平面方向嵌入牙槽中，如完全吻合，则说明被测螺距是正确的，如图9-20所示。

（3）中径测量。三角形螺纹的中径可用螺纹千分尺测量，如图9-21所示。螺纹千分尺的结构和使用方法与一般千分尺相似，其读数原理与一般千分尺相同，只是它有两个可以调整的测量头（上测量头、下测量头）。在测量时，两个与螺纹牙型角相同的测量头正好卡在螺纹牙侧，所得到的千分尺读数就是螺纹中径的实际尺寸。

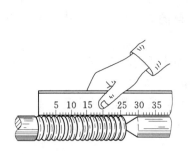

图 9-19　用钢直尺测量螺距

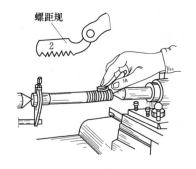

图 9-20　用螺距规测量螺距

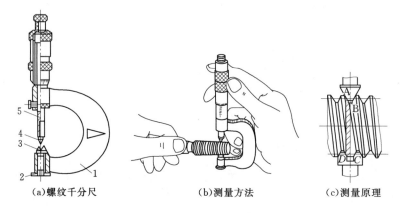

(a)螺纹千分尺　　　　(b)测量方法　　　　(c)测量原理

图 9-21　三角形螺纹中径的测量

1—尺架；2—砧座；3—下测量头；4—上测量头；5—测微螺杆

　　螺纹千分尺附有两套（60°和55°牙型角）适用不同螺纹的螺距测量头，可根据需要进行选择。测量头插入千分尺的轴杆和砧座的孔中，更换测量头之后，必须调整砧座的位置，使千分尺对准零位（若需要对普通螺纹中径进行三针测量，请参阅第四节梯形螺纹测量部分内容）。梯形螺纹标记示例如下：

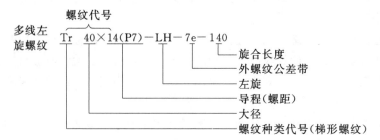

多线左旋螺纹　Tr　40×14(P7)-LH-7e-140

螺纹代号

　旋合长度
　外螺纹公差带
　左旋
　导程（螺距）
　大径
　螺纹种类代号（梯形螺纹）

螺纹副标记示例：

Tr40×7-7H/7e

内螺纹公差带

外螺纹公差带

2. 综合测量法

综合测量法是用螺纹量规对螺纹各主要参数进行综合性测量。螺纹量规包括螺纹塞规和螺纹环规两种，它们都有通规和止规，如图9-22所示。

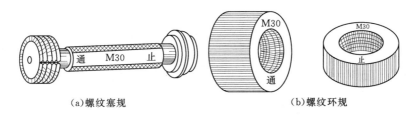

(a)螺纹塞规　　　　　　　　　(b)螺纹环规

图9-22　螺纹量规

第四节　车　梯　形　螺　纹

梯形螺纹切削方法与三角螺纹切削方法基本相同。梯形螺纹一般用于传递动力，所以其精度要求较高。由于梯形螺纹的螺距和牙型高都比三角形螺纹大，因此切削过程更为复杂，难度更大。

一、梯形螺纹的主要参数及其计算

1. 梯形螺纹标记

梯形螺纹标记由螺纹代号、公差带代号及旋合长度代号组成，彼此用"—"分开。根据国标《梯形螺纹基本尺寸》（GB 5796—86）规定，梯形螺纹代号由螺纹种类代号 Tr 和螺纹"公称直径×导程"来表示。由于标准对内螺纹小径 D_1 和外螺纹大径只规定了一种公差带（4H、4h），规定外螺纹小径 d_3 的公差位置永远为 h 的基本偏差为零。公差等级与中径公差等级数相同，而对内螺纹大径 D_4，标准只规定下偏差（即基本偏差）为零，而对上偏差不作规定，因此梯形螺纹仅标记中径公差带，并代表梯形螺纹公差带（由表示公差带等级的字母及表示公差带位置的字母组成）。

螺纹的旋合长度分为3组，分别称为短旋合长度（S）、中等旋合长度（N）和长旋合长度（L）。在一般情况下，中等旋合长度（N）用得较多，可以不标。

梯形螺纹副的公差带代号分别注出内、外

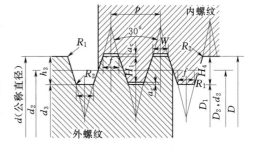

图9-23　梯形螺纹牙型

螺纹的公差带代号，前面的是内螺纹公差带代号，后面是外螺纹公差带代号，中间用斜线分隔。

2. 梯形螺纹的计算

梯形螺纹的牙型如图9-23所示，其主要参数及计算见表9-7。

表 9－7　　　　　　　　梯形螺纹主要参数的名称、代号及计算公式

名　　称		代　号	计　算　公　式			
牙型角		α	$\alpha=30°$			
螺距		p	由螺纹标准确定			
牙顶间隙		a_c	p/mm	$1.5\sim5$	$6\sim12$	$14\sim44$
			a_c/mm	0.25	0.5	1
外螺纹	大径	d	公称直径			
	中径	d_2	$d_2=d-0.5p$			
	小径	d_3	$d_3=d-2h_3$			
	牙高	h_3	$h_3=0.5p+a_c$			
内螺纹	大径	D	$D=d+2a_c$			
	中径	D_2	$D_2=d_2$			
	小径	D_1	$D_1=d-p$			
	牙高	H_4	$H_4=h_3$			
牙顶宽		f,f'	$f=f'=0.366p$			
牙槽底宽		w,w'	$w=w'=0.366p-0.536a_c$			

在粗车牙型角等于 30° 的梯形螺纹时，为了计算方便起见，常用下面近似公式计算，即

$$刀尖宽度=\frac{螺距}{3}$$

例 9－1　车一梯形螺纹，牙型角＝30°，螺距＝10mm，求刀尖宽度。

解　刀尖宽度＝0.366×螺距－0.268

　　　　　　　＝0.366×10－0.268

　　　　　　　＝3.392（mm）

用近似公式计算，即

$$刀尖宽度=\frac{螺距}{3}=\frac{10}{3}=3.33（mm）$$

例 9－2　车削一对 Tr42×10 的丝杠和螺母，试求内、外螺纹的大径、牙型高度、小径、牙顶宽、牙槽底宽和中径尺寸。

解　根据表 9－7 中的公式有：

$$d=42\text{mm}$$

$$d_2=d-0.5p=42-0.5×10=37（\text{mm}）$$

$$h_3=0.5p+a_c=0.5×10+0.5=5.5（\text{mm}）$$

$$d_3=d-2h_3=42-2×5.5=31（\text{mm}）$$

$$D_4=d+2a_c=42+2×0.5=43（\text{mm}）$$

$$D_2=d_2=37（\text{mm}）$$

$$D_1=d-p=42-10=32（\text{mm}）$$

$$H_4=h_3=5.5（\text{mm}）$$

牙顶宽 $f=f'=0.366\,p=3.66$(mm)

牙槽底宽 $w=w'=0.366\,p-0.536a_c=3.66-0.268=3.392$(mm)

3. 梯形螺纹车刀的几何形状

高速钢梯形螺纹车刀如图 9-24 所示。

(1) 粗车刀。其几何形状如图 9-24（a）所示。

1）车刀刀尖角要略小于螺纹牙型角。

2）刀头宽度小于牙槽底宽。

3）径向前角 $\gamma=10°\sim15°$。

4）向后角 $\alpha_p=6°\sim8°$。

5）两侧后角 $\alpha_{OL}=(3°\sim5°)+\varphi$；$\alpha_{OR}=(3°\sim5°)-\varphi$。

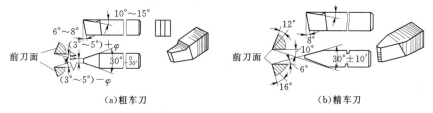

(a)粗车刀　　　　　　　　(b)精车刀

图 9-24　高速钢梯形螺纹车刀

6）刀尖适当倒圆。

(2) 精车刀。其几何形状如图 9-24（b）所示。精车刀要求刀尖角等于牙型角，刀刃平直，表面粗糙度要小。两侧的后角磨得较大一些。车削时，车刀前端不参加切削，只精车两侧牙面。

4. 车刀的安装

为了保证工件牙型正确，安装车刀时，刀尖必须对准工件的旋转中心，并保证刀尖角不歪斜（两半角相等）。装刀时可用梯形螺纹车刀样板对刀，对刀方法如图 9-25 所示。

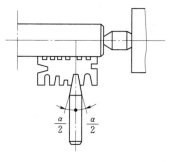

5. 梯形螺纹的车削方法

(1) 螺距 $p<4$mm 的梯形螺纹，可用一把车刀采用直进法并用少量的左右进给车削成形。

(2) 螺距 $p>4$mm 的梯形螺纹，粗车时可采用左右切

图 9-25　螺纹车刀的对刀

削法或车直槽法；精车时采用磨有卷屑槽的精车刀把左右两齿侧面车削成形。

(3) 螺距 $p>8$mm 的梯形螺纹，除了用左右切削法粗车螺纹外，也可采用车阶梯槽法进行粗车。精车时采用磨有卷屑槽的精车刀把左右两齿侧面车削成形。

(4) 螺距 $p>18$mm 的梯形螺纹，粗车可采用分层切削法；精车时采用磨有卷屑槽的精车刀把左右两齿侧面车削成形。

二、螺纹的测量

1. 单项测量

(1) 大径的测量。螺纹大径的公差较大，一般可用游标卡尺或千分尺测量。

（2）螺距的测量。螺距一般可用钢直尺或游标卡尺测量，通常测量 5～10 个螺距的长度，然后把长度除以螺距数，得出一个螺距的尺寸。

（3）中径的测量。精度较高的螺纹中径可用三针或单针测量中径尺寸，如图 9-26 所示。

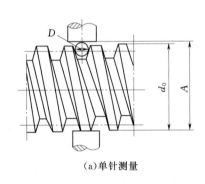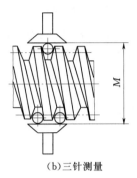

（a）单针测量　　　　　　　　　　　（b）三针测量

图 9-26　螺纹中径的测量

1）单针测量时螺纹中径 d_2 的计算式如下：

普通螺纹：$d_2=2A-d_0-3D+0.866p$（$d_2=M-3D+0.866p$）

英制螺纹：$d_2=2A-d_0-3.1657D+0.9605p$（$d_2=M-3.1657D+0.9605p$）

梯形螺纹：$d_2=2A-d_0-4.8637D+1.866p$　　（$d_2=M-4.8637D+1.866p$）

式中　A——用单针测量时千分尺的读数值；

　　　d_0——螺纹大径的实际尺寸；

　　　D——量针直径；

　　　p——螺距。

2）三针测量螺纹时的计算公式见表 9-8。

表 9-8　　　　　　　　　　　　三针测量螺纹时的计算式

螺纹牙型角（α）	螺纹中径（d_2）计算公式	量针直径（D）		
		最大值	最佳值	最小值
普通螺纹（60°）	$d_2=M-3D+0.866p$	$1.01p$	$0.577p$	$0.505p$
英制螺纹（55°）	$d_2=M-3.1657D+0.9605p$	$0.894p-0.029$	$0.564p$	$0.481p-0.016$
梯形螺纹（30°）	$d_2=M-4.8637D+1.866p$	$0.656p$	$0.518p$	$0.486p$

注　M 为用三针测量时，千分尺的读数值（表 9-9）；p 为螺距。

表 9-9　　　　　　　　　　　　M 量及量针直径的简化计算式

螺纹牙型角	M 计算式	钢针直径 d_D		
		最大值	最佳值	最小值
29°（英制蜗杆）	$M=d_2+4.994d_D-1.933p$		$0.516p$	
30°（梯形螺纹）	$M=d_2+4.864d_D-1.866p$	$0.656p$	$0.518p$	$0.486p$

续表

螺纹牙型角	M 计算式	钢针直径 d_D		
		最大值	最佳值	最小值
40°（蜗杆）	$M = d_1 + 3.924d_D - 4.316m_x$	$2.446m_x$	$1.675m_r$	$1.61m_r$
55°（英制螺纹）	$M = d_2 + 3.166d_D - 0.961p$	$0.894 - 0.029$	$0.564p$	$0.481 - 0.016$
60°（普通螺纹）	$M = d_2 + 3d_D - 0.866p$	$1.01p$	$0.577p$	$0.505p$

按图 9-27 所示车梯形螺纹。车削之前应先查表计算出大径 $d_1 = 30_{-0.375}^{0}$ mm，中径 $d_2 = 27_{-0.437}^{-0.118}$ mm，小径 $d_3 = \phi23_{-0.537}^{0}$ mm 的尺寸。

加工步骤如下：

（1）夹持 ϕ34mm 外圆毛坯，找正并夹紧。

（2）外圆车至 $\phi33_{0}^{+0.1}$ mm。

（3）调头伸出 20mm 左右长，夹紧外圆，车端面，钻中心孔 A2.5/3.5。

（4）用后顶尖支撑，车 ϕ20mm、长 10mm 外径至尺寸。

（5）车梯形螺纹大径至尺寸 $\phi30_{-0.1}^{0}$ mm。

（6）切退刀槽 8×4，按图样要求倒角 2×15°及 1×45°。

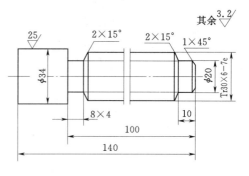

图 9-27 车梯形螺纹练习

（7）粗车、半精车 Tr30×6-7e 螺旋槽。

（8）精车螺纹外径至 $\phi30_{-0.375}^{0}$ mm。

（9）精车螺纹至尺寸。

（10）检查。

2. 注意事项

（1）不准在开车时用棉纱揩擦工件，以免发生安全事故。

（2）车螺纹时，为了防止因溜板箱手轮回转时的不平衡而使大拖板产生窜动，可在手轮上装平衡块，最好采用手轮脱离装置。

（3）车螺纹时，选择较小的切削用量，减少工件变形，同时充分使用切削液。

（4）一夹一顶装夹工件时，尾座套筒不能伸出太短，以防止车刀返回时床鞍与尾座相碰。

（5）车螺纹横向进刀时，为防止进刀量过大，每次进给后可用粉笔在刻度盘上做标记。

第五节 车 蜗 杆

蜗杆、蜗轮组成的运动副常用于减速传动机构中，以传递两轴在空间成 90°交错的运动。

蜗杆的齿形与梯形螺纹很相似，其轴向剖面形状为梯形。常用的蜗杆有米制（齿型角为 $40°$）和英制（齿型角为 $29°$）两种。我国大多采用米制蜗杆，故本节重点介绍米制蜗杆。

在轴向剖面内蜗杆、蜗轮传动相当于齿条与齿轮间的传动，如图 9-28（a）所示，同时蜗杆的各项基本参数也是在该剖面内测量的，并规定为标准值。

一、蜗杆主要参数的名称、符号及计算

米制蜗杆的各部分名称、符号及尺寸计算见表 9-10。

从图 9-28（b）中可以看出，蜗杆在传动时是否很好地与蜗轮相啮合，它的螺距 p（轴向齿距）必须等于蜗轮齿距 t。

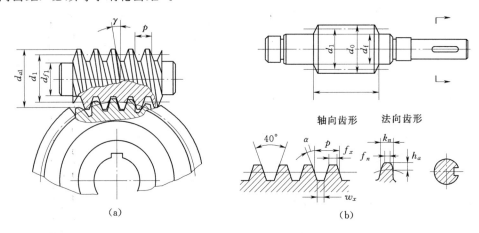

图 9-28　蜗杆、蜗轮传动

蜗杆螺纹的计算是根据蜗轮尺寸来计算的，与齿轮的计算基本相同。蜗杆的压刀角目前普遍采用 $20°$，轴向模数 m_x 规定为标准模数。它的各部分尺寸可用表 9-10 所列公式计算。

表 9-10　　　　　　　　　　　米制蜗杆的各部分名称、符号及尺寸计算

名　　称	计算公式		名　　称	计算公式
轴向模数 m_x	基本参数	导程角 γ		$\tan\gamma=\dfrac{L}{\pi d_1}$
齿顶角 2α	$2\alpha=40°$（齿顶角 $\alpha=20°$）			
齿距 t	$t=\pi m_x$	齿根高	轴向	$f_x=0.843m_x$
导程 L	$L=xp=z_1\pi m_x$		法向	$f_n=0.843m_x\cos\gamma$
全齿高 h	$h=2.2m_x$	齿根槽宽	轴向	$W_x=0.679m_x$
齿顶高 h_a	$h_a=m_x$	W	法向	$W_n=0697m_x\cos\gamma$
齿根高 h_f	$h_f=1.2m_x$		轴向	$s_x=\dfrac{\pi m_x}{2}=\dfrac{p}{2}$
分度圆直径 d_1	$d_1=qm_a$（q 为蜗杆直径系数）	齿厚		
齿顶圆直径 d_a	$d_a=d_1+2m_x$	s		
齿根圆直径 d_f	或　$d_f=d_1-2.4$ $d_f=d_a-4.4m_x$		法向	$s_n=\dfrac{\pi m_x}{2}\cos\gamma=\dfrac{p}{2}\cos\gamma$

例9-3 车削图9-29所示蜗杆，齿顶圆直径 $d_a=42$mm，齿型角为 $20°$，轴向模数 $m_x=3$mm，线数 $z=1$，求蜗杆的各主要参数。

解 根据表9-10中的计算式：

齿距 $t=\pi m_x=3.1416\times3=9.425$(mm)

导程 $L=Z\pi m_x=1\times3.1416\times3=9.425$(mm)

全齿高 $h=2.2m_x=2.2\times3=6.6$(mm)

齿顶高 $h_a=m_x=3$(mm)

齿根高 $h_f=1.2m_x=1.2\times3=3.6$(mm)

分度圆直径 $d_1=d_a-2m_x=42-2\times3=36$(mm)

齿根圆直径 $d_f=d-2.4m_x=36-2.4\times3=28.8$(mm)

齿顶宽（轴向） $f_x=0.843m_x=0.843\times3=2.53$(mm)

齿根槽宽 $W_x=0.697m_x=0.697\times3=2.09$(mm)

轴向齿厚 $s_x=p/2=9.425/2=4.71$(mm)

导程角 γ $\tan\gamma=L/\pi d=9.425/3.1416\times36=0.084$，$\gamma=4°48'$

法向齿厚 $s_n=p/2\cos\gamma=9.425/2\cos4°48'=4.71\times0.9965=4.696$(mm)

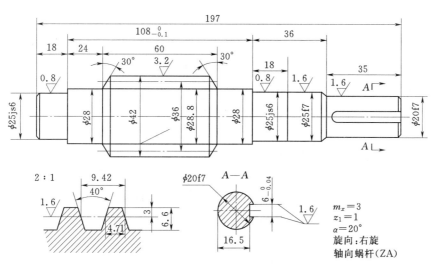

图9-29 蜗杆零件图

二、蜗杆的测量方法

（1）齿顶圆直径（公差较大）可用千分尺、游标卡尺测量；齿根圆直径一般采用控制齿深的方法予以保证。

（2）分度圆直径可用三针或单针测量，方法与测量梯形螺纹相同。计算千分尺的读数值 M 及量针直径 d_D 的简化公式见表9-10。

（3）蜗杆的齿厚测量如图9-30所示，用齿厚游标卡尺进行测量，它是由相互垂直的齿高卡尺和齿厚卡尺组成（其刻线原理和读数方法与游标卡尺完全相同）。测量时，将齿高卡尺读数值调到一个齿顶高（必须排除齿顶圆直径误差的影响），使卡脚在法向卡入齿廓，并做微量往复转动，直到卡脚测量面与蜗杆齿侧平行（此时，尺杆与蜗杆轴线间的夹角恰为导程角），如图 9-30 中 B—B 放大视图所示。

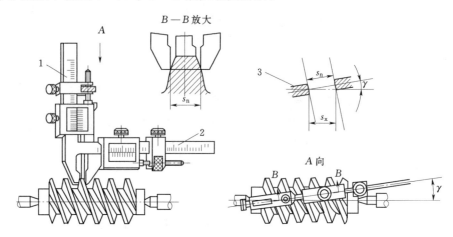

图 9-30 用齿厚游标卡尺测量法向齿厚
1—齿高卡尺；2—齿厚卡尺；3—卡脚

此时的最小读数，即是蜗杆分度圆直径上的法向齿厚 s_n。但图样上一般注明的是轴向齿厚。由于蜗杆的导程角 γ 较大，轴向齿厚无法直接测量出来，所以在测量法向齿厚 s_n 后，再通过换算得到轴向齿厚 s_x 的方法来检验是否正确。

轴向齿厚与法向齿厚的关系是

$$s_n = s_x\cos\gamma = \frac{\pi m_x}{2}\cos\gamma$$

三、蜗杆的车削方法及技能训练

1. 蜗杆车刀

一般选用高速钢车刀，为了提高蜗杆的加工质量，车削时应采用粗车和精车两阶段。

（1）蜗杆粗车刀（右旋）。蜗杆粗车刀如图 9-31 所示，其刀具角度可按下列原则选择：

1）车刀左右刀刃之间的夹角要小于齿型角。

2）为了便于左右切削，并留有精加工余量，刀头宽度应小于齿根槽宽。

3）切削钢件时，应磨有 $10°\sim15°$ 的径向前角。

4）径向后角应为 $6°\sim8°$。

5）进给方向的后角为 $(3°\sim5°)+\gamma$，背着进给方向的后角为 $(3°\sim5°)-\gamma$。

6）刀尖适当倒圆。

（2）蜗杆精车刀。蜗杆精车刀如图 9-31 所示，选择车刀角度时应注意以下几点：

1）车刀刀刃夹角等于齿型角，而且要求对称，切削刃的直线度要好，表面粗糙度值小。

2）为了保证齿型角的正确，一般径向前角取 $0°\sim4°$。

3）为了保证左右切削刃切削顺利，都应磨有较大前角（$\gamma=15°\sim20°$）的卷屑槽。

需特别指出的是：这种车刀的前端刀刃不能进行切削，只能依靠两侧刀刃精车两侧齿面。

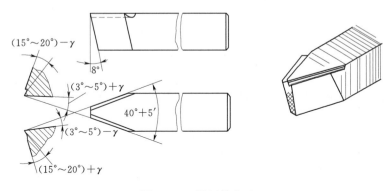

图 9-31　蜗杆精车刀

2. 蜗杆车刀的安装方法

米制蜗杆按齿形可以分为轴向直廓蜗杆（ZH）和法向直廓蜗杆（ZN）。

轴向直廓蜗杆的齿形在蜗杆的轴向剖面内为直线，在法向剖面内为曲线，在端平面内为阿基米德螺旋线，因此又称阿基米德蜗杆［图 9-32（a）］。

法向直廓蜗杆的齿形在蜗杆的齿根的法向剖面内为直线，在蜗杆的轴向剖面内为曲线，在端平面内为延长渐开线，因此又称延长渐开线蜗杆［图 9-32（b）］。

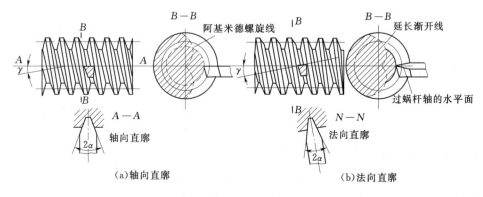

（a）轴向直廓　　　　　　　　（b）法向直廓

图 9-32　蜗杆齿形的种类

工业上最常用的是阿基米德蜗杆（即轴向直廓蜗杆），因为这种蜗杆加工较为简单。若图样上没有特别标明是法向直廓蜗杆，则均为轴向直廓蜗杆。

车削这两种不同的蜗杆时，其车刀安装方式是有区别的。

车削轴向直廓蜗杆时，应采用水平装刀法。即装夹车刀时应使车刀两侧刃组成的平面处于水平状态，且与蜗杆轴线等高［图 9-32（a）］。

车削法向直廓蜗杆时，应采用垂直装刀法。即装车刀时，应使车刀两侧刃组成的平面处于既过蜗杆轴线的水平面内，又与齿面垂直的状态［图 9-32（b）］。

加工螺旋升角较大的蜗杆，若此时采用水平装刀法，那么车刀的一侧刀刃将变成负前角，而两侧刀刃的后角一侧增大，而另一侧减小，这样就会影响加工精度和表面粗糙度，而且还很容易引起振动和扎刀现象。为此，可采用按导程角 γ 调节刀排装刀来进行车削。它可以很容易地满足垂直装刀的要求。操作时，只需使刀体相对于刀柄旋转一个蜗杆导程角 γ，然后用两只螺钉锁紧即可。由于刀体上开有弹性槽，车削时不易产生扎刀现象。

车削阿基米德蜗杆时，本应采用水平装刀法，但由于其中一侧切削刃的后角变小，为使切削顺利，在粗车时也可采用垂直装刀法，如图 9-33 所示，但在精车时一定要采用水平装刀法，以保证齿形正确。

安装模数较小蜗杆车刀时，可用样板找正；安装模数较大的蜗杆时，通常用万能角度尺来找正，如图 9-34 所示。

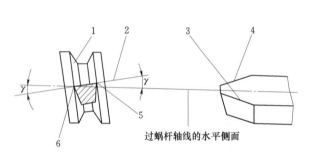

图 9-33 垂直装刀法

1—齿面；2—前刀面；3,6—左切削刃；4,5—右切削刃

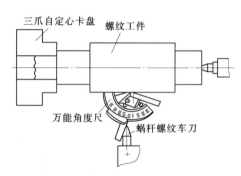

图 9-34 用万能角度尺安装车刀

3. 蜗杆的车削方法

车削蜗杆与车削梯形螺纹方法相似，所用的车刀刃口都是直线形的，刀尖角 $2\alpha = 40°$。

首先根据蜗杆的导程（单线蜗杆为齿距），在操作的车床进给箱铭牌上找到相应的数据，来调节各有关手柄的位置，一般不需进行交换齿轮的计算。

由于蜗杆的导程大、牙槽深、切削面积大，车削方法比车梯形螺纹困难，故常选用较低的切削速度，并采用倒顺车的方法来车削，以防止乱牙。粗车时可根据螺距的大小，选用下述 3 种方法中的任一种方法：

（1）左右切削法。为防止 3 个切削刃同时参加切削而引起扎刀，一般可选用图 9-35 所示粗车刀，采取左右进给的方式，逐渐车至槽底，如图 9-36（a）所示。

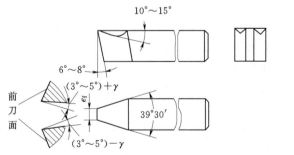

图 9-35 右旋蜗杆粗车刀

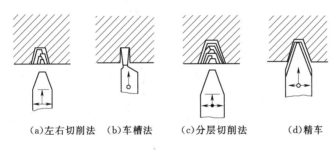

（a)左右切削法 （b)车槽法 （c)分层切削法 （d)精车

图 9-36 蜗杆的车削方法

（2）切槽法。当 $m_x > 3$mm 时，先用车槽刀将蜗杆直槽车至齿根处，然后再用粗车刀粗车成形，如图 9-36（b）所示。

（3）分层切削法。当 $m_x > 5$mm 时，由于切削余量大，可先用粗车刀，按图 9-36（c）所示方法，逐层地切入直至槽底。精车时，则选用如图 9-31 所示两边带有卷屑槽的精车刀，将齿面精车成形，达到图样要求，如图 9-36（d）所示。

4．车削蜗杆的技能训练（图 9-37）

加工步骤如下：

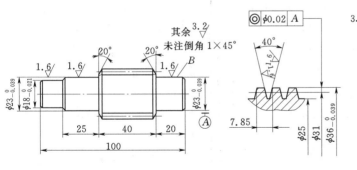

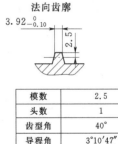

模数	2.5
头数	1
齿型角	40°
导程角	3°10′47″
线型	阿基米德螺旋线
旋向	右

图 9-37 蜗杆车削练习

（1）用三爪自定心卡盘装夹坯料，坯料伸出长度约 80mm。

（2）车端面，钻中心孔 A2.5/5.3。

（3）粗车齿顶圆直径至 $\phi37$mm，长度大于 60mm。

（4）粗车 $\phi23_{-0.039}^{\ 0}$mm 外圆至 $\phi24$mm，长 19.5mm。

（5）调头装夹 $\phi37$mm 外圆，找正并夹紧，车端面保证总长 100mm，钻中心孔 A2.5/5.3。

（6）粗车 $\phi23_{-0.039}^{\ 0}$mm 外圆至 $\phi24$mm，长 39.5mm。

（7）粗车 $\phi18_{-0.02}^{\ 0}$mm 至 $\phi20$mm，长 14.5mm。

（8）用两顶尖安装工件，分别精车蜗杆齿顶圆直径至 $\phi36_{-0.039}^{\ 0}$mm 两端各阶台外圆至 $\phi23_{-0.039}^{\ 0}$mm 及 $\phi18_{-0.02}^{\ 0}$mm，并倒 $1 \times 45°$ 角，使表面粗糙度达到图样要求。

（9）粗车蜗杆。

1）由于粗车蜗杆切削余量较大，工件宜采取一夹一顶方式安装，故选择 *B* 端外圆表面作为定位基准，在此表面包铜皮，装夹在三爪自定心卡盘中，另一端则以后顶尖支撑，以满足形位公差的要求。

2）粗车蜗杆前还应调整交换齿轮箱中齿轮，对于 CA6140 型车床，车模数蜗杆应选用齿数分别为 64、100、97 的齿轮。根据工件模数，并按进给箱上铭牌米制蜗杆一栏查出所标注各手柄的位置，并调整各手柄到位。

3）由于蜗杆齿为轴向直廓蜗杆，故粗车时宜采取垂直装刀法。由于 $m_x = 2.5mm$，可选择切槽法或左右切削法，均可粗车成形。当粗车齿深至 4.5mm 及法向齿厚 $s_n = 4.3mm$ 时，开始准备精车。粗车蜗杆时切削速度可选 $15 \sim 20m/min$。

（10）精车蜗杆。

1）工件安装方式不变，按水平装刀法安装蜗杆精车刀，先用样板校正车刀，然后用静态法对刀，其方法如下：使车床主轴停转，摇动小滑板使车刀切削刃正好对准已粗车的螺旋槽中，摇动中滑板使车刀前端切削刃与齿根（槽底）接触，记下此时中滑板的刻度值并退回车刀。

2）再用动态法继续精确对刀，其方法如下：在车床主轴旋转过程中，逐步调整中、小拖板，使车刀切削刃对准蜗杆的槽底，必须记下中拖板刻度值，也可调至零位。

3）精车左侧面。逐步摇动小滑板（中滑板此时摇至与零位相差半格处），使车刀左切削刃与左侧面接触后退回起始位置，以切削深度为 $0.05 \sim 0.01mm$ 逐渐递减车削左侧面，同时每次进刀都将中滑板逐步摇至齿根尺寸，如此车削 $3 \sim 5$ 次，使表面粗糙度达到图样要求即可。为了保证另一侧有足够的精车余量，应经常用齿厚游标卡尺控制法向齿厚的加工余量。

4）精车右侧面。与精车左侧面类似，将小拖板摇至与右侧面接触，退回起始位置，逐渐将右侧面车至满足图样要求的法向齿厚尺寸 $s_n = 3.92^{\ 0}_{-0.10}mm$。

（11）倒角。用蜗杆车刀两侧切削刃分别倒蜗杆起始和结尾处的角度。

（12）检查。

5. 注意事项

（1）刚开始车蜗杆时，应先检查齿距是否正确。

（2）由于蜗杆的导程角较大，车刀的两侧后角应适当增减。

（3）鸡心夹头应紧靠卡爪并牢固工件；否则车螺纹时容易移位，损坏工件。

（4）粗车蜗杆时，调整床鞍与机床导轨之间的间隙使之小些，以减小窜动量。

（5）粗车较大模数的蜗杆时，应尽量提高工件的装夹刚性，最好采用一夹一顶装夹。

（6）精车蜗杆时，应注意工件的同轴度。车刀前角应取大些，刃口要平直、锋利。车削时采用低速，并加注充分切削液。为了更好地提高齿侧的光洁度，可采用刚开车就立即停车，利用主轴的惯性，切速慢，如此反复进行。

（7）车削时，每次切入深度要适当，同时要经常测量法向齿厚，以控制精车余量。

（8）中滑板手动进给时要防止多摇一圈，以免发生撞刀现象。

（9）车削蜗杆螺纹在退刀槽处，若带有较大阶台，或退刀处离卡盘很近时，注意及时退刀并操控主轴反转，防止发生损坏机床和工件的事故。

第六节　车多线螺纹和多线蜗杆

一、多线螺纹和多线蜗杆

螺纹和蜗杆有单线和多线之分。沿一条螺旋线所形成的螺纹称为单线螺纹（蜗杆）。沿两条或两条以上的螺旋线所形成的螺纹，该螺旋线在轴向等距分布，称之为多线螺纹（蜗杆）。多线螺纹旋转一周时，能移动单线螺纹的 2 倍或几倍螺距，所以多线螺纹常用于快速移动机构中。判定螺纹的线数，可根据螺纹尾部螺旋槽的数目［图 9 - 38（a）］，或从螺纹的端面上判定螺纹的线数［图 9 - 38（b）］。

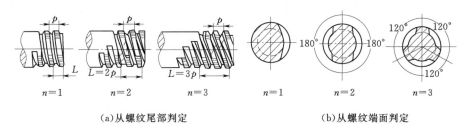

(a)从螺纹尾部判定　　　　(b)从螺纹端面判定

图 9 - 38　单线螺纹和多线螺纹

（1）多线螺纹的导程（L）。这是指在同一条螺旋线上相邻两牙在中径线上对应两点之间的轴向距离。多线螺纹的导程与螺距的关系是：$L=np$(mm)。对于单线螺纹（或单线蜗杆），其导程就等于螺距（n 为线数）。

（2）多线蜗杆的导程（L）。这是指在同一条螺旋线上的相邻两齿在分度圆直径上对应两点之间的轴向距离。导程与轴向齿距（p）的关系 $L=np$(mm)。

（3）多线螺纹的代号表示不尽相同，普通多线三角形螺纹的代号用：螺纹特征代号×导程/线数表示，如 M48×3/2、M36×4/2 等。

梯形螺纹由螺纹特征代号×导程（螺距）表示，如 Tr40×14（$p7$）。

在计算多线螺纹或多线蜗杆的螺纹升角及蜗杆导程角时，必须按导程计算，即

$$\tan\psi=\frac{np}{\pi d_2}$$

$$\tan\gamma=\frac{np}{\pi d_1}$$

式中　ψ——螺纹升角；

np——螺纹导程，n 为螺纹线数；

d_2——螺纹中径；

γ——蜗杆导程角；

d_1——蜗杆分度圆直径。

多线螺纹（蜗杆）各部分尺寸的计算方法与单线相同。

在 CA6140 型车床上车削螺纹和蜗杆时，一般不需要进行交换齿轮计算，只需在走刀箱（进给箱）上的铭牌中根据所车工件的导程找到相应手柄的位置，并使其调整到位即

可。但对于在铭牌上查不到的非标螺距（导程），则需按工件导程重新计算，搭配交换齿轮，并使主轴箱输出的运动经过交换齿轮箱，直连丝杠（运动虽然经过进给箱但不改变速比）。

其交换齿轮的计算原理可根据车削精密螺纹和非标准螺纹传动路线的有关内容。此处仅给出计算式，即

$$\frac{np_1}{p_{丝}}=\frac{z_1}{z_2}\times\frac{z_3}{z_4}$$

式中　np_1——工件的导程，mm；

　　　$p_{丝}$——车床丝杠的螺距，mm（CA6140 型车床 $p_{丝}=12$mm）；

　z_1、z_3——交换齿轮箱中主动齿轮；

　z_2、z_4——交换齿轮箱中从动齿轮。

按照上式计算，有时只需一对齿轮就可满足要求，则交换齿轮箱中仅有 z_1、z_2 和中间齿轮（$z=100$）；有时则需两对齿轮才行，那么交换齿轮箱中就有 4 个齿轮，即 z_1、z_2、z_3、z_4，则不需中间齿轮（$z=100$）。

例 9-4　若在 CA6140 车床上加工普通多线螺纹 M40×3.75/2，因其导程 3.75mm 在车床进给箱上的铭牌中无此数据，试计算其交换齿轮。

解　根据有关交换齿轮计算公式：

$$i=\frac{np_1}{p_{丝}}=\frac{z_1}{z_2}=\frac{2\times3.75}{12}=\frac{75}{120}$$

则 $z_1=75$、$z_2=120$ 为所求交换齿轮。

式中　i——速比；

　　np_1——线数与螺距的乘积（即导程）；

　　$p_{丝}$——机床丝杠螺距。

还有一种方法是：对于非标准螺纹，虽然在铭牌上找不到所需导程，但可先在铭牌上选取一个与需要车削的工件导程成一定倍数或简单比值的螺距值，经过计算，再调整交换齿轮和手柄位置（此手柄位置为在铭牌上所选的螺距值所对应的手柄位置）。

其计算式为

$$i_2=\frac{np_1}{p}\times i_1$$

式中　i_1——铭牌上原交换齿轮传动比；

　　i_2——车削非标准螺纹的交换齿轮的传动比；

　　np_1——工件导程，mm；

　　p——铭牌上所选取的螺距，mm。

二、车多线螺纹和多线蜗杆时的分线方法

车削多线螺纹（或蜗杆）与车削单线螺纹（或蜗杆）的不同之处是：按导程计算交换齿轮，按螺纹（或蜗杆）线数分线。

1. 车削多线螺纹（蜗杆）应满足的技术条件

（1）多线螺纹（蜗杆）的螺距必须相等。

（2）多线螺纹（蜗杆）每条螺纹的小径（底径）要相等。

（3）多线螺纹（蜗杆）每条螺纹的牙型角要相等。

车削多线螺纹时，主要是考虑螺纹分线方法和车削步骤的协调。多线螺纹（或蜗杆）的各螺旋槽在轴向是等距离分布的，在端面上螺旋线的起点是等角度分布的，而进行等距分布（或等角度分布）的操作叫做分线。

若螺纹分线出现误差，使车的多线螺纹的螺距不相等，则会直接影响内外螺纹的配合性能（或蜗杆与蜗轮的啮合精度），增加不必要的磨损，降低使用寿命。因此必须掌握分线方法，控制分线精度。

根据多线螺纹在轴向和圆周上等距分布的特点，分线方法有轴向分线法和圆周分线法两种。

2. 轴向分线法

当车好第一条螺旋槽后，把车刀沿螺纹（或蜗杆）轴线方向移动一个螺距，再车第二螺旋槽。按这种方法只需精确控制车刀移动的距离，就可以完成分线工作。具体控制方法可采用：

（1）用小拖板刻度确定直线移动量分线。在车好一条螺旋槽后，利用小拖板刻度使车刀移动一个螺距，再车相邻的另一条螺旋槽，从而达到分线的目的。

小拖板刻度转过的格数 K 可用下式计算，即

$$K = \frac{p}{a}$$

式中 p——螺距；

  a——小拖板刻度盘每格移动的距离，mm。

例 9-5 车削 Tr36×12（$p=6$mm）螺纹时，车床小滑板刻度每格为 0.05mm，求分线时小滑板刻度应转过的格数。

解 先求出螺距，从题目中知 $p=6$mm。

分线时小拖板应转过的格数为 $K = \dfrac{p}{a} = \dfrac{6}{0.05} = 120$（格）。这种分线方法简单，不需要辅助工具，但分线精度不高，一般用于多线螺纹的粗车，适于单件、小批量生产。

（2）利用百分表和量块分线。在对螺距精度要求较高的螺纹和蜗杆分线时，可用百分表和量块控制小拖板的移动距离（图 9-39）。把百分表固定在刀架上，并在大拖板上装一固定挡块，在车削前，移动小拖板，使百分表触头与挡块接触，并把百分表调整至零位。当车好第一条螺旋槽后，移动小拖板，使百分表指示的读数等于被车螺距。在对螺距较大的多线螺

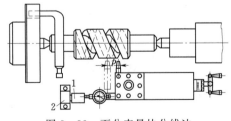

图 9-39 百分表量块分线法
1—量块；2—挡块

纹（或蜗杆）进行分线时，因受百分表行程的限制，可在百分表与挡块之间垫入一块（或一组）量块，其厚度最好等于工件螺距（或齿距）。当百分表读数与量块厚度之和等于工件的螺距时，方可车削第二条螺旋线。

3. 圆周分线法

当车好第一条螺旋线后，脱开主轴与丝杠之间的传动联系，使主轴旋转一个角度 θ（$\theta = \dfrac{360°}{\text{线数}}$），然后再恢复主轴与丝杠之间的传动联系，并车削第二条螺旋线的分线方法称为圆周分线法。

（1）利用三爪自定心卡盘、四爪单动卡盘分线。当工件采用两顶尖装夹，并用卡盘的卡爪代替拨盘时，可利用三爪自定心卡盘分三线螺纹，利用四爪单动卡盘分双线和四线螺纹。车好一条螺旋槽之后，只需要松开顶尖，把工件连同鸡心夹头转过一个角度，由卡盘上的另一只卡爪拨动，再用顶尖支撑好后就可车削另一条螺旋槽。这种分线方法比较简单，由于卡爪本身分线精度不高，使得工件分线精度也不高。

（2）利用交换齿轮分线。当车床主轴上交换齿轮（即 z_1）齿数是螺纹线数的整倍时，就可利用交换齿轮进行分线。分线时，开合螺母不能提起。当车好第一条螺旋线后，在主轴交换齿轮 z_1 上根据螺纹线数等分（图 9-40 中，若 $z_1 = 60$，$n = 3$，则 3 等分齿轮于 1、2、3 点标记处），再以 1 点为起始点，在与中间齿轮上的啮合处也做一标记"0"。然后脱开主轴交换齿轮 z_1 与中间齿轮的传动，单独转动齿轮 z_1，当 z_1 转过 20 个齿，到达 2 点位置时，再使主轴交换齿轮 z_1 上的 2 点与中间齿轮上的"0"点啮合，就可以车削第二条螺旋线了。当第二条螺旋线车好后，重新脱开 z_1 和齿轮的传动，再单独转动主轴交换齿轮 z_1，当 z_1 又转过 20 个齿到达 3 点位置时，将 z_1 齿轮上的 3 点与中间齿轮上的"0"点啮合，就可以车第三条螺旋线了。

用交换齿轮分线的优点是分线精度高，但比较麻烦。

（3）用多孔插盘分线。图 9-41 所示为车多线螺纹（或多线蜗杆）用的多孔插盘。装在车床主轴上，转盘上有等分精度很高的定位插孔（分度盘一般等分 12 孔或 24 孔），它可以对线数为偶数的螺纹（或蜗杆）进行分线。

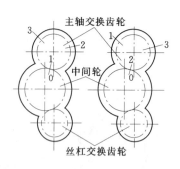

图 9-40　交换齿轮分线法

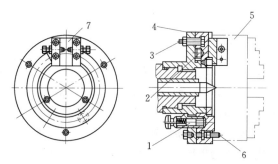

图 9-41　分度盘

1—定位插销；2—定位插孔；3—紧固螺母；4—转盘；
5—夹具；6—螺钉；7—定位块

分线时，先停车松开紧固螺母后，拔出定位插销，把转盘旋转一个 $360°/n$ 角度，再把插销插入另一个定位孔中，紧固螺母，分线工作就完成。转盘上可以安装卡盘与夹持工件，也可以装上定位块拨动夹头，进行两顶尖间的车削。

这种分线方法的精度主要决定于多孔转盘的等分精度。等分精确，可以使该装置获得很高的分线精度。多孔插盘分线操作简单、方便，但分线数量受插孔数量限制。

三、多线螺纹和多线蜗杆的车削方法及技能训练

1. 车削多线螺纹和多线蜗杆的方法

车多线螺纹时，绝不可将一条螺旋线车好后，再车另一条螺旋槽。加工时应按下列步骤进行：

（1）粗车第一条螺旋槽时，记住中、小拖板的刻度值。

（2）根据多线螺纹的精度要求，选择适当的分线方法进行分线。粗车第二条、第三条、……螺旋槽。如用轴向分线法，中滑板的刻度值应与车第一条螺旋槽时相同。如用圆周分线时，中、小拖板的刻度值应与第一条螺旋槽相同。

（3）采用左右切削法加工多线螺纹时，为了保证多线螺纹的螺距精度，车削每条螺旋槽时车刀的轴向移动量（借刀量）必须相等。

（4）按上述方法精车各条螺旋槽。

2. 技能训练

车梯形多线螺纹（图 9-42）

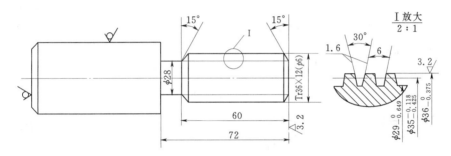

图 9-42　梯形多线螺纹车削练习

加工步骤如下：

（1）工件伸出 80mm 左右，找正夹紧。

（2）粗、半精车外圆 $\phi36mm \times 72mm$。

（3）切槽 $\phi28mm \times 12mm$ 至尺寸。

（4）两侧倒角 $\phi29mm \times 15°$。

（5）粗车梯形螺纹。

1）粗车梯形螺纹第一条螺旋槽，其导程为 12mm。

2）用小滑板分线，其螺距为 6mm，粗车梯形螺纹第二条螺旋槽。

（6）精车梯形螺纹大径至 $\phi36_{-0.375}^{0}$mm，表面粗糙度值达 $R_a 3.2\mu m$。

（7）精车梯形多线螺纹，用量块、百分表分线。

1）精车第一条螺旋槽，两侧面表面粗糙度值达 $R_a 1.6\mu m$。

2）精车第二条螺旋槽，两侧面表面粗糙度值达 $R_a 1.6\mu m$。

（8）用三针测量梯形螺纹中径。

3. 注意事项

（1）多线螺纹导程大，走刀速度快，车削时要防止车刀、刀架及中、小滑板碰撞卡盘

和尾座。

（2）由于多线螺纹升角大，车刀两侧后角要相应增减。

（3）用小拖板刻度分线时应做到：

1）先检查小拖板在合理的位置是否满足行程分线要求。

2）小拖板移动方向必须与车床主轴轴线平行；否则会造成分线误差。

3）在每次分线时，小拖板手柄转动方向要相同；否则由于丝杠与螺母之间的间隙而产生误差。在采用左右切削法时，一般先车牙型左侧面，再车牙型的右侧面。

4）在采用直进法车削小螺距多线螺纹工件时，应调整小拖板的间隙，但不能太松，以防止切削时移位，影响分线精度。

（4）用百分表分线时，应使百分表测杆平行于主轴轴线；否则也会产生分线误差。

（5）精车时要多次循环分线，第二次或第三次循环分线时，不准用小拖板赶刀（借刀），只能在牙型面上单面车削，以矫正赶刀或粗车时所产生的误差。经过循环车削，既能消除分线或赶刀所产生的误差，又能提高螺纹的精度和表面粗糙度。

（6）当车完多线螺纹（蜗杆）工件后，应关闭电源，及时调整好交换齿轮以及螺距手柄的位置。

（7）多线螺纹分线不正确的原因。

1）小拖板移动距离不正确。

2）车刀修磨后，未对准原来的轴向位置，或随便赶刀，使轴向位置移动。

3）工件未紧固，切削力过大，而造成工件微量移动，则使分线不正确。

四、螺纹的分类、特点及应用（表 9 - 11）

表 9 - 11　　　　　　　　　螺纹的种类、特点及应用

种类	特征代号	牙 型 图	特 点 及 应 用
普通螺纹	M	牙型角 $\alpha = 60°$	牙型角 $\alpha=60°$，自锁性好，螺牙抗剪强度高。同一直径按螺距大小不同分为粗牙和细牙，两种应用最广。一般连接多用粗牙。细牙用于薄壁零件，也常用于受变载、冲击、振动处的连接，还可用于微调机构的调整元件中
管螺纹	G	55°非密封管螺纹	牙型角 $\alpha=55°$，其尺寸代号近似为管子内径。内、外螺纹公称牙型间没有间隙，多用于压力不大于1.568MPa 的水、煤气管路以及润滑、电线管路系统

种类	特征代号	牙型图	特点及应用
管螺纹	R	 55°密封管螺纹	牙型角 $\alpha=55°$，螺纹分布在 1：16 的圆锥管壁上，其尺寸代号近似为管子内径。内、外螺纹公称牙型间没有间隙，不用填料而靠螺牙变形就可保证连接的紧密性。当与圆柱管螺纹（内螺纹）配用时，在 1MPa 压力下足够紧密，用于高温、高压系统和润滑系统。适用于管子、管接头、阀门、旋塞及其他管连接附件
	NPT	 60°圆锥管螺纹	与 55°圆锥管螺纹相似，但牙型角 $\alpha=60°$，常用于汽车、拖拉机、机床及飞机等的管路系统
	ZM	 米制锥螺纹	与 55°圆锥管螺纹相似，但牙型角 $\alpha=60°$。螺纹副本身具有密封性，必要时允许加密封填料，用于依靠螺纹密封的气、液体管路连接
矩形螺纹			牙型为正方形，牙厚为螺距的一半，传动效率较其他螺纹高。螺纹副磨损后的间隙难以补偿或修复，对中精度低，牙根强度弱，精确制造较难。它属非标准螺纹。推荐尺寸为：$d=\dfrac{5}{4}d_1$，$p=\dfrac{1}{4}d_1$。一般用于力的传递，如千斤顶、小型压力机等
梯形螺纹	Tr		牙型角 $\alpha=30°$，螺纹副的小径和大径处有相等的间隙。与矩形螺纹相比，效率略低，但工艺性好、牙根强度高、对中性好。采用剖分螺母时可以调整间隙，常用于传动螺旋，如机床丝杠等
锯齿形螺纹	B		其工作面的牙型斜角为 3°，非工作面的牙型斜角为 30°，综合了矩形螺纹效率高和梯形螺纹牙强度高的优点。且外螺纹牙底有相当大的圆角以减小应力集中，螺纹副大径处无间隙，便于对中。用于单向受力的传动螺旋，如轧钢机压下螺旋、螺旋压力机、水压机、起重机吊钩等

车削螺纹常见问题及处理方法见表 9 – 12。

表 9 – 12　　　　　　　　　　　　　　车削螺纹常见问题及处理方法

常见问题	产 生 原 因	处 理 方 法
尺寸不正确	(1) 车外螺纹前的直径不对，车内螺纹前的孔径不对。 (2) 车刀刀尖磨损。 (3) 螺纹车刀切深过大或过小	(1) 根据计算尺寸车削外圆与内孔。 (2) 经常检查车刀并及时修磨。 (3) 车削时严格掌握螺纹切入深度
螺距不正确	(1) 挂轮在计算或搭配时错误，进给箱手柄位置放错。 (2) 车床丝杠和主轴窜动。 (3) 开合螺母调整铁松动	(1) 车削螺纹时先车出很浅的螺纹线，检查螺距是否正确。 (2) 调整好车床主轴和丝杠的轴向圆跳动。 (3) 调整好开合螺母塞铁，必要时在手柄上挂上重物
牙型不正确	(1) 车刀安装不正确，产生半角误差。 (2) 车刀刀尖角刃磨不正确。 (3) 车刀磨损	(1) 用样板对刀。 (2) 正确刃磨和测量刀尖角。 (3) 合理选择切削用量和及时修磨车刀
螺纹表面粗糙度超差	(1) 切削用量选择不当。 (2) 排屑流出方向不对。 (3) 刀具刃口质量差。 (4) 产生积屑瘤拉毛螺纹侧面。 (5) 切削液的润滑性能不佳。 (6) 刀杆刚性不够产生振动	(1) 高速钢车刀螺纹的切削速度不能太高，切削厚度应小于 0.06mm，并加性能较好的冷却润滑液。 (2) 硬质合金车刀高速车螺纹时，最后一刀的切削厚度要大于 0.1mm，切屑要垂直于轴线方向排出。 (3) 降低刀具各刃磨面的粗糙度值，减小刀刃钝圆半径，刃口不得有毛刺、缺口。 (4) 合理选择切削速度，避免积屑瘤的产生。 (5) 选择有极性添加剂的切削液，或采用动（植）物油极化处理，以提高油膜的抗压强度。 (6) 刀杆不能伸出过长，并尽量选用粗刀杆，适当调整机床各部位间隙
扎刀和顶弯工件	(1) 车刀径向前角太大。 (2) 工件刚性差，而切削用量太大。 (3) 刀杆刚性差。 (4) 进刀方式不当	(1) 减小车刀径向前角，调整中拖板丝杠螺母间的间隙。 (2) 合理选择切削用量，增加工件装夹刚性。 (3) 刀头伸出刀架的长度不大于 1.5 倍的刀杆高度，采用弹性刀杆。 (4) 改径向进刀为斜向或轴向进刀，采用跟刀架
螺纹乱扣	工件螺距不是机床丝杠螺距值的整倍数时，返回行程时提起开合螺母	当工件螺距不是机床丝杆螺距的整倍数时，返回行程应打反车，而不得提起开合螺母，或使用乱扣盘
多头螺纹有大小牙	(1) 分头不准。 (2) 中途改变了车刀的径向或轴向位置	(1) 提高分头精度。 (2) 每当车刀的径（轴）向位置改变时，必须将多头螺纹都车削一遍

小　　结

本章主要介绍螺纹的理论知识和螺纹的加工，普通螺纹、特种螺纹的区别与作用，蜗杆工作原理，加工多线螺纹、多线蜗杆、操作方法。详细介绍大螺旋角车刀刃磨等知识。

学习之后：①本章内容实践性强，在日常生活中随处可见，分析标准螺钉与非标螺钉在成本上和制造上有什么不同；②在实习时要勤于动手，想想为什么在车螺纹时必须对机床进行调整。

思 考 题

1. 什么叫螺纹？在车床上怎样车削螺纹？

2. 普通螺纹与英制螺纹有何区别？

3. 粗牙普通螺纹代号与细牙普通螺纹代号有什么不同？

4. 写出螺纹牙型角、螺距、中径、螺纹升角的定义和代号。

5. 三角形螺纹按其规格及用途不同，一般可分成哪 3 种？

6. 管螺纹有哪几种？螺纹标记 G3/4，G3/4A，G1/2 - LH，R1/2，R1 - LH 分别表示什么含义？

7. 管螺纹的公称直径是指哪个直径？

8. 车螺纹时，车刀左、右两侧后角会产生什么变化？怎样确定两侧后角刃磨时的角度值？

9. 车螺纹时，车刀左、右两侧前角会发生什么变化？如何改进？

10. 梯形螺纹的标记中只标注什么公差带？为什么？

11. 螺纹车刀径向前角 $\neq 0°$ 时，在刃磨车刀时，如何确定车刀两侧切削刃之间的夹角 ε_r 的数值？

12. 低速车削螺纹有哪些方法？各有哪些优、缺点？并说明适用场合。

13. 用硬质合金车刀高速车削螺纹时，刀尖角是否等于牙型角？为什么？

14. 测量三角形外螺纹中径可用哪些方法？一般采用哪种方法较为方便？

15. 如何确定普通内螺纹车削螺纹前的孔径？

16. 试绘出车削 Tr40×6 螺纹高速钢精车刀的几何形状，并注上尺寸及角度。

17. 车削梯形螺纹有哪几种方法？当螺距较大时，应采用哪些方法？

18. 梯形螺纹标准规定内、外螺纹各有哪几种公差带位置？

19. 梯形螺纹的完整标记由哪些内容组成？单举例说明。

20. 试查表确定 Tr36×6 - 7e 螺纹各直径的极限偏差。

21. 常用蜗杆齿形有哪两种？

22. 如何根据蜗杆的齿形选用适当的装刀方法？

23. 已知蜗杆 $\alpha = 40°$，齿顶圆直径 $d_a = 60mm$，轴向模数 $m_x = 3$，试计算分度圆直径 d_1，全齿高 h，齿顶宽 S_a 和齿根宽 e_f。

24. 什么叫多线螺纹？导程和螺距的关系是什么？

25. 为什么必须重视多线螺纹和多线蜗杆的分线精度？

26. 多线螺纹的分线方法有哪两种？每一种中有哪些具体方法？

27. 用百分表和量块进行分线时应注意些什么？

28. 用交换齿轮数分线有哪些优、缺点？

29. 成批生产多线螺纹时，用哪种分线方法最理想？

30. 车螺纹时产生乱牙的原因是什么？怎样防止乱牙？

31. 在车床上攻螺纹应选什么攻螺纹工具？它可以防止攻螺纹过程中发生的什么事故？

32. 在车床上用板牙套螺纹应注意哪些事项？

33. 用齿轮游标卡尺测量蜗杆的法向齿厚时，齿高卡尺应调到什么尺寸？法向齿厚应如何计算？在测量时应注意哪些事项？

34. 试列出车削图 9-43 所示梯形外螺纹工件的加工步骤。

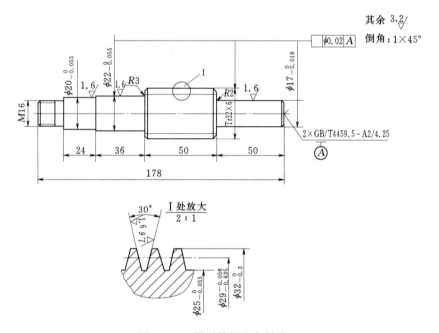

图 9-43　梯形外螺纹车削练习

35. 试列出车削图 9-44 所示梯形内螺纹的加工步骤。

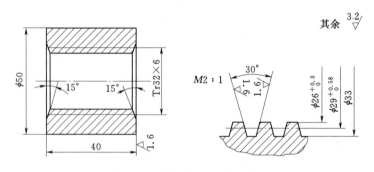

图 9-44　梯形内螺纹车削练习

36. 试列出车削图 9-45 所示蜗杆工件的加工步骤（模数 2，法向齿厚 $3.13_{-0.040}^{-0.020}$ mm）。

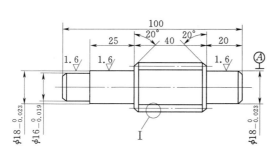

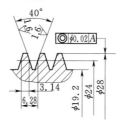

图 9-45　蜗杆车削练习

习　题

一、填空题

1. 普通螺纹的螺距常用钢尺和_____进行测量。

2. 高速切削梯形螺纹时，为防止切屑拉毛牙侧，不能采用左右切削法，只能用_____法。

3. 螺纹的主要测量参数有螺距、顶径和_____尺寸。

4. 螺纹车刀的纵向前角不等于0°时，两侧切削刃不通过工件轴线，车出的螺纹牙侧不是直线，而是_____线。

5. 蜗杆螺纹精车刀要求刀尖角等于齿型角，刀刃_____，表面粗糙度要细。

6. 左右切削法和直进法不易产生_____现象。

7. 低速切削梯形螺纹时，进刀方法可分直进法、_____槽法和左右切削法3种。

8. 根据多头螺纹的形成原理，其分头方法可分为_____分头法和小拖板分头法。

9. 一般蜗杆根据其齿形可分为_____和轴向直廓蜗杆。

10. 蜗杆可分圆柱面蜗杆和_____面蜗杆传动两大类。

11. 作传动用的螺纹精度要求较高，它们的螺距和螺旋升角_____。

12. 开合螺母的功用是_____或断开丝杆传来的运动。

二、选择题

1. 法向直廓蜗杆在垂直于轴线的截面内，齿形是（　　）。

A. 延长渐开线　　　B. 渐开线　　　　C. 螺旋线　　　　D. 阿基米德螺旋线

2. 车床的开合螺母机构主要是用来（　　）。

A. 防止过载　　　　　　　　　B. 自动断开走刀运动

C. 接通或断开车螺纹运动　　　D. 自锁

3. 螺纹的顶径是指（　　）。

A. 外螺纹大径　　　B. 外螺纹小径　　　C. 内螺纹大径　　　D. 内螺纹小径

4. 高速车削螺纹时，硬质合金螺纹车刀的刀尖角应（　　）螺纹的牙型角。

A. 大于　　　　　　B. 小于　　　　　　C. 等于　　　　　　D. 远远大于

5. 精车法向直廓蜗杆，装刀时车刀两侧刃组成的平面应（　　）。

A. 平行于齿面　　　　B. 垂直于齿面　　　　C. 平行于轴线　　　　D. 垂直于轴线

6. 在丝杆螺距为 6mm 的车床上，车削（　　）螺纹不会产生乱扣。

A. M8　　　　　　　　B. M12　　　　　　　　C. M20　　　　　　　　D. M24

7. 普通三角形螺纹车刀的刀尖角应等于（　　）。

A. 30°　　　　　　　　B. 40°　　　　　　　　C. 55°　　　　　　　　D. 60°

8. 蜗杆粗车刀的刀尖宽度（　　）螺纹槽底宽。

A. 小于　　　　　　　　B. 等于　　　　　　　　C. 大于

9. 轴向直廓蜗杆在轴向截面内牙形是（　　）。

A. 曲线　　　　　　　　B. 直线

10. 车床丝杠的轴向窜动将造成被加工螺纹的（　　）螺距误差。

A. 渐进性　　　　　　　　B. 周期性　　　　　　　　C. 非周期性

11. 在丝杆螺距为 6mm 的车床上，车削（　　）螺纹不会产生乱扣。

A. M8　　　　　　　　B. M12　　　　　　　　C. M20　　　　　　　　D. M24

三、判断题

（　　）1. 用较厚的螺纹样板测量有纵向前角车刀的刀尖角，样板应平行于车刀切削刃放置。

（　　）2. 车螺纹时，车刀走刀方向的实际前角增大，实后角减少。

（　　）3. $m_x = 3$，分度圆直径 $d_1 = 361mm$，线数 $z = 1$，$\alpha = 20°$的右旋蜗杆，其齿根圆直径为 288mm。

（　　）4. 齿轮的标准压力角和标准模数均在分度圆上。

（　　）5. 蜗杆传动中，都是蜗轮带动蜗杆转动的。

（　　）6. 用较厚的螺纹样板测量有纵向前角的车刀的刀尖角时，样板应平行于车刀。

（　　）7. 具有纵向前角的螺纹车刀，车出来的螺纹牙侧是曲线，不是直线。

（　　）8. 轴向直廓蜗杆又称延长渐开线蜗杆。

四、简答题

1. 用三针法测量 Tr30×10 螺纹，应选钢针直径为多少？测的 M 值应为多少？

2. 车削外径为 100，模数为 10 的模数螺纹，计算部分尺寸。

3. 车削螺旋升角为 $6°30'$ 的右旋螺纹时，车刀两侧静止后角各应刃磨多少度？

4. 叙述用小拖板车多头螺纹的步骤。

5. 试述车多头螺纹的步骤。

6. 车床丝杠螺距 6mm，现加工螺距为 1.5mm 的螺纹，问是否乱扣？

第十章 较复杂零件的车削

在车削中，有时会遇到一些外形较复杂和形状不规则的零件或精度高、加工难度大的（如细长轴、薄壁、深孔）工件，如图 10-1 所示。

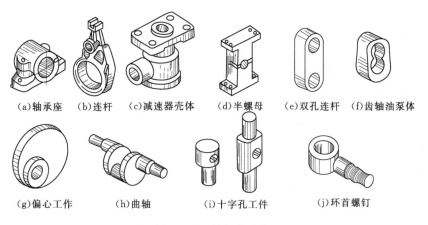

(a)轴承座　(b)连杆　(c)减速器壳体　(d)半螺母　(e)双孔连杆　(f)齿轴油泵体

(g)偏心工作　　　(h)曲轴　　　(i)十字孔工件　　(j)环首螺钉

图 10-1　较复杂零件

这些外形奇特的工件，通常需用相应的车床附件或专用车床夹具来加工。当数量较少时，一般不设计专用夹具，而使用花盘、角铁等一些车床附件（图 10-2）来加工，既能保证加工质量，又能降低生产成本。

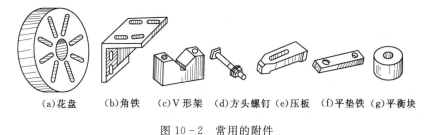

(a)花盘　　(b)角铁　　(c)V 形架　(d)方头螺钉 (e)压板　(f)平垫铁 (g)平衡块

图 10-2　常用的附件

第一节　在花盘和角铁上车削工件

一、在花盘上车削工件的方法及技能训练

1. 花盘简介

（1）概述。花盘是一个铸铁大圆盘，它的盘面上有很多长短不同呈辐射状分布的通槽（或 T 形槽），用于安装各种螺钉，以紧固工件，如图 10-2（a）所示。花盘可以直接安装在车床主轴上，其盘面必须与主轴轴线垂直，且盘面平整，表面粗糙度 $R_a \leqslant 1.6 \mu m$。

（2）花盘的安装、检查和修整。

1）花盘的安装。花盘安装到车床主轴上的步骤如下：

a. 拆下主轴上的卡盘，妥善保管。

b. 擦净主轴上连接盘（如 CA6140 型车床）或主轴螺纹（如 C620 型车床）及定位基准面，并加少量润滑油。

c. 擦净花盘配合、定位面（配 CA6140 型车床的为内圆柱面，配 C620 型车床的为内螺纹面）。

d. 以类似安装卡盘的方法，将花盘安装到主轴上，并装好保险装置。

2）花盘的检查与修整。安装好花盘后，在装夹工件前应检查：

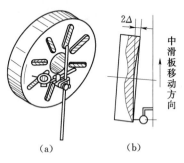

图 10-3 用百分表检查花盘平面

a. 花盘盘面对车床主轴轴线的端面跳动，其误差应小于 0.02mm。检查方法如图 10-3 所示，用百分表测头接触在花盘外端面上，用手轻轻转动花盘，观察百分表指针的摆动量；然后再移动百分表到花盘的中部平面上。按上述方法，百分表摆动量应小于 0.02 mm。

b. 花盘盘面的平面度误差应小于 0.02mm（允许中间凹）。检查方法如图 10-3（b）所示，将百分表固定在刀架上，使其测头接触花盘外端，花盘不动，移动中滑板，从花盘的一端移动至另一端（通过花盘的中心），观察其指针的摆动量为 Δ，其值应小于 0.02mm。

若对花盘的上述两项检查不符合要求时，应选用耐磨性能较好的 YG6 牌号刀头的车刀，将花盘盘面精车一刀，车削时，应紧固床鞍。若精车后仍不能满足要求，则应调整车床主轴间隙或修刮中滑板。

2. 工件在花盘上的安装方法

若被加工表面的回转轴线与基准面相互垂直和外形比较复杂的工件，如支撑座、双孔连杆等，可以在花盘上车削。

现以在花盘上车削双孔连杆为例说明安装方法［图 10-1（e）］。双孔连杆主要有 4 个表面要加工：前后两个平面、上下两个内孔。若两个平面已精加工，现在要加工两个内孔。由于对两孔中心距有一定要求，且两孔轴线要相互平行并与基准平面垂直，而且两孔本身有一定的尺寸要求。为此，必须要求：花盘本身的形状公差是工件相关公差值的 1/3～1/2；要有一定的测量手段以保证两孔中心距的公差。

如图 10-4 所示为车削双孔连杆内孔的装夹方法。其装夹步骤如下：

（1）首先选择前后两平面中的一个合适平面作为定位基准面，将其贴平在花盘盘面上。

（2）V 形架轻轻靠在连杆下端圆弧形表面，并初步固

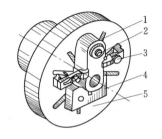

图 10-4 双孔连杆装夹方法
1—连杆；2—压紧螺钉；3—压板；
4—V 形架；5—花盘

定在花盘上。

（3）按预先划好的线找正连杆第一孔，然后用压板压紧工件。

（4）调整 V 形架，使其 V 形槽轻抵工件圆弧形表面，并锁紧 V 形架。

（5）用压紧螺钉压紧连杆另一孔端。

（6）加适当配重铁，将主轴箱手柄置于空挡位置，以手转动花盘，使之能在任何位置都处于平衡状态。

（7）用手转动花盘，如果旋转自由，且无碰撞现象，即可开始车孔。

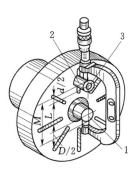

车削第二孔时，关键问题在于保证两孔距公差，为此要求采取适当的装夹和测量方法。

先在主轴锥孔内安装一根专用心轴，并找正心轴圆跳动（包括径向、端面的），再在花盘上安装一个定位套，其外径与已加工好的第一个孔呈较小的间隙配合，如图 10-5 所示。然后用千分尺测量出定位套与心轴之间的距离 M（多测几遍，取其平均值），再用式（10-1）计算出中心距 L，即

图 10-5　在花盘上测量
中心距的方法
1—心轴；2—定位
套；3—螺母

$$L=M-\frac{D+d}{2} \qquad (10-1)$$

式中　L——两孔实际中心距，mm；

　　　M——千分尺测得的距离，mm；

　　　D——专用心轴直径，mm；

　　　d——定位套的直径，mm。

若测量出的中心距与工件图样要求的中心距不相符，则可微松定位套螺母，用铜棒轻敲定位套，以调整两孔实际中心距，再测量 M，并计算 L，直至符合图样要求为止。中心距校正好后，锁紧螺母，取下心轴，并将连杆已加工好的第一孔套在定位套上，并校正好第二孔的中心，夹紧工件，即可加工第二孔。

例 10-1　图 10-6 所示为双孔连杆，在花盘上车好 ϕ35H7mm 第一孔后，需车第二孔 ϕ25H7mm。按照如图 10-5 所示测量、装夹方法进行，现若实测 $D=40.005$mm，$d=34.995$mm，试问 M 应在什么尺寸范围内才能保证两孔中心距符合图样要求？

解　已知 $D=40.005$mm，$d=34.995$mm，两孔中心距公称尺寸为 80mm，那么 M 的公称尺寸应为

$$M=80+(40.005+34.995)\div 2=117.5(\text{mm})$$

而专用心轴和定位套之间的距离尺寸 M 的公差一般取工件中心距公差的 1/3～1/2，从图样中知工件中心距公差为 ±0.04mm，所以 M 的公差应在（±0.04）×1/3～（±0.04）×1/2 之间，即 M 的公差应为 ±0.0133～±0.02，现取 ±0.015mm 为宜。

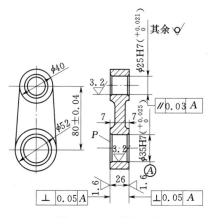

图 10-6　双孔连杆

故测量尺寸 M 取 117.5mm±0.015mm 为合格。

3. 在花盘上车削工件的技能训练

加工图 10-6 所示双孔连杆。该零件毛坯为铸件，材料为球墨铸铁，数量为 20 件。因为零件两端面均与两孔（$\phi25H7$ 与 $\phi35H7$）垂直，其外形不适合在三爪自定心卡盘上装夹，但可在花盘上加工。

（1）图样分析。

1）两孔中心距为 80mm±0.04mm。

2）两端面对基准孔轴线的垂直度公差为 0.05mm，$\phi25H7$ 孔轴线对基准孔 $\phi35H7$ 的轴线的平行度公差为 0.03mm，那么以先加工 $\phi35H7$ 为宜。

（2）拟定加工工艺路线。

因为平面 P 是加工两孔的定位基准面，所以两平面应先加工，然后在花盘上车两孔。平面加工以铣削为宜。故该零件加工工艺路线为：铣→车或磨→车。

（3）准备工作。

1）工件两端面精铣（或磨削）后，使其表面粗糙度值达到 $R_a1.6\mu m$，两端面距离为 26mm，并在 P 面打印，作为车孔或装配的定位基面。

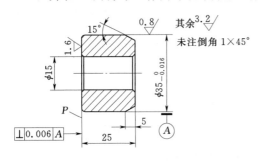

图 10-7　定位套

2）为在车削过程中找正中心距，需制作定位套（图 10-7），其外圆与工件内孔配合为 $\phi35\dfrac{H7}{h6}$，定位套端面对外圆轴线的垂直度公差为 0.006mm。

3）在未打印的一侧端面上划线，以便车削内孔找正用。

（4）车内孔的操作步骤。

1）清洁花盘平面和工件表面（工件需去毛刺、倒棱边），将工件装夹在花盘上，根据花盘内孔和工件内孔（第一孔）位置，初步找正工件，并以压板初步压紧工件。

2）根据平面划线，用划线盘找正内孔 $\phi35H7$ 位置，并压紧压板。

3）以 V 形架紧靠工件下端圆弧面，并固定。

4）安装平衡块。使主轴处于空挡位置，以手转动花盘，若花盘转动到一定角度不能静止，则调整平衡块的位置或大小，直至花盘达到平衡为止。

最后检查花盘与车床无碰撞后方可进行车削。

5）车削 $\phi35H7$ 内孔。

a. 粗、半精车 $\phi35H7$ 内孔至 $\phi34.8^{+0.05}_{0}$mm。

b. 孔口倒角 1×45°（2 处）。

c. 用浮动铰刀铰孔至尺寸 $\phi35H7^{+0.025}_{0}$。

6）找正中心距 80mm±0.04mm（图 10-5）。

7）车削 $\phi25H7$ 内孔。

a. 粗、精车内孔至 $\phi24.8^{+0.05}_{0}$mm。

b. 孔口倒角 $1\times45°$（2 处）。

c. 用浮动铰刀铰孔至尺寸 $\phi25H7^{+0.021}_{0}$。

（5）检验。

1）测量中心距 $80mm\pm0.04mm$。在两孔中放入测量棒，用千分尺量出 M 值，然后根据式（10-1）计算实际中心距是否满足图样要求。

2）测量两端面对孔 $\phi35H7$ 轴线垂直度误差。其操作方法如图 10-8 所示。心轴连同工件一起装夹在带有 V 形槽的方箱上，并将方箱置于平板上，用百分表在工件的平面上测量，并记录其读数，取最大读数差，即为垂直度误差。

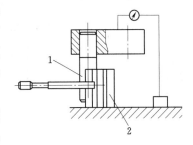

图 10-8　垂直度误差的测量
1—心轴；2—V 形架

3）测量两孔轴线的平行度误差。其操作方法如图 10-9 所示。测量时，将测量心轴分别塞入 $\phi35H7$（孔径 2）与 $\phi25H7$（孔径 1）孔中，用百分表在两轴上测量距离为 L_2 的 A、B 两个位置上测得读数分别为 M_1、M_2，则平行度误差为：

$$f=\frac{L_1}{L_2}\times|M_1-M_2| \qquad (10-2)$$

式中　f——平行度误差；

L_1——被测轴线长度，mm。

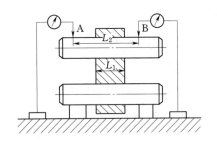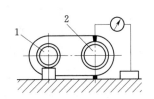

图 10-9　平行度误差的测量

然后连同工件与测量心轴一起转过 $90°$（图 10-9），按上述测量方法再测算一次，取 f 值中最大者，即为平行度误差。

（6）注意事项。

1）车削内孔前，一定要认真检查花盘上所有压板、螺钉的紧固情况，然后将床鞍移动到车削工件的最终位置，用手转动花盘，检查工件、附件是否与小拖板前端及刀架碰撞，以免发生事故。

2）压板螺钉应靠近工件安装，垫块的高低应与工件厚度一致。

3）车削时，切削用量不宜选择过大，主轴转速不宜过高；否则车床容易产生振动，既影响车孔精度，又会因转速高、离心力过大，导致事故发生。

二、在角铁上车削工件的方法及技能训练

1. 角铁简介

角铁也是用铸铁制成的车床附件，通常有两个互相垂直的表面。在角铁上有长短不同的通孔，用以安装连接螺钉。由于工件形状、大小不同，角铁除有内角铁和外角铁之分外，还可做成不同形状，以适应不同的加工要求（图 10-10）。

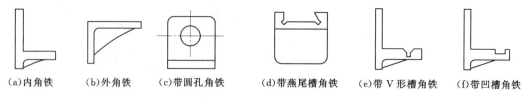

(a)内角铁　　(b)外角铁　　(c)带圆孔角铁　　(d)带燕尾槽角铁　　(e)带 V 形槽角铁　　(f)带凹槽角铁

图 10-10　各种角铁

角铁应具有一定的刚性和强度，以减少装夹变形。为此，除了在结构上增加一些肋、肋板外，还应在铸造后进行时效处理。角铁的工作表面和定位基准面必须经过磨削或精刮研，以确保接触性能好、角度准确。通常角铁与花盘一起配合使用。

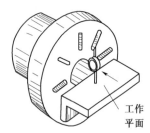

图 10-11　用百分表检查
角铁工作平面

角铁在未安装在花盘上之前，首先应根据工件的形状、大小考虑其安装位置，通过目测或钢直尺测量，使所需要加工的孔或外圆的轴线基本在花盘的中心，这样可减少校正的工作量。角铁安装在花盘上后，首先用百分表检查角铁的工作平面与主轴轴线的平行度。检查方法如图 10-11 所示，先将百分表装在中滑板或床鞍上，使测量头与角铁工作平面轻轻接触，然后慢慢移动大拖板，观察百分表的摆动值，其最大值与最小值之差即为平行度误差。如果测得结果超出工件公差的 1/2，若工件数量较少，可在角铁与花盘的接触平面间垫上合适的铜皮或薄纸加以调整；若工件数量较多，则应重新修刮角铁，直至使测得结果符合要求为止。

角铁安装在花盘上必须牢固、可靠。角铁与花盘之间至少要有一个螺栓通过两者的螺栓孔直接紧固。可在角铁旁安装一个定位块，以确保角铁装夹稳固（图 10-12）。

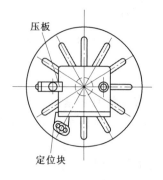

压板

定位块

图 10-12　角铁的装夹要求

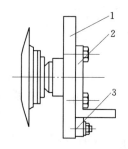

图 10-13　在角铁位置下安装压板
1—花盘；2—角铁；3—压板

安装角铁时，应注意操作安全。为防止安装时角铁滑落碰坏床面或伤人，可事先在角铁位置下方安装一块矩形压板（图 10-13），使装夹或校正角铁时既省力又安全。

2. 工件在角铁上的装夹方法

被加工表面的旋转轴线与基面相互平行（或相交），外形较复杂的工件可以装夹在花盘、角铁（或不成 90°的角铁）上加工。最常见的是在角铁上加工如轴承座、减速器壳体等零件。若要在角铁上加工图 10-14 所示轴承座的 $\phi32H9$ 内孔，因为要加工的 $\phi32H9$ 内孔的设计、定位基准是互平面，所以先要将工件划线并铣（或刨）出基准面 P 后，再安装到角铁上加工。具体装夹方法有两种。

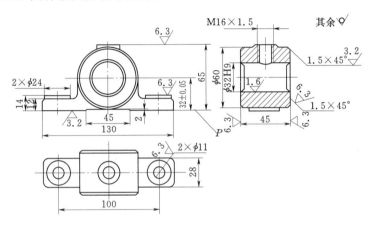

图 10-14 轴承座

（1）若工件数量较少，可将轴承座装夹在角铁上（图 10-15），之后先用压板轻压，再用划线盘找正轴承座轴线，根据划好的十字线找正轴承座的中心高。具体操作方法是：第一步调整划针高度，找正水平中心线。使针尖通过工件水平中心线，然后将花盘旋转 180°，再用划针轻拉一条水平线，若两线不重合，可把划针尖调整到两条水平线的中间位置，通过调整角铁，使工件水平线向划针高度方向调整（此时角铁锁紧螺母不可太松）。反复使用上述方法直至花盘旋转 180°后，划针所划的两条水平线重合为止。找正垂直中心线的方法与此类似。但是，在找正十字线时，应同时找正上侧基准线，以防止工件歪斜。最后紧固工件和角铁，装上平衡块，使其平衡，用手转动花盘，无碰撞现象，即可进行车削。

（2）若工件数量较多时，可采用图 10-16 所示装夹方法。工件先划线，铣平底面，再用钻模将两孔 11mm 钻、铰至 11H8（两孔应对称于垂直中心线），作为工件装夹时定位用。在角铁上根据两孔中心距的要求（图 10-14 中为 100mm），钻孔并压入两只定位销。工件在角铁上则以一个平面和两只定位销定位。为了使工件便于装入两只定位销，保证加工精度，可将其中一只定位销做成削边销（图 10-16 中所示的 K 向），再用压板压紧工件并使其平衡后便可车削。这种方法定位较准确，装夹也方便（开始安装第一个工件时仍需通过调整角铁位置来找正水平中心线，以后加工时则不需重复）。

3. 角铁工作平面至主轴轴线距离的测量

若依上述按划线找正工件的方法，其尺寸精度只能达到 0.2mm，对于位置精度要求较

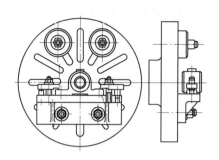

图 10-15 轴承座在角铁上安装
的第一种方法

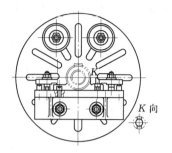

图 10-16 轴承座在角铁上安装
的第二种方法

高的工件，用划线找正已满足不了要求。若改用百分表或量块校正，则其尺寸公差可控制在 0.01mm 以内。

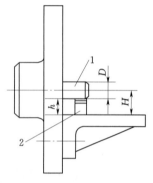

图 10-17 角铁平面至主轴
轴线距离测量
1—专用心轴；2—量块

例如，上述轴承座零件，其位置精度要求最高的应是 5132H9 孔轴线到基准平面 P 之间的距离。若轴承座基准平面 P 至 $\phi32H19$ 孔轴线的距离（即中心高）$H = 32\text{mm} \pm 0.05\text{mm}$，那么角铁的工作平面应如何校正呢？

先在车床主轴锥孔中装入一根预先加工好的专用心轴，再用量块测量心轴和角铁工作平面之间的距离，如图 10-17 所示，其测量值 h 可按式（10-3）计算，即

$$h = H - D/2 \qquad (10-3)$$

式中　h——量块尺寸，mm；

　　　H——工件孔中心至角铁工作平面距离，即中心高，mm；

　　　D——专用心轴直径的实际尺寸，mm。

若实测专用心轴为：$D = 30.005\text{mm}$，根据式（10-3）可得

$$h = H - D/2 = 32 - 30.005/2 = 16.9975(\text{mm})$$

角铁工作平面至主轴轴线的高度尺寸公差，可取工件中心高公差的 1/3～1/2，则量块尺寸 $h = 17\text{mm} \pm 0.02\text{mm}$，即角铁的工作平面应调整到距此专用心轴下端外径为 $h = 17\text{mm} \pm 0.02\text{mm}$ 处为合格。

4. 其他形式的角铁

（1）角度角铁。在实际生产中，有时还会遇到工件的被加工表面的轴线与主要定位基准面成一定的角度，因而必须制造一块相应的角度角铁（图 10-18），使工件装夹时，被加工表面中心与车床主轴中心重合。选择角度角铁角度时应注意：当被加工表面的轴线与工件的主要定位基准面夹角为 α 时，应选择角度是 $90° - \alpha$ 的角铁。

（2）微型角铁。对于小型复杂工件，如十字向零件、环首螺钉等，它们的体积均很小，质量也轻，而且基准面到加工表

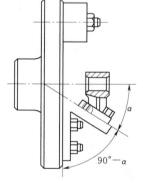

图 10-18 在角度角铁上
安装斜形支架

面中心的距离不大，若还用前述的花盘、角铁加工，不仅加工不方便，而且效率也很低。若采用图 10‑19 所示微型角铁加工，不仅方便，而且还可高速车削，效率也高。

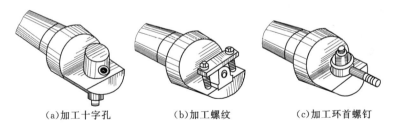

(a)加工十字孔　　　　　(b)加工螺纹　　　　　(c)加工环首螺钉

图 10‑19　微型角铁的应用

微型角铁的柄部做成莫氏圆锥与主轴锥孔直接配合，其前端做成圆柱体，并在其上加工出一个角铁平面，角铁小平面与主轴轴线平行，工件就可以装夹在这个小平面上进行加工。

5．注意事项

（1）在花盘、角铁上加工轴孔关键问题是要确保被加工孔的轴线与主轴轴线重合，为此，装夹工件时要保证找正精度。

（2）在花盘、角铁上加工工件时，要特别注意安全。因为工件形状不规则，并有螺栓、角铁等露在外面，不小心会发生工伤事故，所以要求工件、角铁安装牢固、可靠，要校好平衡，车削时转速不宜太高。

（3）夹紧工件时要防止变形，应使夹紧力的方向与主要定位基准面垂直，以增加工件加工时的刚性。

（4）机床主轴间隙不得过大，导轨必须平直，以保证工件的形状位置精度。

6．在花盘、角铁上车削工件的技能训练

加工图 10‑14 所示轴承座，数量 60 件，材料 HT150，铸铁退火处理，其内孔 $\phi32H9$ 需在车床上加工。

（1）图样分析。该滑动轴承座主要加工表面是 $\phi32H9$ 内孔与底平面 P，此外，还有两凸台平面、两螺钉孔 $2\times\phi11$ 及螺孔 $M16\times1.5$。孔 $\phi32H9$ 的设计基准、定位基准均是底平面 P，其中心高为 32mm$\pm$0.005mm，这是加工中必须保证的重要尺寸。

由于 $\phi32H9$ 内孔轴线与底平面 P 平行，所以可以利用花盘、角铁装夹车削。车削之前需先加工好底平面。由于加工数量较多，加上中心高要求比较精确，所以应按第二种装夹方法安装轴承座，为此还应先加工出 $2\times\phi11H8$ 两定位孔。

此零件的加工工艺路线为：铸件→退火处理→划线→铣底平面 P→钻、铰定位孔→车内孔→钻孔、攻螺纹。

（2）准备工作。

1）按划线铣底平面，达到图样要求。

2）钻、铰两孔至 $2\times\phi11H8$。

3）预制两个定位销钉，其中一个做成削边销钉。

4）预制一根专用心轴，其直径为 $\phi30h7$。

（3）车 $\phi32H9$ 内孔操作步骤。

1）清洁角铁平面及花盘平面，并将角铁装夹到花盘上。

2）找正角铁工作表面的位置。

此项工作包括两方面内容：一是调整角铁工作平面至专用心轴下端外径之间的距离；二是使角铁工作平面与车床轴线平行。

找平角铁工作平面并使角铁上两定位销孔对称中心通过车床轴线，锁紧连接角铁和工件的螺钉。

3）将两定位销压入角铁上相应的销孔中。

4）将轴承座 $2\times\phi11H8$ 装入销钉，并使底平面 P 与角铁工作平面贴平。然后用压板、螺钉从两边将工件固定夹牢（图 10-16 所示的状态）。

5）钻、扩内孔至 $\phi31.8^{+0.05}_{-0.02}$ mm。

6）孔口倒角 $1.5\times45°$。

7）精车孔至 $\phi32H9$（$^{+0.062}_{0}$）。

（4）钳工钻底孔，攻 M16×1.5 螺纹，并去内孔口毛刺。

（5）检验。检验加工后中心高是否满足，可以采取图 10-17 所示测量角铁工作平面至主轴轴线距离的方法，用图 10-20 所示检验棒，插入 $\phi32H9$ 孔中，然后测量出 D 的实际尺寸，并在角铁工作平面与检验棒圆柱之间垫入适合的量块，再按式（10-3）计算中心高 H（图 10-17），即可知道结果。

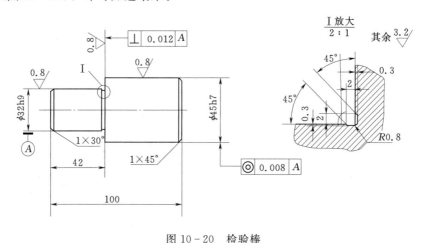

图 10-20　检验棒

第二节　在四爪单动卡盘上车削较复杂工件

一、四爪单动卡盘概述

1. 结构特征

四爪单动卡盘有 4 个各自独立运动的卡爪 1、2、3 和 4（图 10-21），它们不能像三爪自定心卡盘的卡爪那样同时一起做径向移动。4 个卡爪的背面都有半圆弧形螺纹与丝杆啮合，在每个丝杆的顶端都有方孔，用来插卡盘钥匙的方榫，转动卡盘钥匙，便可通过丝

杆带动卡爪单独移动，以适应所夹持工件大小的需要。通过 4
个卡爪的相应配合，可将工件装夹在卡盘中，与三爪自定心
卡盘一样，卡盘背面有定位阶台（止口）或螺纹（老式车床
用螺纹连接）与车床主轴上的连接盘连接成一体。

2. 装夹、找正工件的方法

在四爪单动卡盘上找正工件的目的，是使工件被加工表
面的回转中心与车床主轴的回转中心重合。

（1）装夹、找正圆柱形工件。

1）卡爪的定位。首先根据工件装夹处的尺寸调整卡爪，
使相对两爪之间的距离略大于工件的直径。4 个卡爪的位置可
按卡爪端面上的圆弧标注线来调节，使各爪至中心的距离基
本相同。

2）夹紧工件。卡爪在夹紧工件时，将主轴调至空挡位

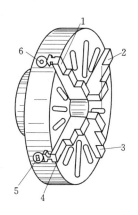

图 10-21　四爪单动卡盘
1，2，3，4—卡爪；
5，6—带方孔丝杆

置，左手握卡爪钥匙，右手握住工件，观察工件与卡爪之间的间隙，将上面的卡爪旋进间
隙一半的距离，然后用左手将卡爪转过 180°，将相对应的卡爪旋进直至将工件夹紧。接
着用同样的方法将另一对卡爪旋紧，到此，仅是初步夹紧工件。

3）找正工件外圆。以外圆作为找正的参考标准。将划线盘放置在床身上，先使划针
靠近工件外圆表面，如图 10-22（a）所示，用手转动卡盘，观察工件与划针之间的间隙
大小，调整相应的卡爪位置，其调整量为间隙的一半。处于间隙小位置的卡爪要向靠近圆
心方向调整卡爪（即紧卡爪），对间隙大位置的卡爪则向远离圆心方向调整（即松卡爪）。
如此反复调整，当工件旋转一周，外圆表面与划针之间的间隙均匀时即为校正好。

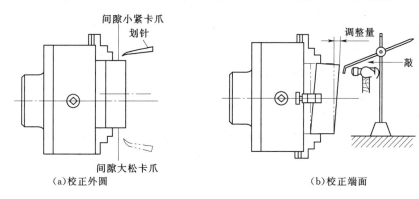

（a）校正外圆　　　　　　　　　　　　　　（b）校正端面

图 10-22　校正工件示意图

对于精度要求较高的工件，在划针校正的基础上，再用百分表校正，其找正误差可控
制在 0.01mm 以内。若百分表读数偏大位置，说明工件外圆偏向这个方向，应紧卡爪；
读数偏小位置，则应松卡爪，直至工件旋转一周，百分表在圆周上各个位置读数相同
为止。

4）找正工件端面。先使划针靠近工件端面边缘处，用手缓慢地转动卡盘，观察划针
与工件端面之间的间隙是否均匀，找出端面上离划针最近的位置，然后用铜锤或铜棒轻轻

地向里敲击，如图 10 - 22（b）所示，敲击量应是间隙差值（即图中所示调整量）。如此反复调整，直到工件旋转一周，划针尖与端面都均匀地接触为止。

要提高校正精度，则应在划针校正的基础上，用百分表进一步校正。使百分表触头与工件端面最外边缘处的平面接触，找出百分表读数最大位置处敲击，如此反复调整，直至工件旋转一周，在端面上各个位置百分表读数相同为止。

5）找正轴类工件。应先找正近端（A 处）外圆，然后找正远端（A 处）外圆，如图 10 - 23（a）、（b）所示。

6）找正盘类工件。除找正外圆外，还必须找正端面，如图 10 - 23（c）所示。

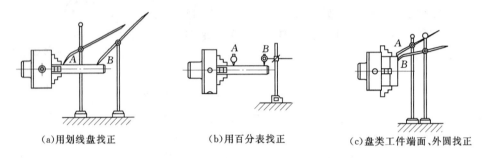

(a)用划线盘找正　　　　　(b)用百分表找正　　　　　(c)盘类工件端面、外圆找正

图 10 - 23　在四爪单动卡盘上工件的找正

7）注意事项。

a. 用四爪单动卡盘装夹工件，车削前必须用划针找正工件划线，这样可以保证后道工序的正常进行。

b. 找正工件前，应在导轨面上垫防护木板，以防工件跌落砸坏导轨面。大型工件还应用尾座回转顶尖通过辅助工具顶持工件，防止工件在校正时掉下发生事故。

c. 找正工件时，不能同时松开两只卡爪，以防工件落下。

d. 找正时，灯光、针尖与视线角度要配合好，钟表式百分表或杠杆式百分表应按其使用要求放置；否则均会增加测量误差。

e. 在找正近卡盘端处极小的径向圆跳动时，不要盲目地去松开卡爪，可将离旋转中心较远的那个卡爪夹紧并做微小的调整。

f. 在找正盘类零件时，外圆和端面的找正必须同时兼顾。尤其是在加工余量较小的情况下，应着重找正余量少的部分；否则会因余量不够而产生废品。

g. 找正工件时要耐心、仔细，不要急躁，注意安全。

h. 工件找正后，四爪的夹紧力要基本一致；否则车削时工件容易走动。

（2）不规则工件的找正。虽然不规则工件形状各异，但它们在四爪单动卡盘上加工仍有一些共同之处，均有待加工的圆柱面（或圆弧面）及其垂直平面。找正时应以待加工的圆柱面事先所划的找正圆和相应已加工平面或侧素线作为参考标准。找正时，先找正平面或侧素线，然后再找正待加工的圆柱面的轴心线。

例如，加工图 10 - 24 所示十字轴零件的 $\phi 20^{+0.021}_{0}$ mm，应先找正平面 P，使其与车床主轴轴线垂直，然后再根据所划找正圆来找正 $\phi 20^{+0.021}_{0}$ mm 的轴线，使之与车床主轴轴线重合（找正圆划大些，以提高找正精度）。

找正待加工圆柱面的轴心线的方法与找正圆柱形工件的外圆的方法类似，只不过把所划的找正圆当作圆柱形工件的外圆而已。

3. 优、缺点及其应用范围

四爪单动卡盘的优点是夹紧力大，装夹工件牢固，它可以装夹外形复杂而三爪自定心卡盘无法装夹的工件，还可以使工件的轴线进行位移，使之与车床主轴轴线重合。若通过百分表找正，可以达到很高的位置精度。其缺点是工件找正、装夹较麻烦，对操作工人的技术水平要求较高。

适用于四爪单动卡盘装夹、车削工件的类型有以下几种：

1）外形复杂、非圆柱体零件、三爪自定心卡盘无法装夹的工件，如车床的小滑板、方刀架、交换齿轮箱中的扇形板等。

2）偏心类零件。适于加工数量少、偏心距小、长度较短的偏心零件，如偏心轴、偏心套等。

3）有孔距要求的零件，但这种零件的孔间距不能太大；否则，四爪单动卡盘不便夹紧。孔间距较大的零件一般在花盘上加工，或选择其他类型机床加工。

4）位置精度及尺寸精度要求高的零件，如十字孔零件。

二、十字孔零件的车削

在四爪单动卡盘上车削复杂零件的关键是找正、安装工件。现以图 10 - 24 所示十字轴为例，具体说明这类零件的车削方法。

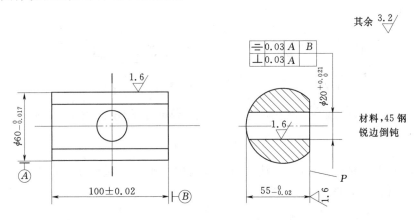

图 10 - 24　十字轴

1. 图样分析

该零件形状并不复杂，只是要加工位置精度要求甚高的 $\phi 20^{+0.021}_{0}$ mm 的孔时，在三爪自定心卡盘上不易装夹，所以用四爪单动卡盘来安装。

该零件的加工步骤是：先用三爪自定心卡盘安装车出 $\phi 60^{0}_{-0.017}$ mm 长 100mm±0.02mm 圆柱体，然后在四爪单动卡盘上找正、安装，继而车出平面 P，再加工孔 $\phi 20$ mm。

2. 保证位置精度的方法

由于该零件 $\phi 20^{+0.021}_{0}$ mm 孔的轴线对外圆 $\phi 60^{0}_{-0.017}$ mm 轴线和轴两端面的中心平面共有 3 项位置精度要求，必须通过在四爪单动卡盘上仔细地找正才能保证。

由于外圆柱面已加工，所以工件在四爪单动卡盘上装夹时，夹紧处应垫铜片，以免夹伤已加工表面。

（1）先用划针进行粗略找正。

1）用划针找正 $\phi20^{+0.021}_{0}$ mm 孔的轴线相对 $\phi60^{0}_{-0.017}$ mm 轴线的对称度工件按图 10-25 所示装夹，保证此项位置精度的关键就是使外圆 $\phi60^{0}_{-0.017}$ mm 的轴线处于过车床主轴轴线的剖切平面内。

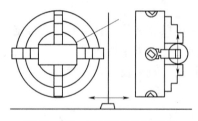

图 10-25　找正轴线的对称度

具体操作方法是：划线盘放在中滑板上，使划针靠近并找正 $\phi60^{0}_{-0.017}$ mm 外圆的上侧素线，然后向右摇动床鞍移开划线盘，并将卡盘转动180°，仍然用划线盘找平 $\phi60^{0}_{-0.017}$ mm 外圆的上侧素线（此时划针尖高度不能改变），用透光法比较前后两次划针与上侧素线之间的间隙（图10-26）。若 $\Delta_1<\Delta_2$，Δ_1 小说明工件轴线离划针近，需紧卡爪1，将工件轴线向远处调整，Δ_2 大说明工件轴线离划针远，需松卡爪3，以便让工件轴线向近处调整。其调整位移量为两间隙差的一半，即位移量 $=\frac{1}{2}(\Delta_2-\Delta_1)$。如此多次反复找正，使划针与外圆侧素线之间的间隙相等（即 $\Delta_1=\Delta_2$）为止，随即紧固卡爪1和卡爪3。

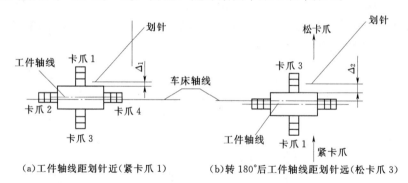

（a）工件轴线距划针近（紧卡爪1）　　（b）转180°后工件轴线距划针远（松卡爪3）

图 10-26　用划针找正轴线对称度

2）用划针找正 $\phi20^{+0.021}_{0}$ mm 孔轴线与两端面中心平面的对称度，找正方法与找正外圆上素线方法相同，如图 10-27 所示。

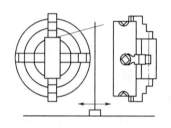

图 10-27　找正孔轴线与两端面对称度

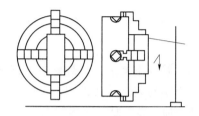

图 10-28　找正轴线的垂直度

3）用划针找正 $\phi20^{+0.021}_{0}$ mm 孔轴线与 $\phi60^{0}_{-0.017}$ mm 外圆轴线的垂直度，使划针接触 $\phi60^{0}_{-0.017}$ mm 外圆右上端侧素线，然后将卡盘旋转180°，比较两次划针与侧素线间的间隙，如图10-28所示。对于间隙较小的一端用铜棒轻轻敲击工件，使工件沿逆时针方向做微量转动。如此反复比较，反复调整，逐渐达到：当卡盘旋转 180°后，两次划针与侧素线间的间隙相等。

（2）用杠杆式百分表对工件进行精确找正。划针找正精度较低，达不到零件的技术要求。因此，在用划针粗略找正的基础上，再用百分表找正。这样既可缩短找正的时间，又可以保证找正精度。

1）用百分表找正轴线对称度。对称度误差不大于 0.03mm，找正方法与图 10-25 及图 10-26 所示方法相类似，不同的是用百分表代替划线盘。找正时，比较工件转动 180°前后两次用百分表接触 $\phi60_{-0.017}^{0}$ mm 外圆同一高度侧素线的读数之差，是否相同或者两次读数之差是否小于 0.03mm。若两次读数之差大于 0.03mm，那么，在读数值小的一处将卡爪微松些，使工件的轴线做微量移动，其位移量等于两读数值之差的一半。

2）用百分表找正。$\phi20_{0}^{+0.021}$ mm 孔轴线与轴两端面中心平面的对称度对称度误差不大于 0.03mm，找正方法与图 10-27 所示方法相类似，只是用百分表取代划线盘。找正时比较工件转动 180°前后两次用百分表接触两端面在同一高度水平位置时百分表的读数值，是否相等或者两次读数值之差是否小于 0.03mm。若读数值之差大于 0.03mm，则在读数值小的一处卡爪不松，而要将对边读数值大的一边将卡爪微紧些，使工件产生微量移动，其移动量亦为两次读数值差的一半。如此反复找正，直至满足对称度 0.03mm 的要求为止。

3）用百分表找正轴线垂直度。保证垂直度误差不大于 0.03mm，找正方法与图 10-28 所示方法类似，用百分表替换划线盘即可。找正时，先使百分表接触 $\phi60_{-0.017}^{0}$ mm 外圆右上端侧素线，然后比较使工件旋转 180°前后两个位置百分表与工件右上端侧素线接触时的读数值，读数值大的一端用铜棒轻轻敲击，使工件向左微移，其移动量为两次读数差的一半。如此反复找正，直至两次读数差值不大于 0.03mm 为止。

4）用百分表复查 3 项位置精度。当用百分表找正后面一项精度时，由于工件位置要发生移动，这样势必会使前面一项（或二项）已找正的位置精度发生改变。因此，在找正工件最后一项位置精度后，必须对前面已经找正的几项精度进行复查和纠正并夹紧，直至 3 项位置精度均满足要求才能进行车削。

3. 车削平面 P 和内孔 $\phi20_{0}^{+0.021}$ mm

车削工序步骤如下：

（1）粗、精车平面 P，保证尺寸 $55_{-0.02}^{0}$ mm。

（2）钻中心孔 A4/8.5。

（3）钻孔 $\phi18$ mm。

（4）车孔 $\phi20_{0}^{+0.021}$ mm 至尺寸，表面粗糙度达 $R_a1.6\mu$m。

（5）锐边倒棱。

4. 注意事项

在车削 $\phi20_{0}^{+0.021}$ mm 孔端面时，由于断续切削会产生较大的冲击力和振动，工件可能会因此而发生移动。所以在精车端面前，应对前述 3 项找正精度进行复检。垂直度可直接用千分尺测量该轴两端 55mm 尺寸，其误差应控制在 0.03mm 以内。对称度仍按前述方法用百分表复检。

5. 位置精度检验

工件加工完毕后，应检验其精度，判定是否达到图样要求。这里主要分析 3 项位置精度的检验方法。

（1）垂直度检验。由于 $\phi 20^{+0.021}_{0}$ mm 与其端面 P 在一次安装中车出，孔轴线与端面是垂直的。孔轴线与 $\phi 60^{0}_{-0.017}$ mm 外圆柱面轴线的垂直度，则可转换成检验端面 P 与 $\phi 60$ mm 外圆柱面的轴线（或该圆柱面的侧素线）的平行度不小于 0.03mm 即可。可以直接用千分尺测量 $\phi 60$ mm 外圆两端侧素线到端面 P 的距离，其两端测量值之差应不大于 0.03mm；否则超差。

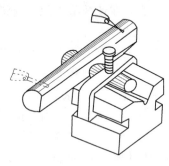

图 10-29　对称度检验

（2）$\phi 20^{+0.021}_{0}$ mm 孔轴线对 $\phi 60$ mm 外圆柱面的轴线的对称度检验如图 10-29 所示，用一根 $\phi 20$h6 测量心棒塞进工件 $\phi 20^{+0.021}_{0}$ mm 内孔中，并一起装夹在 V 形架上（最好是装夹在 160mm×160mm 方箱的 V 形槽中），V 形架（或方箱）及百分表座均放在测量平板上。用百分表找正工件上外圆柱面的侧素线的水平位置，并记下此读数值，再将工件旋转 180°，并使其侧素线成水平位置，记下此时百分表读数，然后比较前后两次百分表读数值，其差值应不大于 0.03mm；否则超差。

（3）检验 $\phi 20^{+0.021}_{0}$ mm 孔轴线对两端面的对称度检验方法与图 10-29 所示方法类似，只需将轴从图示位置旋转 90°，使其端面处于水平位置，用百分表进行测量，然后再旋转 180°，使其另一端面转到上面也处于水平位置，检查前后两次百分表的读数之差，应不大于 0.03mm；否则超差。

三、有孔间距要求零件的车削

有孔间距精度要求的零件宜选用卧式镗床、坐标镗床进行加工。但有些零件孔间距精度要求一般，或者是该零件还须车内螺纹、内锥面及车削外圆等，则选用车床加工较为合适。在车床上车削有孔间距精度要求的零件，根据外形特征，可在花盘、角铁或四爪单动卡盘装夹下进行车削。现介绍图 10-30 所示螺母连杆在四爪单动卡盘上的车削。

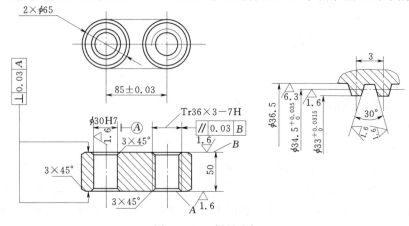

图 10-30　螺母连杆

1. 图样分析

（1）该零件为 ϕHT200 材料铸件毛坯，其上有两孔，一孔为光孔，另一孔为螺孔，孔间距为 85mm±0.03mm，且两孔相互平行，上下两端面与轴孔有垂直度要求。该零件由于孔间距不大，且有一孔为螺孔，故可以用四爪单动卡盘装夹车削。

（2）两端面对孔 30H7 轴线的垂直度为 0.03mm。

（3）两孔轴线平行度为 0.03mm。

（4）螺孔、螺纹齿面及两端面的表面粗糙度值均为 $R_a1.6\mu m$。

2. 准备工作

（1）工件两端面经粗铣和磨削后达到厚度尺寸及表面粗糙度要求以待加工，并使两端面间平行度误差不大于 0.01mm。

（2）根据图样要求，在一端面上（如图中 A 平面）划两孔中心及找正用圆圈。

3. 车孔操作步骤

（1）车 ϕ30H7 孔。

1）以未划线的端面（如图中 B 平面）为定位基准，将工件装夹在四爪单动卡盘上，用百分表找正平面 A，使整个平面的跳动量不超过 0.02mm。

2）用划线找正 ϕ30H7 孔中心，使之与车床主轴的回转中心重合，然后分别夹紧爪。

3）粗、精车 ϕ30H7 孔到尺寸 $\phi30^{+0.021}_{0}$ mm，内孔表面粗糙度值达到 $R_a1.6\mu m$，并将内、外倒角 $3\times45°$。

（2）车螺纹孔 Tr36×3－7H。

1）仍以 B 面为定位基准，用划针初步找正 Tr36×3－7H 螺孔中心，并使平面 A 的跳动量不超过 0.02mm，然后分别夹紧四爪。

2）预车孔。钻孔、车孔后孔径公称尺寸为 ϕ24mm。

由于划针找正精度较低，达不到图样对中心距的精度要求，通过预车一孔径尺寸，然后根据测量预车孔的实际尺寸和两孔间距的实际尺寸，从而计算出螺孔中心相对于 ϕ30H7 孔中心的偏移方向和偏移量，再据此在爪间修正螺孔中心的位置。为了达到图样要求，有时预车孔要进行多次。为了便于计算，预车孔公称尺寸常取整数尺寸。

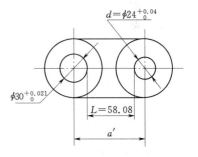

图 10-31 预车孔孔间距
修正量计算

3）计算螺孔中心修正量并确定修正方向。

a. 测量预车孔实际尺寸，如测得预车孔的实际尺寸为 $d=\phi24.04$mm，测得图 10-31 所示中的 L 尺寸为 58.08mm。

b. 计算预车孔的孔间距的实际尺寸 a' 及其修正量：

$a'=15.01+58.08+12.02=85.11$（mm）；而图样上要求的中心距为 $a=85$mm±0.03mm；即 $a_{max}=85.03$mm，$a_{min}=84.97$mm，那么，$a'-a_{max}=0.08$mm，也说明孔间距偏大，要向左移；$a'-a_{min}=0.14$mm，也说明孔间距偏大，也要向左移。

据此预车孔的中心位置要向左移（即向 ϕ30H7 孔方向靠拢），通过百分表使修正量控制在 0.08～0.14mm 范围内即可满足孔间距的要求。

4）重新调整螺孔中心位置，找正平面，控制其跳动量，并再次预车孔，车好后，仍按上述方法测量 L、d、计算 a′，并比较 a′ 与 a，直至使 a′ 在＝85mm±0.03mm 的公差范围内为止。

5）粗、精车螺孔至尺寸 Tr36×3－7H。

4. 检验

（1）孔间距检验可用刻度值为 0.02mm 游标卡尺检验。

（2）垂直度和平行度的检验可参照图 10－8、图 10－9 所示方法进行。

第三节　偏心工件的加工

在机械传动中，由旋转运动变为往复运动，是由偏心轴或曲轴来完成的。这些偏心零件的一般特点是：几个外圆的轴线不重合；外圆和内孔的轴线不重合。偏在一边的外圆称"偏心轴"。偏在一边的孔叫"偏心孔"。两轴心线之间的距离叫"偏心距"。

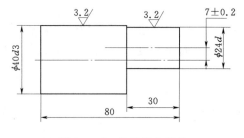

图 10－32　单轴偏心零件

一、用四爪卡盘装夹工件车偏心

（1）应用范围。用于加工批量小、精度要求不高的偏心工件（图 10－32）。

（2）加工步骤和要点。下面以图 10－32 所示为例进行分析。

1）加工 $\phi40d×80$ 部分，精度与表面粗糙度达到图纸技术要求。

2）划线（图 10－33）。

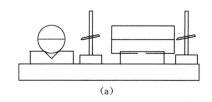

| (a) | (b) |

图 10－33　偏心轴的划线方法

在工件两端面和外圆上涂上白粉，将工件放在平台上的 V 形槽铁中，用通过工件中心的划针盘，在轴的端面和外圆的两侧各划一水平线 ［图 10－33（a）］，将工件转 90°，用角尺对齐垂直线 ［图 10－33（b）］，再在端面和外圆两侧划另一条水平线，将划针盘升高或降低偏心距（7mm），在端面上和外圆两侧划平行线，用划规以偏心圆的圆心为圆心，以偏心圆的半径（12mm）为半径，在端面划偏心圆。用心冲在偏心圆圆周和端面偏心圆十字线及平行线上轻轻打上心冲眼。

3）垫上铜片，将工件装夹在四爪单动卡盘上，使偏心圆中心对正主轴中心位置 ［图 10－34（a）］，用划针盘校正十字线以确定径向位置，并同时校正平行线，以确定轴向位置 ［图 10－34（b）］，夹紧并反复校正，直至各找正线段均能通过划针盘为止。

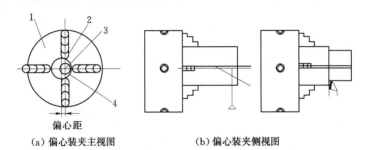

偏心距

（a）偏心装夹主视图　　　　　（b）偏心装夹侧视图

图 10-34　偏心轴的装夹和校准

1—四爪卡盘；2—工件；3—车床主轴回转中心；4—圆圈线

4）切削加工。在开始加工时，是单面吃刀，切削时易产生冲击振动，因此在采用车刀和选取切削用量时，均须仔细考虑。

二、用三爪自定心卡盘装夹工件车偏心

长度较短和批量多的偏心工件，可以在三爪自定心卡盘上车削（图 10-35）。

（1）原理。在三爪自定心卡盘的一个卡爪位置上加垫铁厚度 x，使偏心圆的中心线与主轴（三爪卡盘）的中心线重合，从而车出偏心圆或偏心孔。在夹装时工件不需事先划线和找正。

（2）操作要点。加工零件如图 10-32 所示。

1）在车偏心圆之前，先车好柱直径和长度 $\phi40ds\times80$。

2）准备好垫铁，其厚度 x 为

$$x=\frac{1}{2}(3e+\sqrt{D^2-3e^2}-D) \qquad (10-4)$$

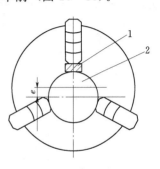

图 10-35　在三爪
卡盘上车偏心
1—垫铁；2—工件

式中　x——垫铁厚度，mm；

e——工件偏心距，mm；

D——被三爪自定卡盘夹住的工件部位的直径，mm。

例 10-2　车一偏心工件，$D=100mm$，$e=5mm$，求垫片厚度 x 为多少？

解　$x=0.5\times(3e+\sqrt{D^2-3e^2}-D)$

$\qquad =0.5\times(3\times5+\sqrt{100^2-3\times5^2}-100)$

$\qquad =0.5\times(15+\sqrt{9925}-100)$

$\qquad =7.31(mm)$

（1）用简便办法计算。

垫片厚度应用公式计算比较麻烦，为简便起见，常采用下列方法：

（2）用近似公式计算。

$$x=1.5\times e\times\left(1-\frac{e}{2D}\right)mm$$

例 10-3　已知 D 为 100mm，e 为 5mm，求 x。

$$x=1.5\times e\left(1-\frac{e}{2D}\right)$$

$$=1.5 \times 5 \times \left(1 - \frac{5}{2 \times 100}\right)$$

$$=7.3125 (\text{mm})$$

用常数计算：

$$x = ne (\text{mm})$$

式中　n——常数。

例 10-4　已知 D 为 100mm，e 为 5mm，求 x 为多少？

解　查表 13：$e=5$，$D=100$ 时，$n=1.462$

$$x = ne$$
$$= 1.462 \times 5$$
$$= 7.31 (\text{mm})$$

注：用简便方法计算垫片厚度，是近似值，它与精确计算垫片的厚度误差不大，在实际应用中不会影响加工精度。不论哪种方法求垫片厚度，都假定夹头与工件是点接触的，实际上夹头与工件是面接触，在加工中应考虑这个因素，根据实际进行修正。另外在计算垫片时只能是一个理论参数不能作绝对值，因卡爪误差会使实际加工后的零件有一定误差。

表 10-1　　　　　　　　　常　数　表　　　　　　　（计算垫片厚度用）

偏心距 e/mm	外径 D/mm	常数 n	偏心距 e/mm	外径 D/mm	常数 n	偏心距 e/mm	外径 D/mm	常数 n
1	<25	1.480	3	<25	1.480	6	25—50	1.480
	25—50	1.485		25—50	1.455		50—75	1.440
	50—75	1.495		50—75	1.469		75—100	1.445
	75—100	1.500		75—100	1.476		100—125	1.461
1.5	<25	1.454	3.5	<25	1.393	7	25—50	1.394
	25—50	1.480		25—50	1.447		50—75	1.429
	50—75	1.486		50—75	1.465		75—100	1.447
	75—100	1.490		75—100	1.473		100—125	1.457
2	<25	1.440	4	<25	1.378	8	50—75	1.419
	25—50	1.470		25—50	1.440		75—100	1.439
	50—75	1.480		50—75	1.460		100—125	1.452
	75—100	1.485		75—100	1.470		125—150	1.458
2.5	<25	1.426	5	<25	1.345	9	50—75	1.409
	25—50	1.460		25—50	1.424		75—100	1.432
	50—75	1.470		50—75	1.450		100—125	1.444
	75—100	1.480		75—100	1.462		125—150	1.454

公式计算：

用三爪自定心卡盘车制偏心工件，可以在任意一个夹脚上加垫铁，来车制任意偏心量

e 的工件，垫片的厚度 x 可用下面公式算出，即

$$x=1.5e\pm K \qquad (10-5)$$
$$K\approx1.5\Delta e$$

式中　x——垫片厚度，mm；

　　e——工件偏心距，mm；

　　K——偏心距修正值，正负值可按实测结果确定，mm；

　　Δe——试切后，实测偏心距误差，mm。

例 10-5　如用三爪自定心卡盘加垫片的方法车削偏心距 $e=4$mm 的偏心工件，试计算垫片厚度。

解　先暂不考虑修正值，初步计算垫片的厚度为

$$x=1.5e=1.5\times4=6(\text{mm})$$

垫入 6mm 厚的垫片进行试切削，然后检查其实际偏心距为 4.05mm，那么其偏心距误差为

$$\Delta e=4.05-4=0.05(\text{mm})$$
$$K=1.5\Delta e=1.5\times0.05=0.075(\text{mm})$$

由于实测偏心距比工件要求的大，则垫片厚度的正确值为减去修正值，即

$$x=1.5e-K=1.5\times4-0.075=5.925(\text{mm})$$

例 10-6　车一偏心工件，$D=100$mm，$e=5$mm，求垫片厚度 x 为多少？

解　$x=\dfrac{1}{2}(3e+\sqrt{d^2-3e^2}-d)$

$$=0.5\times(3\times5+\sqrt{100^2-3\times5^2}-100)$$
$$=0.5\times(15+\sqrt{9925}-100)=7.31(\text{mm})$$

三、垫铁制造

用 60 钢或 T10 工具钢，车外径为 $d+2x$（装夹圆直径加 2 倍厚）、长度接近于装夹圆柱部位的长度，孔径车成 d（装夹圆柱部位的直径），然后从通过轴线的方向锯开，取其 1/4（图 10-36）淬火即成。

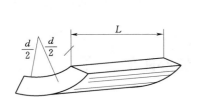

图 10-36　车偏心的垫铁

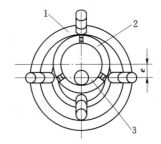

图 10-37　在双重卡盘上车削偏心工件
1—四爪卡盘；2—三爪卡盘；3—偏心工件

四、用双重卡盘装夹工件车偏心

将三爪卡盘夹在四爪卡盘中（图 10-37），使三爪卡盘的位置，相对于主轴旋转中心

偏移一个偏心距 e 的距离。只要将工件夹在三爪卡盘上，就可以进行车削，不需要再加垫片或找正。

五、用前后顶针装夹工件车偏心

加工偏心工件如图 10-38 所示，采用两顶针间装卡加工，操作如下：

（1）加工 $\phi32d4\times100$，必须在两端各加长 5mm。因为毛坯两端中心孔会损坏 $\phi15$mm 部分的外表面，在加工后将两端中心孔切去，因此长度须在两端各增加 5mm。

（2）划线求中心及求偏心（图 10-39）。

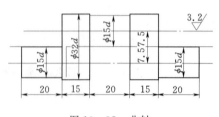

图 10-38 曲轴

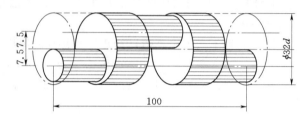

图 10-39 曲轴的中心孔

1）在 V 形铁及平台上用划针盘求 $\phi32$mm 中心，并作十字线。

2）用划规在两端面求偏心。

3）在两端面分别用心冲打眼。

（3）钻中心孔。中心孔深度不超过两端留量 5mm。

（4）在前后顶头上针间顶偏心圆中心孔，车中间偏心轴 $\phi15d\times20$mm，必须注意中间偏心圆柱体位置的确定。在加工采用切断刀切削。但必须注意掌握进给速度，防止在断续切削中将车刀损坏。

（5）支顶另外两个偏心孔，车一端偏心轴 $\phi15d\times25$mm。

（6）调头后支顶，垫铜片，车另一端偏心轴 $\phi15d\times25$mm。在车削两头偏心轴时，支顶不要过紧，防止中间偏心轴受轴向力而变，最好在中间偏心轴的位置上加装支撑顶杠，或使用石膏垫。

（7）在三爪卡盘上装夹工件，两端各车去 5mm，使 $\phi15$mm 部分的长度保持 20mm，工件总长 90mm。

如果两端中心孔妨碍工件表面时，尽可能保留中心孔，在开始确定工件总长时必须考虑好。

第四节 测量和检查偏心距的方法

偏心距的检查方法通常有以下两种：

1. 在两顶尖间检测偏心距

对于两端有中心孔、偏心距较小、不易放在 V 形架上测量的轴类零件，可放在两顶尖间测量偏心距，如图 10-40 所示。检测时，使百分表的测量头接触在偏心部位，用手均匀、缓慢地转动偏心轴，百分表上指示出的最大值与最小值之差的一半就等于偏心距。

偏心套的偏心距也可以用类似上述方法来测量，但必须将偏心套套在心轴上，再在两顶尖间检测。

2. 在 V 形架上检测偏心距

当工件无中心孔或工件较短、偏心距 $e<51$mm 时，可将工件外圆放置在 V 形架上，转动偏心工件，通过百分表读数最大值与最小值之间差值的一半确定偏心距，如图 10-41 所示。

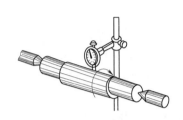

图 10-40　在两顶尖间测量偏心距

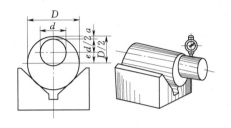

图 10-41　在 V 形架上间接测量偏心距

若工件的偏心距较大（$e≥5$mm），因受百分表测量范围的限制，可采用图 10-42 所示间接测量偏心距的方法。测量时，将 V 形架置于测量平板上，工件放在 V 形架中，转动偏心工件，用百分表先找出偏心工件的偏心外圆最高点，将工件固定，然后使可调整量规平面与偏心外圆最高点等高，再按式（10-6）计算出偏心工件的偏心外圆到基准外圆之间的最小距离 a，即

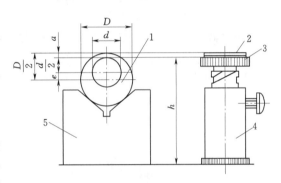

图 10-42　在 V 形架上间接测量较大的偏心距
1—偏心工件；2—量块；3—可调整量规平面；
4—可调整量规；5—V 形架

$$a=\frac{D}{2}-\frac{d}{2}-e \qquad (10-6)$$

式中　a——偏心外圆到基准外圆之间的最小距离，mm；

　　　D——基准圆直径的实际尺寸，mm；

　　　d——偏心圆直径的实际尺寸，mm；

　　　e——工件的偏心距，mm。

选择一组量块，使之组成的尺寸等于 a，并将此组量块放置在可调整量规平面上，再水平移动百分表，先测量基准外圆最高点，得一读数 A，继而测量量块上表面得另一读数 B，比较这两读数，看其误差值是否在偏心距误差的范围内，以确定此偏心工件的偏心距是否满足要求。

第五节　细长轴的车削

工件的长度 L 与直径 d 之比（即长径比）大于 25（$L/d>25$）的轴类零件称为细长轴。细长轴虽然外形并不复杂，但由于它本身刚性差（长径比越大，刚性越差），车削时由切削力、重力、切削热等影响，容易发生弯曲变形，产生振动、锥度、腰鼓形和竹节形等缺陷，难以保证加工精度。所以在加工过程中，为了增加工件刚性，常采用中心架和跟刀架作辅助支撑。

一、中心架及其使用方法

中心架是车床的附件，在车刚性差的细长轴，或者是不能穿过车床主轴孔的粗长工件及孔与外圆同轴度要求较高的较长工件时，往往采用中心架来增强刚性，保证同轴度。

1. 中心架的构造

中心架的结构如图 10-43 所示。工作时，架体通过压板和螺母紧固在床身上，上盖和架体用圆柱销作活动连接，为了便于装卸工件，上盖可以打开或扣合，并用螺钉 6 来锁定。3 个支撑爪的升降，分别用 3 个调整螺钉来调整，以适应不同直径的工件，并分用 3 个螺钉 5 来锁定。

中心架支撑爪是易损件，磨损后可以调换，其材料应选用耐磨性好、不易研伤工件的材料，通常选用青铜、球墨铸铁、胶木、尼龙 1010 等材料。

中心架一般有两种常见的形式。上述的一种为普通中心架，另一种为滚动轴承中心架。它的结构大体与普通中心架相同，不同之处在于支撑爪的前端装有 3 个滚动轴承，以滚动摩擦代替滑动摩擦，如图 10-44 所示。它的优点是：耐高速，不会研伤工件表面；缺点是同轴度稍差。

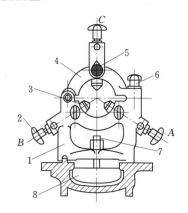

图 10-43　中心架
1—架体；2—调整螺钉；3—支撑爪；4—上盖；
5，6—螺钉；7—螺母；8—压板

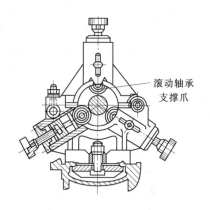

图 10-44　带滚动轴承的中心架

2. 使用中心架车削细长轴的方法

使用中心架车削细长轴，关键是使中心架与工件表面接触的 3 个支撑爪所决定圆的圆心与车床的回转中心重合。车削时，一般是用两顶尖装夹或一夹一顶方式安装工件，中心架安装在工件的中间部位，并固定在床身上。

（1）当工件用两顶尖装夹时，通常有以下两种形式：

1）中心架直接支撑在工件中间。当工件加工精度要求较低，可以采用分段车削或调头车削时，将中心架直接支撑在工件中间，如图 10-45 所示。

采用这种支撑方式，可使工件的长径比减少一半，细长轴的刚性则可增加好几倍。工件装上中心架之前，必须在毛坯中间车出一段圆柱面沟槽作为支撑轴颈，其直径应略大于工件要求的尺寸（以便以后精车）。车此段沟槽时，应采取低转速、小进给量的切削方法，沟槽的表面粗糙度值应为 $R_a \leqslant 1.6\mu m$，圆度误差小于 $0.05mm$；否则，会使工件出现仿形误差。然后装上中心架，并在开车时按照 A→B→C 的顺序调整中心架的 3 个支

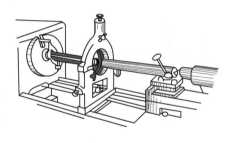

图 10-45 用中心架车削细长轴

撑爪（图 10-43），使它们与工件沟槽外圆柱面轻轻接触。当车削是由尾座向床头方向进行时，可车到沟槽附近位置，然后将工件调头装夹，把中心架的 3 个支撑爪轻轻支撑在已加工表面。此时，可在已加工表面与 3 个支撑爪之间垫细号砂布（砂布背面贴住工件，有砂粒的一面向着三爪）或研磨剂，进行研磨刨合。

在整个加工过程中，支撑爪与工件接触处应经常加润滑油，防止磨损或"咬坏"，并要随时用手感来掌握工件与中心架 3 个支撑爪摩擦发热的情况，如发热厉害，须及时调整 3 个支撑爪与工件接触表面间的间隙，绝不能等到出现"吱吱"声或"冒烟"时再去调整。

2）中心架配以过渡套筒支撑工件。当车削某段部分不需要加工的长轴时，或者是加工不适于在中段车沟槽、表面又不规则的工件（如安置中心架处有键槽或花键等）或毛坯时，可采取中心架配以过渡套筒支撑工件的方式，车削上述细长轴。过渡套筒结构如图 10-46 所示。过渡套筒外径圆度误差应在 $\pm 0.01mm$ 内，其内孔要比被加工工件的外径大 $20\sim 30mm$。过渡套筒两端各装 $3\sim 4$ 个调整螺钉，用这些螺钉夹持毛坯工件。使用时，调整过渡套筒上的螺钉，使过渡套筒外圆的轴线与车床主轴的轴线重合，然后装上中心架，使 3 个支撑爪与过渡套筒外圆轻轻接触，并能使工件均匀转动，即可车削，如图 10-47 所示。低速车削时，要在支撑爪与工件接触处加注机油润滑，高速车削时，则须用切削液浇注其中。

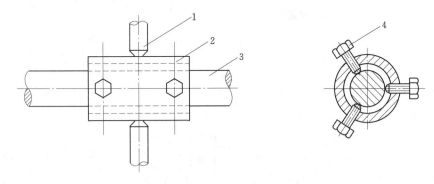

图 10-46 过渡套筒
1—中心架；2—过渡套筒；3—工件；4—调整螺钉

车完一端后，撤去过渡套筒，工件调头装夹，调整中心架支撑爪与已加工表面接触，使已加工表面的旋转轴线与车床主轴轴线重合，即可继续车削。

（2）当工件一端用卡盘夹紧，一端用中心架支撑时，工件在中心架上的装夹和找正通

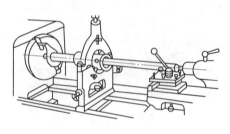

图 10-47 用过渡套筒车细长轴

常有以下 3 种形式：

1）工件一夹一顶半精车外圆后，若须加工端面、内孔或精车外圆时，由于半精车外圆与车床主轴同轴，所以只需将中心架放置在床身上的适当位置固定，以工件外圆为基准，依次调整中心架的 3 个支撑爪与工件外圆轻轻接触，并分别用紧固螺钉锁紧支撑爪，然后在支撑爪处加注润滑油，移去尾座顶尖，即可车削。

2）若工件不太长，且外圆已加工，此时可将工件一端夹在卡盘上，另一端用中心架支撑。调整中心架支撑爪之前，用手转动卡盘，用划针及百分表找正工件两端外圆，然后依次调整 3 个支撑爪，使之与工件轻轻接触即可。

3）若工件较长，可将工件一端夹持在卡盘上，另一端用中心架支撑。先在靠近卡盘处将工件外圆找正，然后摇动大拖板、中拖板，用划针及百分表在工件两端作对比测量（若工件两端被测处直径相同），或者用游标高度尺测量两端实际尺寸，减去相应半径差比较（若工件两端被测处直径不相同），并以此来调整中心架支撑爪，使工件两端高低一致 [图 10-48（a）]、前后一致 [图 10-48（b）]。

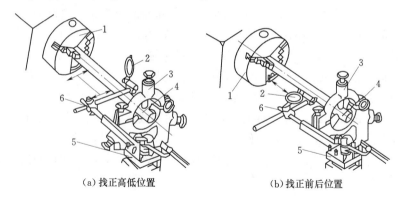

（a）找正高低位置　　　　　（b）找正前后位置

图 10-48 在中心架上找正工件

1—三爪自定心卡盘；2—百分表；3—中心架；4—工件；5—刀架；6—表架连杆

（3）尾座的校正。利用中心架车削细长轴时，往往会发现工件外圆有锥度，其原因除中心架支撑爪调整不当或是支撑爪本身的接触状态不良外，尾座中心偏移也是不容忽视的重要因素，所以必须校正尾座。方法是在车中心架支撑外圆面的同时，在工件两端各车一段相同直径的外圆（应留足够的加工余量），用两块百分表找正尾座中心。图 10-49 所示为用两块百分表同时测量中滑板的进给量和工件各端外圆的读数。当测得中滑板进

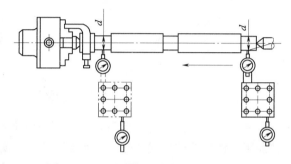

图 10-49 用两块百分表找正尾座中心

给量相同，而百分表在工件两端外圆的读数不同时，说明尾座中心偏移，应首先校正到两端百分表读数相同时为止。其后如再发现锥度，应首先检查是否因车刀严重磨损而引起的。如果不是，则可以断定是支撑爪将工件支偏，此时，调整中心架下面的两个支撑爪即可。

二、跟刀架及其使用方法

跟刀架一般固定在床鞍上跟随车刀后面移动，承受作用在工件上的切削力。细长轴刚性差，车削比较困难，如采用跟刀架来支撑，可以增加刚性，防止工件弯曲变形，从而保证细长轴的车削质量。

1. 跟刀架的结构

常用的跟刀架有两种：两爪跟刀架 [图 10 - 50（a）] 和三爪跟刀架 [图 10 - 50（b）]，结构如图 10 - 50（c）所示。支撑爪 1 和支撑爪 2 的径向移动可直接旋转手柄实现。支撑爪 3 的径向移动可以用手柄转动锥齿轮 5，再经锥齿轮 6 转动丝杆来实现。

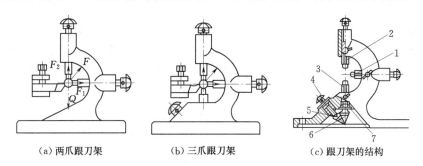

（a）两爪跟刀架　　　　　（b）三爪跟刀架　　　　　（c）跟刀架的结构

图 10 - 50　跟刀架的结构与应用

1，2，3—支撑爪；4—手柄；5，6—锥齿轮；7—丝杆

2. 跟刀架的选用

从跟刀架用以承受工件上的切削力 F 的角度来看，只需两支支撑爪就可以了，如图 10 - 50（a）所示。切削力 F 可以分解成 F_1 与 F_2 两个分力，它们分别使工件贴紧在支撑爪 1 和支撑爪 2 上。但是工件除了受 F 力外，还受重力 Q 的作用，会使工件产生弯曲变形。

因此车削时，若用两爪跟刀架支撑工件，则工件往往会因受重力作用而瞬时离开支撑爪，瞬时接触支撑爪，而产生振动；若选用三爪跟刀架支撑工件，工件支撑在支撑爪和刀尖中，便上下、左右均不能移动，这样车削就稳定，不易产生振动。所以选用三爪跟刀架支撑车削细长轴是一项很重要的工艺措施。

3. 跟刀架的使用要求

使用跟刀架时须使其支撑爪与工件的接触压力调整适当；否则会影响加工精度。当刚开始时，工件在尾座端由顶尖支撑，工件在此处很难发生变形，即使支撑爪压力调整不适当，此时也不会反映到工件上去。但车削一段距离且车刀远离顶尖后，工件刚性逐渐减弱，容易发生变形。此时若压力过小，甚至没有接触，则不能起到增加工件刚性的作用；若压力过大，使工件被顶向车刀，使切削深度增大，结果车出工件的直径偏小。当跟刀架

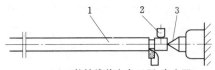

（a）工件轴线偏向车刀面，车出凹

让刀产生的鼓肚

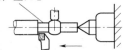

（b）工件轴线偏离车刀面，车出凸

跟刀架的压力产生凹心

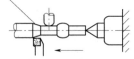

（c）工件轴线偏向车刀面，车出凹

循环产生竹节

（d）工件轴线偏离车刀面，车出凸

图 10-51　车细长工件时"竹节"
的形成过程

1—工件；2—跟刀架；3—尾座顶尖

的支撑爪跟随车刀移动，支撑到已经车小的外圆时，支撑爪与工件表面脱离接触。这时由于径向切削分力的作用，使工件向外让开，使切削深度减小，于是车出工件的直径则偏大。以后当跟刀架支撑爪再支撑到直径偏大的外圆上时，又会将工件顶向车刀，使车出的直径偏小，如此周而复始有规律地变化，则把细长工件车成"竹节"形，如图 10-51 所示。

4. 跟刀架支撑爪的调整方法

（1）在已加工表面上，调整支撑爪与车刀的支撑位置，一般是使支撑爪位于车刀的后面，两者间距离小于 10mm。

（2）调整跟刀架支撑爪时，应先调整后支撑爪，调整时应综合运用手感、耳目测等方控制支撑爪，轻微接触到外圆为止。再调整下支撑爪和上支撑爪，调整到有上述同样感觉时为止。要求每个支撑爪都能与轴保持相同的合理间隙，使轴可以自由转动。

（3）车削时经常对各支撑爪与工件的接触情况进行跟踪、监视和检查，并及时注油润滑。

5. 跟刀架支撑爪的修正

车削时若发现跟刀架支撑爪有图 10-52 所示几种不良接触状态时，必须进行修正。修正跟刀架支撑爪，可在车床上进行。先将跟刀架固定在床鞍上，再将内孔车刀（可调刀杆）装夹在卡盘上，调整跟刀架支撑爪，然后使车刀转动，以床鞍做纵向进给来车削支撑爪的支撑面，使 3 个支撑面构成的圆的直径基本等于工件支撑轴颈直径。

三、细长轴的车削方法及技能训练

1. 细长轴的车削方法

车削细长轴时，除了重视中心架及跟刀架的使

图 10-52　支撑爪的不良接触状态

用外，还应避免工件热变形伸长的不利影响及掌握合理选择车刀几何形状等关键技术。

（1）工件的热变形伸长。车削时，产生的切削热会传导给工件，使工件的温度升高，从而导致工件伸长变形，这就叫"热变形"。在车削一般轴类工件时，由于长径比较小，工件散热条件较好，热变形伸长量较小，可以忽略不计。但是，车削细长轴时，因为工件细长，热扩散性能差，在切削热的作用下，会产生相当大的线胀系数，从而使工件产生弯曲变形，甚至会使工件在两顶尖间卡住。因此车细长轴时，必须考虑工件热变形的影响。工件热变形伸长量 ΔL 可按式（10-7）计算，即

$$\Delta L = \alpha L \Delta t \qquad\qquad (10-7)$$

式中　α——工件材料的线胀系数，$1/℃$；

　　　L——工件的总长，mm；

　　　Δt——工件升高的温度，℃。

常用材料的线胀系数 α 可在表 10-2 中查出。

表 10-2　　　　　　　　　　　　　常用材料的线胀系数 α

材料名称	温度范围/℃	$\alpha/(\times10^{-6}℃)$	材料名称	温度范围/℃	$\alpha/(\times10^{-6}℃)$
灰铸铁	0~100	10.4	纯铜	20~100	17.2
球墨铸铁	0~100	10.4	黄铜	20~100	17.8
45 钢	20~100	11.59	铝青铜	20~100	17.6
T10A	20~100	11.0	锡青铜	20~100	18.0
20Cr	20~100	11.3	铝	0~100	23.8
40Cr	25~100	11.0	镍	0~100	13.0
65Mn	25~100	11.1	光学玻璃	20~100	11.0
2Cr13	20~100	10.5	普通玻璃	20~100	4~11.5
60Si2Mn	20~100	11.5~12.4	有机玻璃	20~100	120~130
1Cr18Ni9Ti	20~100	16.6	水泥、混凝土	20	10~14
Mi58	20	11.5	纤维、夹布胶木		30~40
GCr15	100	14.0	聚氯乙烯管材	10~60	50~80
38CrMoAlA	20~100	12.3	尼龙	0~100	110~150
镍钼合金（磁尺用）	20~100	11.0	硬橡胶、胶木	17~25	77
铁锰合金（磁尺用）	20~100	11.0			

例 10-7　车削 40mm，长度 $L=2000mm$ 的细长轴，材料为 45 钢，车削时受切削热的影响，使工件的温度比室温高出 30℃，试求此细长轴热变形伸长量。

解　已知 $L=2000mm$，$\Delta t=30℃$，查表 10-2 知 45 钢。$\alpha=11.59\times10/℃$，根据式（10-7），有

$$\Delta L = \alpha L \Delta t = 11.59\times10\times2000\times30 = 0.695(mm)$$

从以上的例子可知，车直径 40mm、长 2000mm 的细长轴（长径比为 50），当工件温度升为 30℃ 时，要受热伸长 0.695mm。而车细长轴时，一般采取两头顶尖或一端用卡盘夹住，一端顶尖顶持的方法安装，工件的轴向位置是固定的。但是，在切削过程中，工件受热变性要伸长 0.695mm，工件两端无退让余地时，那么工件只好发生弯曲。加工细长轴时，一旦出现轴向弯曲，特别是当工件以高速旋转时，由于这种弯曲而引起的离心力，将使弯曲进一步加剧，车削就无法进行了。

因此，车削细长轴时，为了减少热变形的影响，必须采取以下技术措施：

1) 细长轴应采用一夹一顶的装夹方式。卡盘爪夹持的部分不宜过长，一般在 15mm 左右，最好用钢丝圈垫在卡盘爪的凹槽中 [图 10-53 (a)]，这样以点接触，使工件在卡

盘内能自由调节其位置，避免夹紧时形成弯曲力矩，这样，在切削过程中发生热变性伸长，也不会因卡盘夹死而产生内应力。

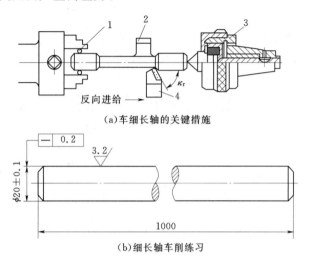

（a）车细长轴的关键措施

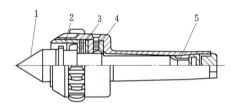

（b）细长轴车削练习

图 10-53　车削细长轴的措施及其练习

1—钢丝圈；2—三爪跟刀架；3—弹性回转顶尖；4—合理的几何角度车刀

2）使用弹性回转顶尖来补偿工件热变性伸长。弹性回转顶尖的结构如图 10-54 所示。顶尖由前端圆柱滚子轴承和后端的滚针轴承承受径向力，有推力球轴承承受轴向推力。在圆柱滚子轴承和推力球轴承之间，放置两片碟形弹簧。当工件变形伸长时，工件推动顶尖，使碟形弹簧压缩变形（即顶尖能自动后退）。经长期生产实践证明，车削细长轴时使用弹性回转顶尖，可以有效

图 10-54　弹性回转顶尖

1—顶尖；2—圆柱滚子轴承；3—碟形弹簧；

4—推力球轴承；5—滚针轴承

地补偿工件的热变形伸长，工件不易产生弯曲，使车削可以顺利进行。

3）采取反向进给方法。车削时，通常纵向进给运动的方向是床鞍带动车刀由尾座向床头箱方向运动，即正向进给。反向进给则是床鞍带动车刀由床头箱向尾座方向运动。正向进给时，工件所受轴向切削分力，使工件受压（与工件变形方向相反），容易产生弯曲变形。而反向进给时，作用在工件上的轴向切削分力使工件受拉力（与工件伸长变形方向一致），同时由于细长轴左端通过钢丝圈固定在卡盘内，右端支撑在弹性回转顶尖上，可以自由伸缩，不易产生弯曲变形，而且还能使工件达到较高的加工精度和较小的表面粗糙度值。

4）加注充分的切削液。车削细长轴时，无论是低速切削还是高速切削，加注充分的切削液能有效地减少工件所吸收的热量，从而减少工件的热变形伸长。加注充分的切削液还可以降低刀尖切削温度，延长刀具使用寿命。

（2）合理选择车刀的几何形状。车削细长轴时，由于工件刚性差，车刀的几何形状对减小作用在工件上的切削力，减小工件弯曲变形和振动，减少切削热的产生等均有明显的

影响，选择时主要考虑以下几点：

1）车刀的主偏角是影响径向切削力的主要因素，在不影响刀具强度的情况下，应尽量增大车刀主偏角，一般细长轴车刀主偏角选 $\kappa_r = 80° \sim 93°$。

2）为了减小切削力和切削热，应选择较大的前角，一般取 $\kappa_r = 15° \sim 30°$。

3）前刀面应磨有 $R1.5 \sim 3\text{mm}$ 圆弧形断屑槽。

4）选择正的刃倾角，通常取 $\lambda_s = +3° \sim +10°$，使切屑流向待加工表面。此外，车刀也容易切入工件，并可减小切削力。

5）为了减小径向切削力，刀尖圆弧半径应磨得较小（$r_\varepsilon < 0.3\text{mm}$），倒棱的宽度应选小些，一般为 $0.5f$，以减小切削时的振动。

此外，选用红硬性和耐磨性好的刀片材料（如 YT15、YT30、YW1 等），并提高刀尖的刃磨质量，也是一些行之有效的措施。

6）细长轴车刀如图 10-55 所示。综上所述，车削细长轴的关键技术措施是选择合理的几何角度的车刀，采用三爪跟刀架和弹性回转顶尖支撑，并实行反向进给方法来车削，如图 10-53（a）所示。

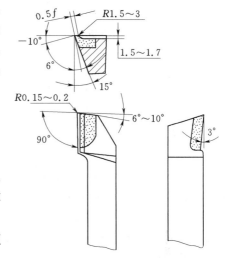

图 10-55 细长轴车刀

2. 车削细长轴技能训练

试车图 10-53（b）所示细长轴。

（1）图样分析。

1）工件是一根光轴，轴颈 $\phi20\text{mm} \pm 0.1\text{mm}$、长 1000mm，其长径比为 50，适合用跟刀架支撑车削。

2）直线度误差不大于 0.2mm，表面粗糙度值为 $R_a 3.2\mu\text{m}$。

（2）准备工作。

1）准备毛坯并校直。

a. 对工件坯料的要求：细长轴坯料的加工余量应比一般工件的加工余量大，如长径比为 30 的细长轴，其加工余量通常为 4mm 左右；长径比为 50 的细长轴，其加工余量通常为 5～6mm。据此，本例中工件毛坯选 $\phi25\text{mm}$、长 1010mm 的棒料。

b. 弯曲坯料应校直。校直坯料不仅可使车削余量均匀，避免或减小加工振动，而且还可以减小切削后的表面残余应力，避免产生较大变形。校直后的毛坯，其直线度误差应小于 1mm，毛坯校直后，还要进行时效处理，以消除内应力。

2）准备三爪跟刀架并做好检查、清洁工作，若发现支撑爪端面磨损严重或弧面太小，应取下，根据支撑基准面直径来进行修正。

3）刃磨好粗、精车外圆车刀，准备必要的量具。

（3）车削步骤。

1）车端面、钻中心孔。将毛坯轴穿入车床主轴孔中，右端外伸约100mm，用三爪自定心卡盘夹紧，为防止车削时毛坯轴左端在主轴孔中摆动而引起弯曲，可用木楔或棉纱等

物（批量大可特制一个套）将其固定。然后，车端面、钻中心孔，同时粗车一段 $\phi22\text{mm}$
$\times30\text{mm}$ 的外圆，便于以后卡盘夹紧时有定位基准。用同样的方法，调头车端面，保证总
长 1000mm，并钻中心孔。

若工件很长，则应利用中心架和过渡套筒，采取一端夹持，一端托中心架的方式来车
端面、钻中心孔。

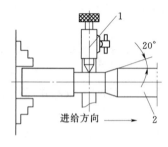

图 10-56　车跟刀架基准
1—跟刀架；2—工件

2）车跟刀架支撑基准工件左端，在 $\phi22\text{mm}\times30\text{mm}$ 的
外圆柱面上套入 5mm 钢丝圈，并用三爪自定心卡盘夹紧，
右端用弹性回转顶尖支撑。在靠近卡盘一端的毛坯外圆上
车削跟刀架支撑基准，其宽度比支撑爪宽度大 15～20mm，
并在其右边车一圆锥角约为 40°的圆锥面，以使接刀车削时
切削力逐渐增加，不会因切削力突然变化而造成让刀和工
件变形，如图 10-56 所示。

3）安装跟刀架，研磨支撑基准面。以已车削的支撑基
准面为基准，研磨跟刀架支撑爪工作表面。研磨时选车床
主轴转速，$n=300～600\text{r/min}$，床鞍做纵向往复运动，同
时逐步调整支撑爪，待其圆弧基本成形时，再注入机油精研。研磨好支撑基准面后，还要
调整支撑爪，使之与支撑基准面轻轻接触。

4）采用反向进给方法接刀车全长外圆。跟刀架支撑爪应在刀尖后面 1～3mm 处，同
时浇注充分的切削液，防止支撑爪磨损。

上述 2）～4）步骤需要重复多次，直至一夹一顶接刀精车外圆达到尺寸要求为止。

5）半精车、精车 $\phi22\text{mm}\times30\text{mm}$ 段至尺寸要求。此时可采取一端夹紧，一端用中心
架支撑，车右端头的方法。

精车时，为减小表面粗糙度值及消除振动，可选用宽刃精车刀（图 10-57）和弹簧
刀杆，并在低速下车削，可获得满意效果。

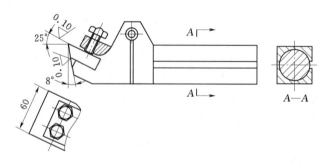

图 10-57　用于跟刀架车细长轴的宽刃精车刀

a. 刀片材料。刀片——高速钢（W18Cr4V）；刀杆——45 钢。

b. 切削用量：当车削 50mm 的 45 钢细长轴时，$v_c=1.8\text{m/min}$；$f=3～5\text{mm/r}$，
$a_p=0.15～0.3\text{mm}$。

c. 使用机床：CA6140 型。

d. 切削效果。表面粗糙度可达 $R_a1.6\mu\text{m}$。提高效率 4～6 倍（使用 30 号机油，作充

分的冷却润滑）。

（4）注意事项。

1）车削前，为了防止车细长轴产生锥度，必须调整尾座中心，使之与车床主轴中心同轴。

2）车削过程始终应充分浇注切削液。

3）车削时，应随时注意顶尖的松紧程度。其检查方法是：开动车床使工件旋转，用右手拇指和食指捏住弹性回转顶尖的转动部分，顶尖能停止转动，当松开手指后，顶尖能恢复转动，说明顶尖的松紧程度适当（图10-58）。

4）粗车时应选择好第一次切削深度，将工件毛坯一次进刀车圆；否则会影响跟刀架的正常工作。

5）车削过程中，应随时注意支撑爪与工件表面接触状态和支撑爪的磨损情况，并视具体情况随时作出相应的调整。

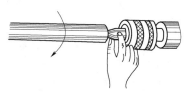

图10-58 检查回转顶尖
松紧的方法

6）车削过程中，应随时注意工件已加工表面的变化情况，当发现开始有竹节形、腰鼓形等缺陷时，要及时分析原因，采取应对措施。若发现缺陷越来越明显时，应立即停车。

（5）容易出现的缺陷及预防措施。

1）竹节形。竹节形产生的原因前面已分析，可采取下列措施预防：

a. 正确调整跟刀架支撑爪，不可支得过紧。

b. 采取接刀车削时，必须使车刀刀尖和工件支撑基准圆略微接触，接刀时切削深度应加深0.01～0.02mm，这样可避免由于工件外圆变大，而引起支撑爪的支撑力变得过大。

c. 粗车时若发现开始有竹节形，可调整中滑板手柄，相应增加适量切削深度，以减小工件外径；或微调松跟刀架支撑爪，使支撑力稍减小，以防止竹节继续产生。

d. 调整好车床床鞍、滑板相应的间隙，以消除进给时的让刀现象。

2）腰鼓形。车削后，工件两端直径小，中间部分直径大，成为腰鼓形。产生这种缺陷的原因是由于细长轴刚性差，以及跟刀架支撑爪与工件表面接触不一致（偏高或偏低于工件旋转中心），支撑磨损而产生间隙。在车削工件两端时，因靠近顶尖、卡盘，工件刚性较好不易产生变形，所以切削正常；当车到中间部位时，由于径向切削力，使工件的轴线压向车床回转轴线的外侧，发生弯曲变形，切削深度逐渐减小，因而形成腰鼓形。

预防腰鼓形的措施如下：

a. 车削过程中要适时调整支撑爪，使支撑爪圆弧面的轴线与车床主轴旋转轴线重合。

b. 适当增大车刀主偏角，使车刀锋利，减小径向切削力。

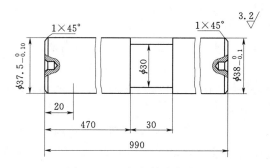

图10-59 细长轴车削练习

车削图10-59所示细长轴。由于该工

件在 990mm 长的轴段上有 3 个直径不等的圆柱面，加工时不便于采用跟刀架支撑，须用中心架支撑，调头车削。其加工步骤的拟定工作由同学们来完成。

第六节 车薄壁工件

一、薄壁工件的加工特点

车薄壁工件时，由于工件的刚性差，在车削过程中，可能产生以下现象：

（1）因工件壁薄，在夹紧力的作用下容易产生变形，从而影响工件的尺寸精度和形状精度。

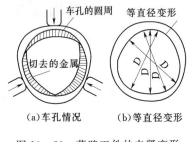

图 10-60 薄壁工件的夹紧变形

图 10-60（a）所示工件夹紧后，在夹紧力的作用下，会略微变成三边形，但车孔后得到的是一个圆柱孔。当松开卡爪，取下工件后，由于弹性恢复，外圆恢复成圆柱形，而内孔则面变成图 10-60（b）所示的弧形三边形。若用内径千分尺测量时，各个方向直径 D 相等，但已变形不是内圆柱面了，称为等直径变形。

（2）因工件较薄，切削热会引起工件热变形，使工件尺寸难以控制。

对于线胀系数较大的金属薄壁工件，在半精车和精车的一次安装中连续车削，所产生的切削热，而引起工件的热变形，对其尺寸精度影响极大，有时甚至会使工件卡死在夹具上。

（3）在切削力（特别是径向切削力）的作用下，容易产生振动和变形，影响工件的尺寸精度、形状、位置精度和表面粗糙度。

二、防止和减少薄壁工件变形的方法及技能训练

1. 防止和减少薄壁工件变形的方法

（1）工件分粗、精车阶段。粗车时，由于切削余量较大，夹紧力稍大些，变形也相应大些；精车时，夹紧力可稍小些，一方面夹紧变形小，另一方面精车时还可以消除粗车时因切削力过大而产生的变形。

（2）合理选用刀具的几何参数。精车薄壁工件时，刀柄的刚度要求高，车刀的修光刃不宜过长（一般取 0.2～0.3mm），刃口要锋利。

车刀几何参数可参考下列要求：

1）外圆精车刀。$\kappa_r=90°\sim93°$，$\kappa_r'=15°$，$\alpha_{01}=14°\sim16°$，$\alpha_{o1}=15°$，γ_o 适当增大。

2）内孔车刀。$\kappa_r=60°$，$\kappa_r'=30°$，$\gamma_o=35°$，$\alpha_o=14°\sim16°$，$\alpha_{o1}=6°\sim8°$，$\lambda_s=5\sim6$。

（3）增加装夹接触面。采用开缝套筒和特制的软卡爪，使接触面增大，让夹紧力均布在工件上，因而夹紧时工件不易产生变形（图 10-61）。

（4）应用轴向夹紧夹具。车薄壁工件时，尽量不使用径向夹紧，而优先选用轴向夹紧的方法，如图 10-62 所示。工件靠螺母的端面实现轴向夹紧，由于夹紧力 F 沿工件轴向分布，而工件轴向刚度大，不易产生夹紧变形。

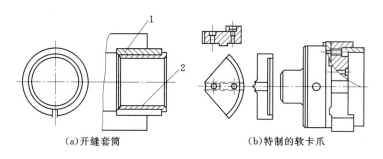

（a）开缝套筒　　　　　　（b）特制的软卡爪

图 10-61　增大装夹接触面减少工件变形
1—薄壁套；2—工件

（5）增加工艺肋。有些薄壁工件在其装夹部位特制几根工艺肋，以增强此处刚性，使夹紧力作用在工艺肋上，以减少工件的变形，加工完毕后，再去掉工艺肋（图 10-63）。

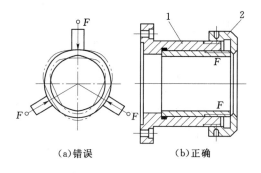

（a）错误　　　　　（b）正确

图 10-62　薄壁套的夹紧
1—工件；2—螺母

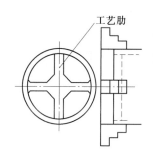

图 10-63　增加工艺肋减少变形

（6）浇注充分切削液。降低切削温度，减少工件热变形。

2. 车削薄壁工件技能训练

（1）车削图 10-64 所示薄壁衬套。

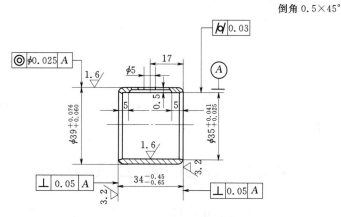

图 10-64　薄壁衬套车削练习

1）技术分析。由于该薄壁衬套轴向、径向尺寸均不大，材料为锡青铜，壁厚 2mm，同轴度误差为 0.025mm。为了保证内、外圆表面的同轴度要求，可以采用图 10 - 65 所示方法安装车削。

2）车削步骤。

a. 夹持套料，伸出长 45mm，端面车平。

b. 粗车内、外圆，各留 0.5mm 精车余量。粗车时应浇注充分切削液，降低切削温度。内孔车长 2mm 即可，这样既便于切削又可增加刚性。

c. 半精车内、外圆，各留 0.2mm 精车余量。拉油槽。

d. 精车内、外圆至图样。

e. 切断。

f. 安装在弹性胀力心轴上车另一端面并倒角。

（2）车削图 10 - 66 所示薄壁套筒。

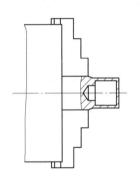

图 10 - 65　一次装夹车削薄壁工件　　　　图 10 - 66　薄壁套筒车削练习

1）技术分析。该薄壁套筒轴向尺寸不大，但径向尺寸较大，且有一阶台，内、外圆表面同轴度要求较高，相关表面的形状、位置精度要求也较高，可以考虑用特制的扇形卡爪及心轴安装车削。

2）车削步骤。

a. 粗车内、外圆表面，各留精车余量 1～1.5mm。

·夹持外圆小头，粗车端面、内孔。

·夹持内孔，粗车外圆、端面。

b. 安装在图 10 - 65 所示扇形软卡爪中精车内孔 $\phi72H7$，精车外圆达 $\phi98mm$ 及端面 A，达到图样要求。

c. 以内孔 $\phi72H7$ 和端面 A 为基准，工件安装在如图 10 - 66 所示的弹性胀力心轴上，精车外圆 $\phi80h7$ 达到图样要求。

第七节　深孔加工简介

在加工深孔时，由于刀柄受孔径和孔深的限制，使得刀柄细长，刚性差，车削时容易产生振动和让刀现象；由于孔深，钻削过程中，钻头容易引偏而导致孔轴线歪斜；由于孔深，切屑不易排除，切削液难以有效地冷却到切削区域，且刀具在深孔内切削，刀具的磨损和刀体的损坏等情况都无法观察,加工质量不易控制。因此,深孔加工也是一项难度较大的加工工艺,必须使用一些特殊的刀具(如深孔钻、深孔车刀等)及特殊的附件,同时对切削液的流量和压力也提出了较高的要求。

深孔加工的关键技术是深孔钻的几何形状和冷却、排屑问题。常见的有以下 3 种形式。

一、枪孔钻和外排屑

在加工直径较小的深孔时,一般采用枪孔钻,枪孔钻的几何参数如图 10-67 所示。枪孔钻用高速钢或硬质合金刀头与无缝钢管的刀柄焊接制成。刀柄上压有 V 形槽,是排出切屑的通道,腰形孔是切削液的出口处。

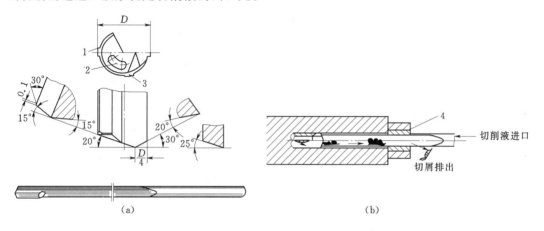

图 10-67 枪孔钻及排屑
1,3—狭棱;2—腰形孔;4—导向套

枪孔钻钻孔时,狭棱 1 和 3 承受切削抗力,并作为钻孔时的导向部分。高压切削液从空心的刀杆经腰形孔进入切削区,切屑就被切削液从 V 形槽中冲刷向外排出。由于枪孔钻是单刃,其刀尖偏向一边,所以刀杆刚进入工件时,刀杆会产生扭动,因此必须使用导向套。

二、喷吸钻和内排屑

喷吸钻外形如图 10-68 所示,它的切削刃交错分布在钻头的两边,颈部有喷射切削液的小孔,前端有两个喇叭形孔,切屑由小孔喷射出的高压切削液的压力作用下,从这两个喇叭形孔冲入并吸进空心刀杆向外排出。

喷吸钻的工作原理如图 10-69 所示,喷吸钻头用多线矩形螺纹连接在外套管上,外套管用弹簧夹头装夹在刀杆上,内套管的尾部开有几个向后倾斜 30° 的月牙孔,当高压切削液从进口 A 进入管夹头中心后,大部分的切削液从内、外套管之间,通过喷吸钻头部小孔进入切削区,还有一部分切削液通过倾斜的月牙孔向后高速喷射,在内套管

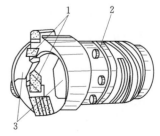

图 10-68 喷吸钻
1—切削刃;2—小孔;3—喇叭形孔

的前后产生很大的压力差。这样，钻出的切屑一方面由高压切削液从前向后经两个喇叭形孔冲入内套管中，另一方面受内套管内前后压力差的作用被吸出，在这两方面力量的作用下，切屑便可顺利地从排屑杆中排出。

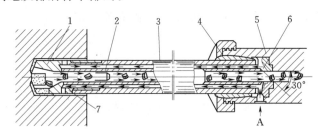

图 10-69　喷吸钻的工作原理

1—钻头；2—内套管；3—外套管；4—弹簧夹头；5—刀杆；6—月牙孔；7—小孔

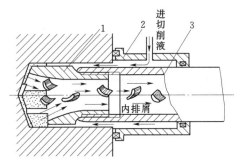

图 10-70　高压内排屑钻的工作原理

1—深孔钻；2—封油头；3—排屑外套管

由于此种排屑方式是利用切削液的喷和吸的作用，使切屑排出，故称为喷吸钻。

三、高压内排屑钻

高压内排屑钻的工作原理如图 10-70 所示，高压大流量的切削液从封油头经深孔钻 1 和孔壁之间进入切削区域，切屑在高压切削液的冲刷下从排屑外套管的中间排出。采用这种方式，由于排屑外套管内没有压力差，所以需要有较高压力（一般要求 1～3MPa）的切削液将切屑从切削区经排屑外套管内孔排出，因此称为"高压内排屑"。

小　　结

本章着重介绍较复杂零件的车削，在理论上和实际操作中都有相应解释供参考。学习之后：①机加工在机械行业里起着主导作用，要拥有能够扩大普通车床的使用范围的能力，不能只是车内、外圆等零件，要扩大它为你解决在工作中有可能遇到的问题，如形状不规则，三尖八角形状的零件经常会遇到。要解决问题就要多想些办法；②分析车细长轴时，车刀、材料和机床的关系是否有关联；③分析为什么在短时间内，数控车床不能完全替代普通车床。

思　考　题

1. 举例说明在什么情况下工件需要安装在花盘上车削？什么情况下工件要安装在角铁上车削？

2. 在花盘、角铁上车削工件时，如何保证安全生产？

3. 如何检查花盘端面跳动？

4. 如何测量两孔中心距？

5. 哪些类型的工件必须采用四爪单动卡盘安装车削？

6. 车削偏心工件通常有哪几种方法？各适于什么情况下？

7. 在两顶尖间如何测量偏心距？

8. 采用跟刀架车削细长轴时，产生"竹节"形原因是什么？

9. 采用一夹一顶方法车削细长轴时，为什么要用弹性回转顶尖？而在卡爪处夹紧位置的长度尽量要短，是什么原因？

10. 车削直径为 30mm，长度为 1400mm 的细长轴，其材料为 40Cr。车削时当工件的温度由 20℃ 上升到 50℃，求这根轴的热变形伸长量。

11. 以外圆为定位基准，车薄壁套内孔时，为防止夹紧变形，在夹紧装置上应采取哪些措施？请举例说明。

12. 常用深孔加工方法和排屑方式有哪几种？

13. 在花盘上加工图 10 - 71 所示双孔连杆的两内孔。

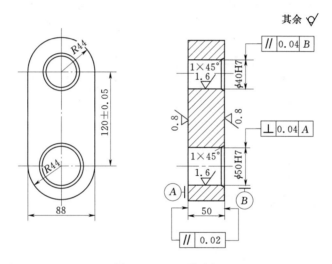

图 10 - 71　双孔连杆

14. 在角铁上加工图 10 - 72 所示轴承座内孔。

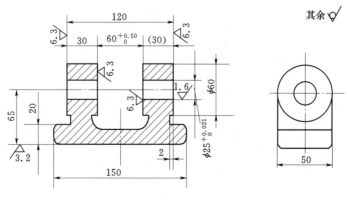

图 10 - 72　轴承座

15. 在四爪卡盘上加工图 10-73 所示螺母座。

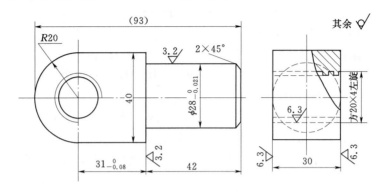

图 10-73　螺母座

16. 加工图 10-74 所示偏心轴。

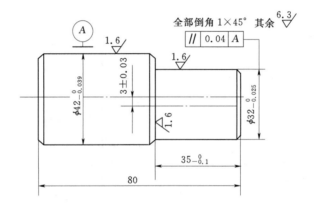

图 10-74　偏心轴

17. 加工图 10-75 所示单拐曲轴。

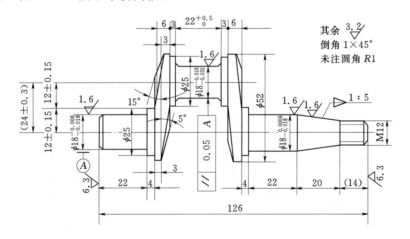

图 10-75　单拐曲轴

18. 加工图 10-76 所示细长轴。

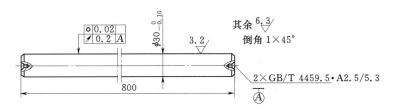

图 10-76 细长轴

19.试分析图10-77至图10-82所示零件的安装方法、加工步骤及车削过程中的注意事项。

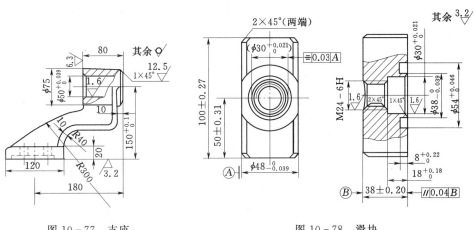

图 10-77 支座

图 10-78 滑块

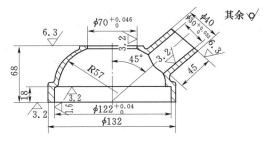

图 10-79 料盖

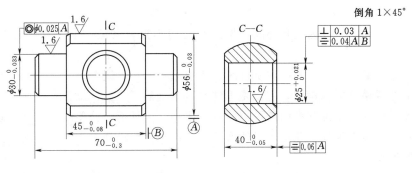

图 10-80 十字接头

213

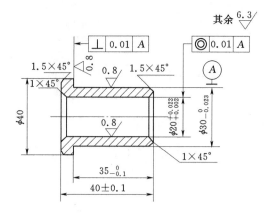

图 10-81 薄壁套

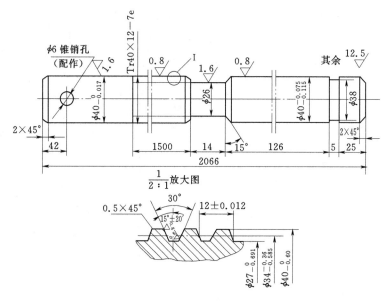

图 10-82 细长轴

习　题

一、填空题

1. 外圆和_____或内孔和外圆的轴线平行而不重合（偏一个距离）的零件叫偏心工件。

2. 工件定位基准与设计基准不重合时，将引起_____误差。

3. 影响位置精度的因素中，主要是工件在机床上的_____位置。

4. 花盘、角铁的定位基准面的形位公差，要小于工件形位公差的_____以下。

5. 在花盘上装夹工件，花盘本身的形位公差比工件要求高_____倍以上。

二、选择题

1. 工序集中的优点是减少了（　　）的辅助时间。

A. 测量要件　　　　　B. 调整刀具　　　　　C. 安装工件　　　　　D. 刃磨刀具

2. 一端夹住，一端搭中心架车削时，如夹持部分较长会出现（　　）定位。

A. 完全　　　　　　　B. 部分　　　　　　　C. 重复　　　　　　　D. 欠

3. 加工两种或两种以上工件的同一夹具，称为（　　）。

A. 组合夹具　　　　　B. 专用夹具　　　　　C. 通用夹具　　　　　D. 车床夹具

4. 夹具上确定夹具相对于机床的位置是（　　）。

A. 定位装置　　　　　B. 夹紧装置　　　　　C. 夹具体　　　　　　D. 组合夹具

5. 工件长度与直径之比（　　）25 倍时，称为细长轴。

A. 小于　　　　　　　B. 等于　　　　　　　C. 大于　　　　　　　D. 不等于

6. 在花盘上装夹工件，花盘本身的形位公差比工件的要求高（　　）以上。

A. 1 倍　　　　　　　B. 2 倍　　　　　　　C. 3 倍　　　　　　　D. 4 倍

7. 花盘，角铁的定位基准面的形位公差，要（　　）工件形位公差的 1/2。

A. 大于　　　　　　　B. 等于　　　　　　　C. 小于　　　　　　　D. 不等于

8. 轴在两顶尖间装夹，限制了（　　）个自由度。

A. 6　　　　　　　　　B. 5　　　　　　　　　C. 4　　　　　　　　　D. 3

9. 夹紧力方向应尽量与（　　）一致。

A. 工件重力方向　　　　　　　　　　　B. 切削力方向

C. 反作用力方向　　　　　　　　　　　D. 进深抗力方向

10. 在用大平面定位时，把定位平面做成（　　）以提高工件定位的稳定性。

A. 中凹　　　　　　　B. 中凸　　　　　　　C. 刚性　　　　　　　D. 稳定性

11. 夹紧力的方向应垂直于工件的（　　）。

A. 主要定位基准面　　　　　　　　　　B. 加工表面

C. 未加工表面　　　　　　　　　　　　D. 已加工表面

12. 工件以两孔一面定位，限制了（　　）个自由度。

A. 6　　　　　　　　　B. 5　　　　　　　　　C. 4　　　　　　　　　D. 3

13. 跟刀架可以跟随车刀移动，抵消（　　）切削力。

A. 切向　　　　　　　B. 径向　　　　　　　C. 轴向　　　　　　　D. 反方向

14. 为精加工做好准备的加工阶段，应属于（　　）。

A. 粗加工阶段　　　　　　　　　　　　B. 半精加工阶段

C. 精加工阶段　　　　　　　　　　　　D. 光整加工阶段

15. 保证工件在夹具中占有正确位置是（　　）装置。

A. 定位　　　　　　　B. 夹紧　　　　　　　C. 辅助　　　　　　　D. 车床

16. 车细长轴时为避免振动，车刀的主偏角应取（　　）。

A. 45°　　　　　　　　B. 60°～70°　　　　　C. 80°～93°　　　　　D. 100°

三、判断题

（　　）1. 采用定程（位）法进行加工时，由于影响加工精度的因素较多，所以应经常抽检工件并及时进行调整，防止成批报废工件。

（　　）2. 总余量等于各工序余量之和。

（　　）3. 机床夹具一般可分为通用和专用夹具两种。

（　　）4. 对夹紧装置的要求可简单地用 4 个字表示，即牢、正、快、简。

（　　）5. 单一实际要素的形状所允许的变动量即是形状公差。

（　　）6. 在加工中用作定位的基准称为工艺基准。

（　　）7. 基准可分为工艺基准和装配基准两大类。

（　　）8. 工件定位的作用是为了保证被加工表面的位置精度。

（　　）9. 在加工细长轴时，主偏角应选较大的值。

（　　）10. 工件夹紧力的 3 个要素包括夹紧力的大小、方向和作用点。

（　　）11. 花盘、角铁的定位基准面的形位公差，要小于工件形位公差的 1/2 以下。

四、简答题

1. 在车床上车一长 200mm 的轴，已知 $f=0.5$mm/r 主轴每分钟转速 $n=400$r/min，问车削两刀需要多少机动时间？

2. 在三爪卡盘上车偏心工件，已知 $D=40$mm，偏心距 $e=4$mm，求垫片厚度 x。

3. 车削薄壁工件时，如何减少和防止工件变形？

4. 简述薄壁工件的特点。

5. 车削细长轴的特点是什么？

附录一 六点定位原理

任何一个未被约束的刚体，在空间都是一个自由体，它可以向任何方向移动和转动。为了便于研究其运动规律，将它放到由 OX、OY、OZ 轴所确定的空间直角坐标系中，如附图 1 所示，从力学运动分解的原理可知，刚体在空间的任何运动都可看成是相对于该坐标系的 6 种运动合成。把这 6 种运动的可能性称为 6 个自由度。

工件在定位以前，也是一个物体在空间的情况一样，具有 6 个自由度，即沿 X、Y、Z 3 个轴方的移动，用 $\overrightarrow{OX}$、$\overrightarrow{OY}$、$\overrightarrow{OZ}$ 来表示，以及绕 X、Y、Z 3 个轴的转动，用 $\overset{\frown}{OX}$、$\overset{\frown}{OY}$、$\overset{\frown}{OZ}$ 来表示。

要使工件在空间处于相对固定不变的位置，就必须限制其 6 个自由度。限制的方法如附图 2 所示，用相当于 6 个支承点的定位元件与工作的定位基准面接触来限制。

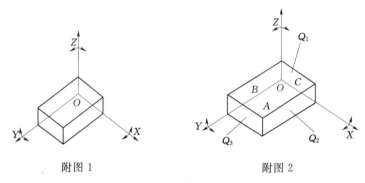

附图 1　　　　　　　　　　附图 2

◆在 XOY 平面中，用三支承点限制了 $\overrightarrow{OX}$、$\overset{\frown}{OY}$、$\overset{\frown}{OZ}$ 3 个自由度；

◆在 YOZ 平面中，用两个支承点限制了 $\overrightarrow{OX}$、$\overset{\frown}{OZ}$ 两个自由度；

◆在 XOZ 平面中，用一个支承点限制了 $\overset{\frown}{OY}$ 一个自由度。

图中工件上的 A 面是与机床工作台或夹具上 3 个支承相接触的，把工件上的这个 A 面称为主要定位基准。显然，3 个支承点之间的面积越大，支承工件就越稳定；工件的平面越平稳，定位越可靠。所以，一般选择工件上大面平稳的表面作为主要定位基准。而点决定一条线，即决定方向，工件上的表面 B 是与夹具上的两个支承点相接触，所以把 B 面称为导向定位基准。一般都选择工件上的窄长表面作为头向定位基准。或者把夹具上起着两个支承作用的平面作成窄长形。工件上的 C 面与夹具上的一个支承相接触，C 面就为止动定位基准。

还要分清"定位"和"夹紧"这两个概念。"定位"只是使工件在夹具中得到某一正确的位置。而要使工件受力后相对于刀具的位置不变，则还需"夹紧"。因此，"定位"和"夹紧"是不相同的。

通常把按一定规律分布的 6 个支承点把清除工件 6 个自由度的方法，称为"六点定位原理"。应用此原理可以正确地分析和解决工件安装时的定位问题。

217

在这里必须指出：在生产中，工件的定位不一定限制 6 个自由度，这要根据工件的具体加工要求而定，一般只要相应地限制那些对加工精度有影响的自由度就行了。

例如，四爪单动卡盘它有"定位"也有"夹紧"的。

在车床上要加工一个工件必须具备两个条件——"定位"、"夹紧"。如果"定位"不正确，有了"夹紧"也会松脱，如果"定位"好而"夹紧"不紧也会脱离。总之要具备这两个条件。

附录二 应知应会相关知识习题

一、选择题

1. 使工件在加工过程中保持定位位置不变的是（　　　）。

A. 定位装置　　　　B. 夹紧装置　　　　C. 夹具体　　　　D. 定位和夹紧装置

2. 划分加工阶段的作用之一是（　　　）。

A. 便于设置工序　　B. 便于选择加工方法　C. 降低成本　　D. 保证加工质量

3. 当主、副切削刃为直线，且 $\lambda_s=0°$、$\kappa_r=0°$时，$\kappa_r<90°$时，则切削层横截面为（　　　）。

A. 平行四边形　　B. 矩形　　　　　C. 正方形　　　　D. 长方形

4. 一般用硬质合金粗车碳钢时，磨损量 VB＝（　　　）。

A. 0.6～0.8mm

B. 0.8～1.2mm

C. 0.1～0.3mm

D. 0.3～0.5mm

5. 保证工件在夹具中占有正确位置的是（　　　）装置。

A. 定位　　　　　B. 夹紧　　　　　C. 辅助　　　　　D. 车床

6. M7120A 是应用较广的平面磨床，磨削精度一般可达（　　　）μm。

A. IT7 R_a1.25～0.63

B. IT7 R_a0.2

C. IT9 R_a1.25～0.63

D. IT9 R_a0.2

7. 无心外圆磨削适用（　　　）。

A. 带有键槽的零件

B. 圆柱销、滚针

C. 阶梯轴

D. 圆锥表面

8. 一个有键槽传动轴，使用 45 钢并需淬火处理，外圆表面要求达到 R_a0.8 IT7，其加工工艺可为（　　　）

A. 粗车—铣—磨—热处理

B. 粗车—精车—铣—热处理—粗磨—精磨

C. 车—热处理—磨—铣

D. 车—镗—铣—热处理

9. 属于铣床附件的是（　　　）。

A. 三爪卡盘　　　B. 四爪卡盘　　　C. 台虎钳　　　　D. 平口钳

10. 在公差带图中，一般取靠近零件的那个偏差为（　　　）。

A. 上偏差　　　　B. 下偏差　　　　C. 基本偏差　　　D. 公差

11. X6132 型万能铣床的主轴是空心轴，前端锥孔锥度为（　　　），以便铣刀刀杆插入其中，并随同旋转。

A. 7：24　　　　B. 莫氏 3 号　　　C. 莫氏 4 号　　　D. 1：20

12. 端铣和周铣相比较，正确的说法是（　　　）。

A. 端铣加工多样性好　　　　　　　　B. 周铣生产率较高

C. 端铣加工较高　　　　　　　　　　D. 大批量加工平面，多用周铣加工

13. 提高劳动生产率的措施，必须以保证产品（　　　）为前提，以提高经济效益为中心。

A. 数量　　　　　B. 质量　　　　　C. 经济效益　　　　　D. 美观

14. 无心磨床适用磨削（　　　）类型的工件。

A. 带台阶圆轴　　　B. 无台阶圆轴　　　C. 带长键槽圆轴　　　D. 粗短圆盘

15. 在平面磨削中，一般来说，圆周磨削较端面磨削（　　　）。

A. 效率高　　　　B. 加工质量好　　　C. 磨削热大　　　D. 磨削力大

二、填空题

磨削后工件表面的尺寸精度一般为＿＿＿＿＿＿＿。

三、判断题

（　　）1. 盘状螺旋屑虽然体积小，但不十分理想。

（　　）2. 砂带磨削特别适合于磨削大型薄板、带根、线材以及内径很大的薄壁孔和外圆面、成形面。

（　　）3. 在无心磨床上，导轮的作用是带动工件做旋转运动和走刀运动。

（　　）4. 尺寸链封闭环的基本尺寸，是其他各组成环基本尺寸的代数差。

（　　）5. 本工序加工余量的公差等于上工序尺寸公差和本工序尺寸公差之差。

（　　）6. 磨削只能加工一般刀具难以加工甚至无法加工的金属材料。

（　　）7. 同一基圆上发生的渐开线上各点的曲率不相等。

（　　）8. 工件的表面粗糙度对零件的耐磨性、耐腐蚀性、疲劳强度和配合性质都有很大的影响。

（　　）9. 单轴自动车床其主参数折算系数为 1/10。

（　　）10. 磨削工件时采用切削液的作用是将磨屑和脱落的磨粒冲走。

（　　）11. 工件的 6 个自由度全部被限制，它在夹具中只有唯一的位置时，称为完全定位。

（　　）12. 在外圆磨床上，工件一般用两顶尖安装，很少用卡盘安装。

（　　）13. 刨削加工的运动具有急回的特性。

（　　）14. 劳动生产率的考核指标是由产量定额和时间定额两部分组成。

（　　）15. 磨削火花就是磨屑在空气中氧化、燃烧的现象。

（　　）16. 工序集中即每一工序中工步数量较少。

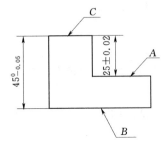

四、简答题

1. 高速精车直径为 100mm，上偏差为 0，下偏差为 0.05mm 的铝体，车完后测量时的工件长度为 60mm，车间温度为 12℃。问测得尺寸为多少时工件合格？

2. 加工如图所示的零件，现仅有千分尺进行尺寸测量，只能通过测量 A、B 面间的尺寸加工 A，求 A、B 面间应控制的极限尺寸。

3. 由普通车床运动传动链结构式求出主轴正转最高，最低转速。

4. 减少误差的主要途径有哪些？

5. 提高劳动生产率的途径有哪些？

附录三 习题参考答案

第 一 章

一、填空题：1.400；2.后轴承；3.结构特性；4.断开；5.安装；6.0.1

二、选择题：1.C；2.B；3.B；4.A；5.C；6.D；7.D；8.A

三、判断题：×

四、简答题：1.**答**：主要特点是主轴垂直布置，并有一个直径很大的圆形工作台，供装夹工具用，工作台台面处于水平位置，使工件及工作台的重力由床身导轨或推力轴承承受，较长期地保持机床精度。

2.**解**：$n=1000v/3.14D=15.9\approx16(\text{r/min})$

答：车床主轴转速是 16r/min。

3.**解**：$n=1000v/ЛD=(1000\times12)/3.14\times75=50.9(\text{r/min})$

答：工件的转速为 50.9r/min。

第 二 章

一、填空题：1.副后刀面；2.IT6～IT5；3.结合剂；4.小；5.大；6.增大；7.切削液；8.砂轮被磨屑堵塞；9.待；10.硬质点；11.脱落的难易程度；12.杠销式；13.粗细程度；14.W18Gr4V2，W6Mo5Gr4V2；15.前、后；16.大

二、选择题：1.D；2.B；3.A；4.B；5.B；6.D

三、判断题：√

四、简答题：1.**答**：(1) 刀片的安装和夹紧；(2) 合理选择切削用量。

2.**答**：(1) 可以提高劳动生产率，保证加工精度，减轻工人劳动强度；(2) 可以节省大量制造刀杆的钢材，提高硬质合金刀片的利用率和减少制造刀具的费用；(3) 有利于刀具的标准化和集中生产，不仅可以保证刀具的制造质量，而且降低了刀具的制造成本；(4) 有利于大面积推广先进刀具，普遍地提高生产效率。

3.**答**：前角：前刀面与基面的夹角；

后角：主后刀面与切削平面的夹角；

主偏角：主切削刃在基面上的投影与进给方向的夹角；

副偏角：副切削刃在基面上的投影与进给方向的夹角；

刀尖角：主、副切削刃在基面上投影线之间的夹角；

刃倾角：主切削刃与基面的夹角。

4.**答**：(1) 基面：通过切削刃上某一选定点，垂直于该点的切削速度方向的平面。(2) 切削平面：通过切削刃上某一选定点，与工件加工表面相切的平面。(3) 主截面：通过切削刃上某一选定点，垂直于基面和切削平面的平面。

第 三 章

一、填空题：1. 进给量；2. 高速；3. 越好；4. 已加工；5. 前；6. 后刀；7. 强度；8. 切削速度；9. 基面；10. 小；11. 产生热；12. 切削速度；13. 待加工；14. 刀尖圆弧半径；15. 相交磨损；16. 进给；17. lc/loh；18. 硬点；19. 前、后刀面同时磨损；20. 越低；21. 基面；22. 已加工

二、选择题：1. C；2. A；3. A；4. C；5. B；6. C；7. C；8. C；9. A；10. B；11. A；12. A；13. B；14. D；15. B；16. C；17. A；18. A；19. B；20. A；21. A；22. A；23. B；24. B

三、判断题：1. √；2. √；3. √；4. √；5. √；6. √；7. ×；8. ×；9. √；10. ×；11. √；12. ×；13. √；14. ×；15. √；16. ×；17. √；18. √；19. √；20. √；21. ×；22. √；23. √；24. √；25. ×

四、简答题：1. **解**：$a_p = (d_w - d_m)/2 = (65 - 60)/2 = 2.5(mm)$

答：切削深度为 2.5mm。

2. **答**：(1) 由于带状切屑连续不断，温度高、流速快，缠绕在刀具、工件或机床零件上，会损坏刀具，降低加工表面质量，还会造成人身事故。(2) 使用切削液时，会妨碍切削液的流动，降低刀具的使用寿命和加工表面质量，因此，在车削加工中必须考虑断屑问题，合理控制切屑的折断和排除。

3. **答**：(1) 高的硬度。(2) 良好的耐磨性。(3) 足够的强度。(4) 高的耐热性。

4. **答**：进给量对切削温度是有一定影响，随着进给量的加大，单位时间内金属切除加大，致使切削力增加而转化成切削热，导致切削温度上升。

第 四 章

一、填空题：1. 设计基准；2. 0.01
二、选择题：1. D；2. C；3. B；4. B；5. D；6. D；7. C；8. D
三、判断题：1. √；2. ×；3. √

第 五 章

一、填空题：基体
二、选择题：1. A；2. A；3. A

第 六 章

一、填空题：1. 前、后刀面；2. 冷却排屑；3. 刚性
二、选择题：1. B；2. C；3. B；4. A；5. C
三、判断题：√

第 七 章

1. **答**：方法有 4 种：(1) 小拖板转动法；(2) 尾座偏移法；(3) 靠模法；(4) 宽刃

刀切法。

2. **解**：$D=d+LK$　$L=55$ 时，$D=30+55(1/10)=35.5$(mm)

$L=65$ 时，$D=30+65(1/10)=36.5$(mm)

答：实测 $L=55$ 时大端直径是 35.5mm，实测 $L=65$ 时大端直径是 36.5mm。

3. **解**：已知：$K=1:5$　$\alpha=4$　求 $t=?$

按公式得：$t=\alpha\times K/2=4\times 1:5/2=0.4$(mm)

答：横向进刀 0.4mm 时大端孔径合格。

4. **解**：$D=d+2L\tan\alpha=30+2\times 60\times\tan 1°25'56''=33$(mm)

答：最大圆锥直径 D 是 33mm。

5、**解**：$a_p=(L/25)\times 5=(5/2)(1/10)=0.25$(mm)

答：进刀深度应为 0.25mm。

第 八 章

一、填空题：1.5；2. 高；3. 安装

二、选择题：1. A；2. A；3. A；4. A

三、判断题：$\checkmark$

第 九 章

一、填空题：1. 游标卡尺；2. 直进；3. 中径；4. 曲；5. 平直；6. 扎刀；7. 切；8. 轴向；9. 法向直廓蜗杆；10. 圆弧；11. 较大；12. 接通

二、选择题：1. A；2. C；3. A；4. C；5. B；6. D；7. D；8. A；9. B；10. D；11. D

三、判断题：1. $\checkmark$；2. $\checkmark$；3. $\times$；4. $\checkmark$；5. $\times$；6. $\times$；7. $\checkmark$；8. $\times$

四、简答题：1. **解**：$d_o=0.518p=0.51\times 10=5.18$(mm)

$M=25+(4.864d_o-1.866p)\approx 31.535$mm

答：应选钢针直径为 5.18mm，测得的 M 值为 31.535mm。

2. **解**：齿距 $t=\pi m=3.14\times 10=3.14$(mm)

分度圆直径　$d_1：D-2m=100-2\times 10=80$(mm)

齿根圆直径　$d_f=d_1-2.4m=80-2.4\times 10=56$(mm)

齿顶宽　$f=0.843m=0.843\times 10=8.43$(mm)

齿根槽宽　$W=0.697m=0.697\times 10=6.97$(mm)

全齿高　$h=2.2m=2.2\times 10=22$(mm)

答：齿距为 3.14mm，分度圆直径为 80mm，齿根圆直径为 56mm，齿顶宽为 8.43mm，齿根槽宽为 6.97mm，全齿高为 22mm。

3. **解**：$AOL=3°30'+\varphi=3°30'+6°30'=10°$

$AOR=3°30'-\varphi=3°30'-6°30'=-3°$

答：车刀两侧静止后角各应刃磨 10°，−3°。

4. **答**：(1) 粗车第一条螺旋线，记住中拖板和小拖板的刻度；(2) 进行分头，粗车第二条，第三条……

5. **答**：（1）粗车第一条螺旋线，记住中拖板和小拖板的刻度；（2）进行分头，粗车第二条，第三条……螺旋线；（3）按上述车削方法精车各条螺旋线。

6. **解**：因为 $I=1.5/6=1/4$

所以不乱扣。

答：不乱扣。

第 十 章

一、填空题：1. 外圆轴线；2. 定位；3. 一；4. 1/2；5. 安装

二、选择题：1. C；2. C；3. C；4. C；5. C；6. A；7. C；8. B；9. B；10. A；11. A；12. A；13. B；14. B；15. A；16. C

三、判断题：1. √；2. √；3. √；4. √；5. √；6. ×；7. ×；8. ×；9. √；10. ×；11. √

四、简答题：1. **解**：$T=(200\times2)/(0.5\times400)=2(\min)$

答：车削两刀需 2min。

2. **解**：$X=1.5e(1-e/2D)=1.5\times4\times(1-4/240)=5.7(mm)$

答：垫片厚度为 5.7mm。

3. **答**：方法有 4 条：（1）工件分粗、精车，精车时注意热变形；（2）应用开缝套筒及扇形软卡爪，增大装夹接触面积；（3）应用轴向夹紧薄壁工件的夹具；（4）增加辅助支承和工艺。

4. **答**：（1）刚性差，易产生变形，影响工件的精度和形状精度；（2）车削时易引起热变形，工件尺寸不易控制；（3）特别是在径向力的作用下，容易产生振动和变形，影响工件尺寸精度、形位精度和表面粗糙度。

5. **答**：（1）工件受切削力、自重和旋转时离心力的作用会产生弯曲、振动，影响其圆柱和表面粗糙度；（2）工件受热伸长产生弯曲变形，车削很难进行，严重时会使工件在顶尖间卡住。

应知应会相关知识习题

一、选择题：1. B；2. D；3. A；4. C；5. A；6. A；7. B；8. B；9. D；10. C；11. A；12. C；13. B；14. B；15. B

二、填空题：IT6～IT5

三、判断题：1. √；2. √；3. √；4. √；5. √；6. ×；7. √；8. √；9. ×；10. ×；11. √；12. √；13. √；14. √；15. √；16. ×

四、简答题：1. **解**：$\Delta d=d\{\alpha_1(t_1-T_0)-d_2(t_2-t_0)\}$

得：$\Delta d=0.1042\approx0.1(mm)$

$d_l=d+\Delta d=100+0.1=100.1(mm)$

答：测得尺寸为 100.1mm 时工件合格。

2. **解**：$L_{\max}(AB)=L_{\max}(BC)-L_{\min}(AC)=45-25.02=20.02(mm)$

$L_{\min}(AB)=L_{\min}(BC)-L_{\max}(AC)=44.95-25.02=19.93(mm)$

答：AB 间尺寸为 19.93～20.02mm。

3. **解**：最高 980r/min，最低 42r/min。

4. **答**：有以下几种途径：（1）直接减小和消除误差；（2）误差和变形转移；（3）"就地加工"达到最终精度；（4）误差分组；（5）误差平均法。

5. **答**：有以下途径：（1）提高毛坯的制造质量；（2）改进机械加工方法；（3）缩短额定时间。

参 考 文 献

［1］ 赵元吉. 机械制造工艺学. 北京：机械工业出版社，1991.

［2］ 金福昌. 车工. 北京：机械工业出版社，2007.

［3］ 徐永礼，田佩林. 金工实训. 广州：华南理工大学出版社，2006.

［4］ 彭德萌. 车工工艺与技能训练. 北京：中国劳动社会保障出版社，2001.

［5］ 赵莉. 车工. 北京：北京邮电大学出版社，2007.

［6］ 王英杰. 金属工艺学. 北京：高等教育出版社，2005.

［7］ 符炜. 切削加工手册. 长沙：湖南科学技术出版社，2003.

［8］ 李永增. 金工实习. 北京：高等教育出版社，2006.